"十四五"职业教育国家规划教材

车载终端应用开发技术

青岛英谷教育科技股份有限公司 编著

西安电子科技大学出版社

内 容 简 介

车载终端平台上的应用开发是目前车联网领域的重要组成部分,本书首次尝试基于 Android Studio 开发环境介绍终端应用层的开发技术。

本书主要介绍了 Android 开发的基础知识和车载终端主流应用开发技术的相关知识。全书共分为 10 章,包括车载系统与应用开发概述、活动、用户界面、意图、服务、数据存储、通信开发、行车记录仪开发、车载地图开发和 OBD 开发等内容。

本书内容精练、案例翔实、适用面广,可作为车联网、物联网、计算机科学与技术、计算机软件等专业的教材使用,也可为有志于从事车联网工作的读者提供一定的参考。

图书在版编目(CIP)数据

车载终端应用开发技术/青岛英谷教育科技股份有限公司编著. —西安:西安电子科技大学出版社,2018.2(2025.8 重印)
ISBN 978-7-5606-4826-2

Ⅰ.① 车⋯ Ⅱ.① 青⋯ Ⅲ.① 汽车—移动终端—计算机网络—网络安全
Ⅳ.① U463.67 ② TN929.53

中国版本图书馆 CIP 数据核字(2018)第 011147 号

策　　划　毛红兵
责任编辑　许青青
出版发行　西安电子科技大学出版社(西安市太白南路 2 号)
电　　话　(029)88202421　88201467　　　邮　　编　710071
网　　址　www.xduph.com　　　　　　　电子邮箱　xdupfxb001@163.com
经　　销　新华书店
印刷单位　陕西天意印务有限责任公司
版　　次　2025 年 8 月第 1 版第 3 次印刷
开　　本　787 毫米×1092 毫米　1/16　印　张　22.25
字　　数　526 千字
定　　价　59.00 元
ISBN 978-7-5606-4826-2
XDUP 5128001−3
如有印装问题可调换

❖❖❖ 前　　言 ❖❖❖

从全球发展态势来看，车联网是一个新兴事物，其技术特点是跨学科、跨领域。随着交通和交通工具智能网联化的高速发展，车联网市场注定将成为极具价值的新兴市场。

十八大以来，随着党中央提出并贯彻新发展理念，着力推进经济高质量发展，我国科技自立自强能力显著提升，基础研究和应用研究不断加强，在计算机、卫星导航、量子信息等领域取得重大成果。为我国车联网迈向智能网联汽车时代的"弯道超车"准备了充分的条件，汽车正在成为继笔记本电脑、手机、平板等移动设备之后最主要的互联网终端设备之一，也必将是未来十年创新创业爆发最多的产业之一，更是物联网众多应用场景中重要的应用范畴。实现车联网的智能网联化，对加快发展物联网，建设高效顺畅的流通体系，降低物流成本。加快发展数字经济，促进数字经济和实体经济深度融合，构建现代化基础设施体系有着极为重要的意义。

正值全球汽车产业全面深刻变革之际，党的二十大报告为中国智能网联汽车产业的发展进一步指明了方向。二十大报告指出，"从现在起，中国共产党的中心任务就是团结带领全国各族人民全面建成社会主义现代化强国、实现第二个百年奋斗目标，以中国式现代化全面推进中华民族伟大复兴。"中国式现代化的本质要求之一就是实现高质量发展，这也是全面建设社会主义现代化国家的首要任务。社会主义的现代化，离不开智能网联汽车产业的现代化。回望十八大以来的十年间，不断强大起来的中国现代汽车产业，在国民经济中的地位越来越重要，在国际上的影响力越来越大。

基于当前社会对车联网应用人才的迫切需求，本教材围绕科教兴国战略、人才强国战略与创新驱动发展战略，贯彻职普融通、产教融合、科教融汇的职业教育发展理念，选择车载终端这一最具代表性的车联网应用场景作为移动应用开发的目标平台，第一次基于Android Studio 开发环境对移动终端平台，尤其是车载终端的应用层开发技术作了总结，为国内车联网专业高等教育教材做出了建设性的贡献。

本书基于 Android 5.0 系统，采用 Android Studio 作为开发环境。首先从 Android 开发的基础知识入门，中间合理穿插项目案例讲解，理论与实践结合，让读者可以快速掌握Android 基础开发要点，达到入门级水平。在此基础上，针对当前车载端的主流应用，本书详细介绍了如何进行专业开发，如行车记录仪、定位与导航、语音命令识别、OBD 数据等应用的开发。本书以由易到难、循序渐进的原则安排项目开发内容，使读者可以充分理解和掌握具有车联网特色的终端应用开发技术。目标是培养一批理论素养与实践技能双一流的车联网科技人才与高技能人才，全面提高人才自主培养质量，为新型工业化建设储备核心力量。

本书由青岛英谷教育科技股份有限公司编著，本书第 1 章由金成学老师编写，第 2章、第 3 章、第 4 章和第 5 章由卢玉强老师编写，第 6 章和第 7 章由于博老师编写，第 8

章、第 9 章和第 10 章由邵舟老师编写。本书在编写期间得到了各合作院校专家及一线教师的大力支持和协助。在本书出版之际，要特别感谢合作院校师生给予我们的建议和鼓励，感谢开发团队每一位成员所付出的艰辛劳动与努力。

由于编者水平有限，书中难免有不当之处。读者若在阅读过程中发现问题，可以通过邮箱(yinggu@121ugrow.com)联系我们，以期不断完善。

本书编委会

2017 年 12 月

2022 年 11 月修改

❖❖❖ 目　　录 ❖❖❖

第1章 车载系统与应用开发概述

本章目标

- 认识车载终端技术在"十四五"现代综合交通运输体系发展规划中的重大意义。

- 了解车载系统的特点及其应用。

- 了解 YunOS Auto 车载系统的特色。

- 了解 Android Studio 的特点。

- 掌握 Android Studio 的环境搭建。

- 掌握 Android Studio 的开发界面。

- 使用 Android Studio 完成第一个项目。

1.1 车载系统概述

2022 年 1 月，国务院发布《"十四五"现代综合交通运输体系发展规划》，明确要推动互联网、大数据、人工智能、区块链等新技术与交通行业深度融合，构建泛在互联、柔性协同、具有全球竞争力的智能交通系统，着重强调要稳妥发展自动驾驶和车路协同等出行服务，推动发展智能公交、智慧停车、智慧安检等。现代综合交通体系的建设，是现代化产业体系建设的重要组成部分，是构建高效顺畅流通体系，建设交通强国、网络强国和数字中国的基础工程。

车载终端技术是"十四五"现代综合交通运输体系建设的基石，将自动驾驶与车路协同技术与汽车有机结合已成为车载系统(也可称作车载嵌入式系统)的发展方向和研究热点。车路协同的核心就是将车辆与一切事物相连接的新一代信息通信技术，包括车与车之间、车与路之间、车与人之间、车与网络之间。未来的汽车将会变成一台"移动的电脑"，车载智能终端系统可以为用户提供信息通信、地图导航、生活服务和安防等功能，就像互联网中的电脑、移动端的手机，是车主与车联网得以交互的平台，更是车联网中最重要的移动节点。

由于汽车智能网联趋势的不断深化、车载辅助功能的增多与服务配置的加强，靠单一的 ECU(Electronic Control Unit，电子控制单元)已不足以协调和支持整个车辆内部和外部数据之间的高速通信，因此引入车载终端的操作系统已经势在必行。

1.1.1 车载系统的特点

自 20 世纪 70 年代起，嵌入式系统开始逐步进入汽车电子领域，从发动机控制逐步深入到底盘控制、车身舒适性与安全控制，又扩展至信息通信与车载多媒体，现已成为推动车辆技术进步的基本技术手段。80 年代中期，现场总线技术被引入到车载嵌入式系统中，出现了以 CAN 总线为代表的车载网络系统。基于总线通信以微控制器为基本节点的分布式控制系统将车载嵌入式控制应用推向更高的阶段。

21 世纪以来，车载嵌入式系统的焦点逐步聚焦在高性能微控制器、实时多任务操作系统，以及高可靠性和高实时性现场总线技术上。车载嵌入式系统的特殊性主要体现为汽车作为被控对象的复杂性，现代汽车是耦合了物理学、机械学、电工学、动力学、流体力学、热力学甚至电化学问题的综合体，对它们的理解所需要的知识结构从学科跨度来讲，大大突破了电子与控制专业的局限。具体而言，车载嵌入式系统要满足以下几点要求：

- ✧ 实时性强，以满足车辆高速移动时的安全性和发动机以及整车控制器精确控制的需要。
- ✧ 适应恶劣的工作环境，必须能够满足剧烈变化的苛刻环境要求，温度、光照、潮湿的变化甚至振动等都会对控制系统的性能造成不利影响。
- ✧ 灵活性大，可以满足各种法规、系统兼容及不同客户的需求，适应多变的工作环境、不同风格的驾驶员操作。

◇　可靠性和安全性要高，控制系统需要有诊断、容错、失效安全保护等功能。

◇　涉及范围广，不仅融合了机械、电磁、流体、软件和硬件设计，而且系统建模也需要结合控制算法和系统标定数据。

◇　可实现系列化、规模化、低成本的生产。

1.1.2　主流车载系统解析

汽车产业历经十余年高速成长后迎来行业拐点，传统车企也在谋求破局，如何通过实现数据融合场景互通，让汽车运行在互联网上，通过大数据与操作系统形成智能化的操控模式，推动中国汽车工业的互联网化改造以便参与更高层次的市场竞争，将构成互联网汽车未来竞争力的关键。汽车行业正在成为互联网下一个进军的重要目标，互联网将使其发生革命性的变化。实际上，汽车行业的文化相对保守，各个企业之间有技术壁垒，在这一点上与互联网的"开放"思想有所冲突，也是未来车联网发展需要破解的重要难题。

众所周知，操作系统是智能设备的基础和灵魂。基于何种操作系统设计开发车载终端、手机移动端以及云服务平台系统，使其能够高效地支撑整个车联网系统，成为车联网产业链中应用开发的基石，这是一个重要、紧迫且值得深入研究的课题。

微软的 Windows 操作系统在 PC 行业独大，尽管有诸多类 UNIX、类 Linux 系统层出不穷，但依然不能撼动 Windows 操作系统在 PC 领域的领导地位。直到智能手机及其他手持式移动设备的出现，才打破了终端操作系统 Windows 一家独大的局面，出现了 Linux、QNX、Android、YunOS 等系统。另外，各种系统自身均有不同的生态环境，这让操作系统之争变得更加激烈。近些年来国内在车载系统上实现弯道超车，其中阿里巴巴自主研发AliOS，基于 Linux 内核建设的新一代操作系统，以驱动万物智能为目标，可应用于智联网汽车，为行业提供一站式 IoT 解决方案，支持多任务处理，具备强大图形、音视频及语音处理能力；华为公布了三大鸿蒙车载 OS 系统：鸿蒙座舱操作系统 HOS，智能车控操作系统 VOS，智能驾驶操作系统 AOS，这三大鸿蒙车载系统支持通过跨域集成软件框架Vehicle Stack 来控制管理。鸿蒙自动驾驶 OS 微内核为我国首个通过 ASIL-D 认证的 OS内核，实现跨终端的全无感互联。

那么，在车联网产业生态中，具体到车载移动端方面，其操作系统的开发应用的现状如何呢？

车载智能终端在操作系统方面的选择变得日益重要。车载终端与手机同样属于智能移动终端，除了完成本身的信息传播类功能之外，其娱乐、资讯等功能也越来越受到重视，集成更多的传感器来实现更多先进的功能也成了普遍现象。不同系统拥有不同的生态环境，这意味着对操作系统的选择，其实也是对其生态环境的选择。目前车载终端市场上存在多种操作系统平台，主要有 QNX(Quick UNIX)、Linux(Genivi)和 Android。

除了汽车企业前装市场份额较大的 QNX 车载系统外，开源操作系统平台 Android 和Linux 也有希望成为车载终端的主流操作系统。Android 专为触摸操作进行了优化，体验良好，可个性化定制，应用丰富且应用数量快速增长，已经形成了成熟的网络生态系统。而 Genivi 联盟主推的 Linux 操作系统在车载平台上应用较广，具有实时、稳定的优点。

为此，我们针对汽车行业中主流车企所搭载的车载终端系统进行了市场调研，并绘制成表格，不完全统计结果如表 1-1 所示，表中对涉及的车载系统的使用情况做了专门的优劣势分析和对比。

从汽车行业市场的实际应用情况可以发现，QNX 车载系统属于商业级嵌入式操作系统，所以它在性能以及服务上有较好的保证，但是价格昂贵，且不公开核心代码，可定制性较差；而 Linux 和 Android 系统属于开源操作系统，核心代码是公开的，尽管其在技术支持和服务上有所欠缺，且对开发人员有较高的要求，但具有用户可定制性好、可持续开发性强及费用低廉等优势。正因为开源系统具有的特点及优势，从目前来看，它有可能成为车载端操作系统应用的主要推动力。

表 1-1　主流车联网品牌及其采用系统统计表

车载系统	所属公司	车联网品牌	优点	缺点
QNX	通用	ON STAR	稳定、可靠、安全，实时性好，兼容 Android 系统，市场占有率高	非开源，价格昂贵，开发成本高，仅适用于高端车型，需结合应用层开发
	丰田	Entune		
	吉利	G-Netlink		
	福特	SYNC3		
	FCA	Uconnect		
	大众	MIB Ⅱ		
	沃尔沃	Sensus(当前)		
	奔驰、宝马、奥迪	COMMAND、ConnectedDrive、MMI		
Android	雷诺、DS	R-Link DSConnect	开源，便于应用层开发，扩展性好，开发成本低，阿里云具有导航本土化和互联网生态优势	根据车规级标准要求，需要对原 Android 系统的底层架构进行相应的改造
	上汽+斑马	YunOS Auto		
	沃尔沃	Sensus(未来)		
Android Auto	谷歌	Android Auto	兼容多种车载系统	依赖手机映射到车机端
Linux	凯迪拉克	CUE	稳定、可靠，开源，开发成本低	需结合应用层开发
	特斯拉	Autopilot		
车机映射	百度	Carlife	兼容多种车载系统	依赖手机映射到车机端
	苹果	CarPlay		

下面对表 1-1 中部分车载系统或车联网品牌进行详述。

目前，QNX 已成为汽车领域最大的操作系统。QNX 遵从 POSIX 规范，类似于 UNIX 实时操作系统，目标市场主要是面向嵌入式系统。QNX 是建立在微内核上的，这个架构的特点是既可以支持小型的缺乏运行资源的嵌入式系统，也适合大型分布式实时系统。该系统的大多数系统服务是基于多进(线)程的形式来表示的，这些进(线)程被封装在自己的地址空间里面，与用户空间隔离。微内核本身提供操作系统的基本管理功能，扩展模块提供设备、网络、文件和图像用户接口，这些模块都是可以裁减的。这样的特点让 QNX 可以适合非常广泛的嵌入式应用场景，支持更多的嵌入式处理器，提供可靠性很强的操作系统环境和接近实时的运行环境。QNX 是基于微内核的嵌入式操作系统中最成功的一个。微内核"跑"在自己的空间，而中间件、应用和驱动都在内核空间外运行，如果某一部分程序出错，对内核不会造成任何影响，这就是为什么在很多重要领域(比如外科手术、核电站控制室及军工产品)都使用 QNX 系统的原因。

QNX CAR 系统符合 ISO26262 标准的 ASIL-D 级要求，这是标准中定义的最高安全等级。针对功能性安全标准的认证提供独立的验证，即当产品被用于乘用车的电气、电子和基于软件的系统中时，能提供非常高的可靠性并且降低风险。

苹果的 CarPlay 并不是直接运行 iOS 应用的车载系统，它必须通过手机 iPhone 和车机系统建立连接，打开手机上的 CarPlay 应用，实现手机和车机的双向控制。新版本的手机系统可以利用 Wi-Fi 或蓝牙与 CarPlay 系统连接。

Android Auto 与 CarPlay 类似，也在手机上运行并投影至车载屏幕上。如果在手机上安装了一个适配车载系统的应用程序，那么应用程序将会显示在车载系统上。CarPlay 符合苹果保守、非开源的作风；Android Auto 则把 API 和 SDK 都提供给了开发者。

Android 不是实时系统，在汽车运行中，从安全的角度考虑，对实时通信的要求非常高，而且安卓的系统长期运行后会产生卡机，所以有观点认为安卓系统不适合作为车载底层操作系统。不过，谷歌不久前发布了基于 Android N 定制的内有汽车专用硬件控制的车载系统，系统可以访问 CAN 总线，从而实现对诸如座椅加热、空调制冷和车窗控制等局部系统的控制操作。

1.2　YunOS Auto

互联网自全球化以来，已经进入人类生产生活的各个领域，并且成为不可或缺的组成部分，极大地提高了行业的生产效率，而汽车行业也是当下众多互联网企业争夺的领域。

目前在国内，汽车厂家将车载端系统成功融入传统车机中的就数上汽与阿里合作开发的荣威互联网汽车 RX5 了。阿里为上汽荣威 RX5 开发的 YunOS Auto 系统，完全以车为主体，不再依赖手机(手机与车机进行界面映射是过渡阶段)，并与原车各个系统的 ECU 控制单元深度融合，实现了车内外各类数据的实时传输，完成了车联网初级阶段的跨领域技术融合，是一款真正意义上的独立的国产车载系统。将"车"作为移动端融入到互联网中，成为互联网的一个重要入口，从而带来了不同于以往车机系统的良好的用户体验。

YunOS Auto 系统开发基于四点：第一是安全性；第二是开放、完整的阿里生态服务；第三是一批强有力的合作伙伴；第四则是像 Android 一样可以定制。该系统整合了阿里原有的生态资源，用于车载移动服务，如高德高精度导航、人机语音交互、云平台服务、车辆远程控制、身份认证、用户个性化定制等。当然，YunOS Auto 系统也是基于

Android 开源系统的，针对车载端应用场景经过特殊裁减而形成的专用系统，二者的系统架构如图 1-1 所示，所以，经由 Android Studio 开发的 APP 完全适应于 YunOS Auto 这样的车载系统。

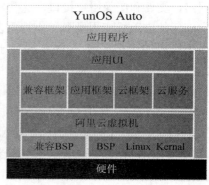

图 1-1　Android 和 YunOS Auto 系统架构

　　YunOS Auto 系统更大的突破之一在于它的服务、任务处理、设置导航等都在云端进行操作，每个车主将拥有独立的 ID 身份账号，脱离手机的局限，而不是简单地将手机功能投影到屏幕上。YunOS Auto 智能车载系统采用卡片式的图形交互设计，用户在桌面上就可以一览各个应用的详细信息并进行操作，用户可以通过和汽车对话的方式控制各种功能。车与系统融为一体，扩展了用户群的边界。阿里 YunOS Auto 的突破之处还在于自主驾驶学习，系统可不断学习和记忆用户的驾驶路线信息，熟悉用户的驾驶习惯，与中控、仪表、HUD 深度整合，让汽车地图有更多场景服务能力，比如在旅途中可以提前告知各种生活餐饮信息与加油站等信息，出现道路关闭或拥堵时可以提前通知用户并建议新的路线，还可以对用户生活中的各类需求喜好做出提示，推送车主喜欢的音乐等。该系统集成在车载端的中控上，系统界面效果如图 1-2 所示，对应手机 APP 界面如图 1-3 所示。

图 1-2　车载中控端系统界面

图 1-3　手机端应用界面

阿里互联网汽车的本质是"让汽车运行在互联网上",而不是仅仅让汽车连上互联网,这是未来车联网的进化方向。通过 YunOS Auto 系统的大数据和云计算能力,真正提升了汽车的能力,通过车载系统平台将大量驾驶数据整合为可供车主定制使用的数据库,由此让汽车成为 YunOS Auto 多终端布局中重要的一环,进一步放大了阿里的生态圈。另一方面,汽车在数据场景互联中真正变成了一个入口,在汽车产业链上也有了潜在的利润增长点。这背后是阿里 YunOS Auto 通过对车辆接收的来自道路多元化指示信号数据的收集分析,形成应对策略并实现半自动驾驶,这是人工智能化的一步。从驾驶层面来看,系统已经做到了对驾驶的智能化控制与管理。

阿里 YunOS Auto 与国内互联网巨头相比,在于其在操作系统底层已经占据先发优势,目前已经成长为国内市场移动端的第三大操作系统,也是当下国内车载端使用最成功的互联系统。加之阿里与上汽合作构成了量产优势,这些都是在车联网层面赶超国外巨头的机会。

说到底,车联网并不是简单地做一个硬件产品或者一个连接器,所有的生态系统必须要有操作系统作为基层,这是掌控主导权的基础。在破除谷歌与苹果的局限的同时,YunOS Auto 使得汽车具备了互联网特征的又一大终端实体,并将人-车-服务的链条打通。这种以新兴的互联网企业与传统汽车厂商合作模式的成功尝试,已经引领了一波车载智能互联终端配置,也代表未来几年在车载终端上进行特色应用开发具有极大的市场潜力。YunOS Auto 系统支持的车载端的硬件设备如图 1-4 所示。

基于以上对几个主流车载系统的综合分析,本书选择以 Android 系统作为车载应用开发的基础,并在书中逐步介绍在 Android 系统上如何利用 Android Studio 工具进行车载应用程序的开发。

图 1-4 YunOS Auto 支持的硬件设备

本书以车载终端的特色场景作为车联网专业的应用开发方向，顺应移动端应用开发的技术潮流，选择 Android Studio 作为开发环境，这样能使学生在以后的学习和工作中、在使用 Android 项目开发工具时做到无缝衔接。

1.3 认识 Android Studio

Android Studio 是谷歌在 IntelliJ IDEA 的基础上作的二次开发，目的是为 Android 开发专门定制的 IDE(集成开发工具)。

IntelliJ IDEA 由捷克一家专做 IDE 的 Jetbrains 公司出品，它的社区版是开源的。IntelliJ IDEA 被认为是当前 Java 开发效率最快的 IDE，整合了开发过程中很多实用的功能。开发者通过使用快捷键，几乎可以不用鼠标就能完成想要做的事情，最大限度地加快了开发效率。

作为谷歌官方的 IDE，Android Studio 提供了开发和构建 Android 应用的所有工具，包括智能代码编辑器、布局编辑器、代码分析和调试工具、应用构建系统、模拟器以及性能分析工具等，这些工具在 Windows、Mac OS X 和 Linux 平台上均可运行。

Android Studio 是 Android 平台上构建高质量应用的高效开发工具，所开发的应用适用场景包括手机、平板、Android Auto、Android Wear 和 Android TV。Android Studio 于 2013 年 5 月 16 日在谷歌 I/O 大会上正式对外发布，目前已更新到 3.0 版本。

需要注意的是，Android 的母公司谷歌已于 2016 年 11 月 2 日在 Google Android Developer 官方微博发文，正式宣告停止对 Eclipse ADT 的支持。这意味着，以后新加入的开发者在进行基于 Android 系统移动终端应用的开发时，采用 Android Studio 作为首选开发环境将是大势所趋。对比之前成熟的 Eclipse ADT，下面介绍 Android Studio 的特点。

(1) 智能代码编辑器。

Android Studio 最突出的特点就是智能代码编辑器，它能非常高效地完成代码补全、重构和代码分析。它还支持多种实用的视图模式，如演示模式、免打扰模式。它的快捷键、代码的显示方式、颜色、主题等都是可配的。

(2) 代码模板和 GitHub 集成。

Android Studio 的新建项目向导使新建项目变得非常简单。新建项目的途径有三种：新建一个全新的 Activity 模板；从 GitHub 上直接导入项目；直接通过导入代码模板来快速开始项目的新建。

(3) 专为 Android 设备所开发。

Android Studio 支持构建适用于 Android 手机、平板电脑、Android Wear、Android TV、Android Auto 的应用。全新的项目视图和模块支持让应用和资源管理变得更加轻松。

(4) 快速且功能丰富的模拟器。

Android Studio 提供了丰富的模拟器，可以更加便捷地供开发者选择，使用模拟器可以非常方便地测试和调试应用程序，从而提高开发的效率。

(5) 基于 Gradle 的灵活构建系统。

Android Studio 通过集成 Gradle 构建系统，支持自动构建、依赖管理和自定义构建配置等功能，通过在同一个项目中定义不同的配置来构建多个有特殊需求的应用。

(6) 强大的即时运行功能。

顾名思义，即时运行(Instant Run)就是开发者一边写代码，一边可以在模拟器或真机上立即看到修改后的运行效果，不用重新开始编译运行，大大提高了开发效率。

需要特别注意的是，若开发者选择使用 Android Studio 作为移动端 APP 的开发环境，那么相应的开发平台的配置条件必须满足表 1-2 的基本要求，这样才能实现良好的开发体验，顺利及时地完成开发项目。

表 1-2 Android Studio 开发系统配置要求

环境要求	Windows 系统(本书所采用的系统)
操作系统版本	Windows®7/8/10(32 位或 64 位)
内存大小	RAM 不低于 4 GB，强烈推荐 8GB RAM
硬盘空间	可用磁盘空间不低于 8 GB，推荐固态硬盘
JDK 版本	JDK≥8
屏幕分辨率	不低于 1280×800
系统网络	开通网络连接，用于下载 SDK

1.3.1 Windows 系统下环境配置

本节将针对教学中常用的 Windows 系统平台下如何下载和搭建 Android Studio 开发环境并作相应的参数配置进行详细说明。

开始使用 Android Studio 之前，需要先进行基于 Windows 系统下的 JDK 配置，本书使用的是 JDK1.8 版本。首先，下载安装 JDK，其步骤如下：

(1) 打开 JDK 的下载地址 http://www.oracle.com/technetwork/java/javase/downloads/

jdk8-downloads-2133151.html，如图 1-5 所示。

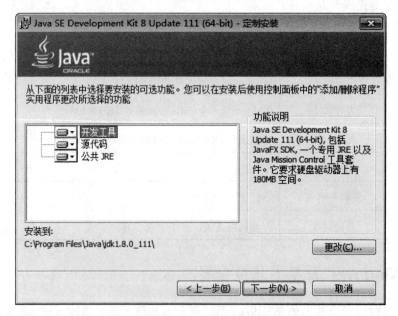

Java SE Development Kit 8u144

You must accept the Oracle Binary Code License Agreement for Java SE to download this software.

○ Accept License Agreement   ○ Decline License Agreement

Product / File Description	File Size	Download
Linux ARM 32 Hard Float ABI	77.89 MB	jdk-8u144-linux-arm32-vfp-hflt.tar.gz
Linux ARM 64 Hard Float ABI	74.83 MB	jdk-8u144-linux-arm64-vfp-hflt.tar.gz
Linux x86	164.65 MB	jdk-8u144-linux-i586.rpm
Linux x86	179.44 MB	jdk-8u144-linux-i586.tar.gz
Linux x64	162.1 MB	jdk-8u144-linux-x64.rpm
Linux x64	176.92 MB	jdk-8u144-linux-x64.tar.gz
Mac OS X	226.6 MB	jdk-8u144-macosx-x64.dmg
Solaris SPARC 64-bit	139.87 MB	jdk-8u144-solaris-sparcv9.tar.Z
Solaris SPARC 64-bit	99.18 MB	jdk-8u144-solaris-sparcv9.tar.gz
Solaris x64	140.51 MB	jdk-8u144-solaris-x64.tar.Z
Solaris x64	96.99 MB	jdk-8u144-solaris-x64.tar.gz
Windows x86	190.94 MB	jdk-8u144-windows-i586.exe
Windows x64	197.78 MB	jdk-8u144-windows-x64.exe

图 1-5   JDK1.8 下载界面

(2) 勾选 Accept License Agreement。

(3) 根据所用电脑系统类型，选择 Windows x64 (64 位)或 Windows x86(32 位)下载。

(4) 下载完成后，双击安装包，然后按照提示进行安装，如图 1-6 所示。安装时需要记住 JDK 的安装路径，后面配置环境变量的时候要用到。

图 1-6   进入 JDK 安装界面

其次，配置环境变量，其步骤如下：

(1) 在桌面点击鼠标右键，在弹出的菜单中选择属性，然后选择高级→环境变量。

(2) 新建系统变量 JAVA_HOME，变量值为刚才安装的 JDK 的路径，如图 1-7 所示。

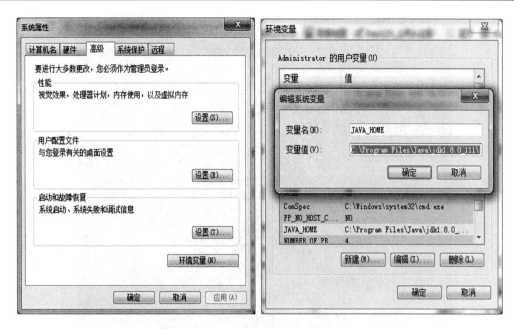

图 1-7　配置变量 JAVA_HOME

(3) 在系统变量 Path 中添加 %JAVA_HOME%\bin。

(4) 新建系统变量 CLASS_PATH，添加变量值 %JAVA_HOME%\lib\dt.jar;%JAVA_
HOME%\lib\tools.jar，如图 1-8 所示。注：Win 10 系统可忽略本步骤，完成步骤(1)～(3)即可。

图 1-8　配置变量 CLASS_PATH

至此环境变量已配置完毕，下面来验证是否配置成功。如图 1-9 所示，在终端中输入
javac 命令，如果显示帮助信息就证明配置成功。

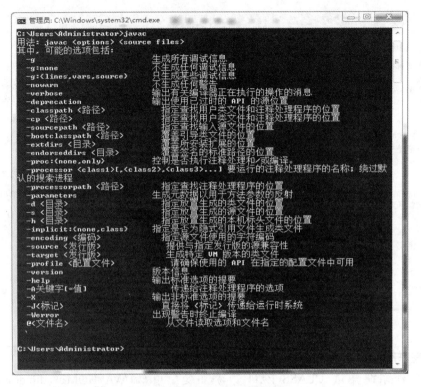

图 1-9　配置成功后的运行信息

1.3.2　下载和安装 Android Studio

Android Studio 开发包的下载途径有两种，首选是通过谷歌的官方地址 https://developer. android.google.cn/studio/index.html 下载，打开后页面显示如图 1-10 所示。

图 1-10　Android Studio 官网下载界面

由于国内网络限制，有时不能直接从谷歌官网上下载 Android Studio，故本书还提供了第二种下载途径，即从 Android Studio 的国内下载地址 http://www.android-studio.org/

index.php/download 下载。进入网址，可以看到如图 1-11、图 1-12 所示的界面，图中提供了适用于不同操作系统的 Android Studio 安装包，我们只要选择对应的操作系统进行下载即可。

平台	Android Studio 软件包	大小	SHA-256 校验和
Windows (64 位)	android-studio-ide-171.4408382-windows.exe 无 Android SDK	681 MB (714,340,664 bytes)	627d7f346bf4825a405a9b99123e7e92d0988dc6f4912552511e3685764a0044
	android-studio-ide-171.4408382-windows.zip 无 Android SDK，无安装程序	737 MB (772,863,352 bytes)	7a9ef037e34add6df84bdbe4b25dc222845b804e1f91b88d86f3e77dd1ce1fa0
Windows (32 位)	android-studio-ide-171.4408382-windows32.zip 无 Android SDK，无安装程序	736 MB (772,333,606 bytes)	29399953024b0b4c72df62e94e0850c20b623b887e67bbfce713acb7baed8740
Mac	android-studio-ide-171.4408382-mac.dmg	731 MB (766,935,438 bytes)	f6c455fb1778b3949e4870ddb701498bd27351c072e84f4328bd49986c4ab212
Linux	android-studio-ide-171.4408382-linux.zip	735 MB (771,324,214 bytes)	7991f95ea1b6c55645a3fc48f1534d4135501a07b9d92dd83672f936d9a9d7a2

图 1-11   不同操作系统对应的安装包

图 1-12   Windows 系统下的安装包

找到安装包的下载位置，打开 Android Studio 安装包，启动 Android Studio 的 exe，如图 1-13、图 1-14 所示，单击"Next"按钮，接下来按照提示一步步安装，安装完成后就可以正常启动 Android Studio 了。

图 1-13   进入安装界面

图 1-14   安装过程界面

车载终端应用开发技术

1.3.3 认识开发界面

打开一个 Android 项目进入编辑界面，能够看到 Android Studio 的整体布局，如图 1-15 所示。

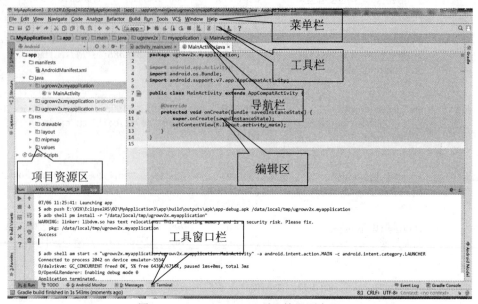

图 1-15　Android Studio 项目的界面布局

Android Studio 项目布局包含菜单栏、工具栏、导航栏、编辑区、工具窗口栏、项目资源区等模块，它们的具体功能如下：

◇ 工具栏提供了执行各种操作的工具，包括运行应用和启动 Android 的工具。

◇ 导航栏可帮助用户在项目中导航，以及打开文件进行编辑。此区域提供了 Project 窗口所示结构的精简视图。

◇ 编辑区是创建和修改代码的区域。编辑器可能因当前文件类型的不同而有所差异。例如，在查看布局文件时，编辑区显示布局编辑器。

◇ 工具窗口栏在 IDE 窗口外部运行，并且包含可用于展开或折叠各个工具窗口的按钮。

◇ 项目资源区提供了对特定任务的访问，例如项目资源管理，包括项目源码以及图片、音频等。用户可以展开和折叠这些窗口。

1.3.4 创建第一个 APP 项目

开发环境搭建完毕后，就可以编写一个最简单的 APP 项目了，具体操作步骤如下：

(1) 启动 Android Studio 程序。单击"Start a new Android Studio project"按钮，如图 1-16 所示。

图 1-16　开始创建新项目

(2) 创建一个新项目。项目名称为 "Ch01"，注意首字母必须是大写字母。继续单击 "Next" 按钮，进入模板选择界面，如图 1-17 所示。

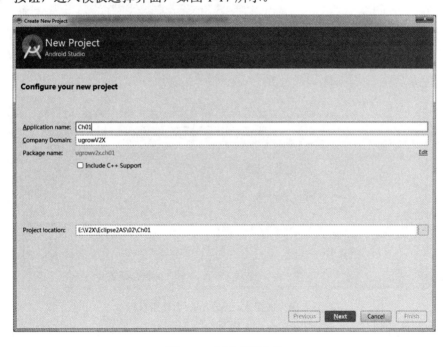

图 1-17　创建项目名称

(3) 选择目标设备。在这里列出了不同类型的设备：手机、平板、手表、电视、车载应用、眼镜。我们需要确认自己的 APP 预计将运行在哪类终端设备上，如图 1-18、图 1-19 所示。

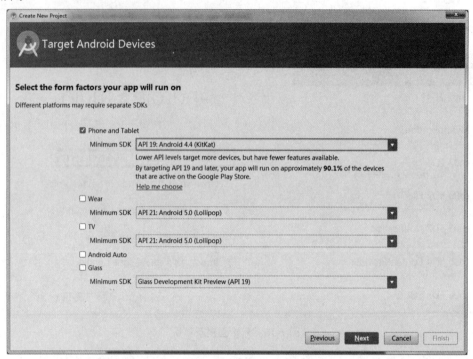

图 1-18　选择目标设备和接口版本

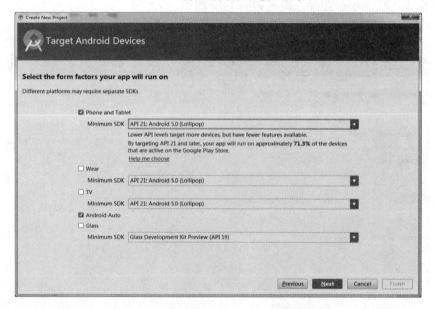

图 1-19　选择 Android Auto 为使用目标

对于 Android 初级开发人员来说，选择 Android4.4 作为 Minimum SDK 的版本完全可以满足学习开发的需求；若是将来工作项目中有对车载端开发的要求，可同时选中 "Phone and Tablet" 和 "Android Auto" 两项，并且 Minimum SDK 的版本不能低于 Android5.0。

(4) 选择一个模板。Android Studio 为我们提供了常用的 Activity 模板，可以使用模板来加快开发效率。初次开发可以选择 Empty Activity 模板，单击"Next"按钮，进入自定义 Activity 界面，如图 1-20 所示。

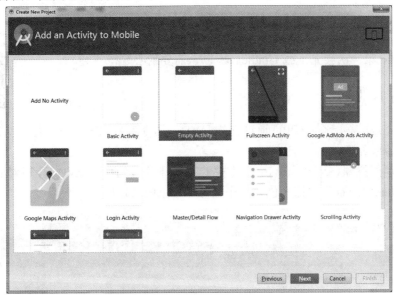

图 1-20　选择 Empty Activity 模板

(5) 自定义 Activity。Activity 文件名和资源都是自动生成的，如果不想使用默认的，可以自己修改。单击"Finish"按钮，如图 1-21 所示。

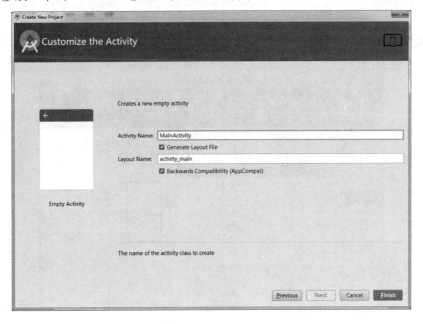

图 1-21　命名 Activity

(6) 开始创建项目，如图 1-22 所示。

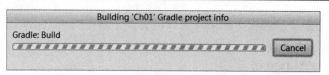

图 1-22　项目创建进度条

如果是第一次使用 Android Studio 创建项目，可能会比较慢，因为 Android Studio 第一次会先下载 Gradle。所以，需要耐心等待一会。

创建第一个项目

1.3.5　运行项目

将开发完成的第一个 APP，通过创建 AVD，运行起来观察一下运行结果，操作步骤如下：

(1) 创建模拟器(AVD)。单击工具栏上的 按钮，打开 AVD 管理对话框，单击"Create Virtual Device"按钮，创建一个 AVD，如图 1-23 所示。

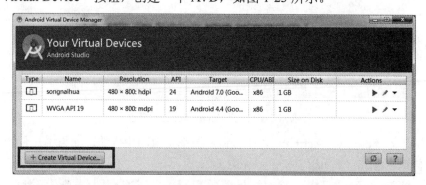

图 1-23　创建 AVD

(2) 选择 Nexus S 模拟器，如图 1-24 所示。注意：这里不要选择屏幕分辨率过高的设备，这样占用的计算机资源少，项目运行时才能顺畅，测试效率才会高。

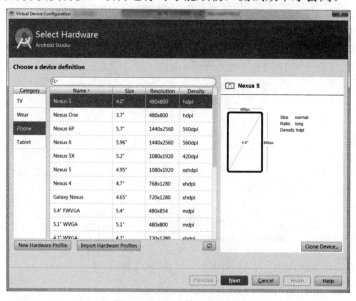

图 1-24　选择模拟器型号

(3) 选择可用的 System Image，如图 1-25 所示。

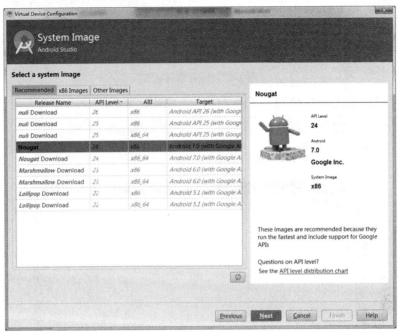

图 1-25　选择 System Image

(4) 给 AVD 起名字，也可以用默认的名称，并且可以选择让设备竖屏显示或横屏显示，单击"Finish"完成设置，如图 1-26 所示。

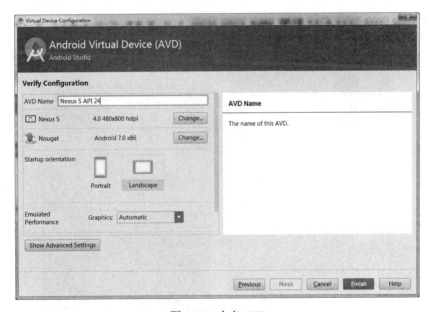

图 1-26　命名 AVD

(5) 在模拟器上运行 APP。单击"Run"按钮或按"Shift + F10"即可执行项目 APP，如图 1-27 所示。

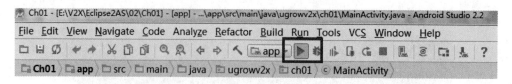

图 1-27　运行项目按钮

(6) 选择已经创建好的 AVD，单击 "OK"，如图 1-28 所示。

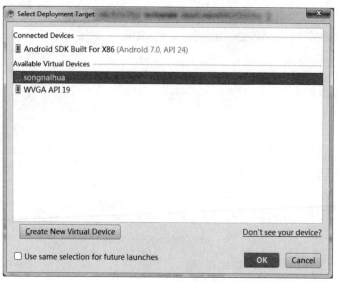

图 1-28　选择已经创建好的 AVD

最终的模拟效果如图 1-29 所示。

图 1-29　项目在 AVD 上的运行效果

本 章 小 结

通过本章的学习，读者应该能够学会：

◇ 目前市场上存在多种车载终端系统，主要有 QNX、Linux、Android 系统。

◇ YunOS Auto 系统是基于 Android 开源系统的，针对车载端应用场景经过特殊的裁减形成的专用系统，所以，经由 Android Studio 开发的 APP 完全适应于 YunOS Auto 这样的车载系统。

◇ Android Studio 是谷歌在 IntelliJ IDEA 的基础上作的二次开发，是为 Android 开发专门定制的 IDE(集成开发工具)。

◇ 在 Android Studio 开发相应的硬件基本配置要求中，系统内存推荐不低于 8 GB RAM。

◇ 搭建开发环境时，需要配置两个环境变量：JAVA_HOME 和 CLASS_PATH。

本 章 练 习

1. 下列选项中，不能作为车载终端操作系统的是_____。

　 A．Windows 系统　　　 B．Android 系统　　 C．Linux 系统　　 D．QNX 系统

2. Android Studio 的显著特点有_____、_____、_____、_____、_____、_____。

3. JDK 安装后，有_____、_____两个重要的环境变量需要配置。

4. 简述创建一个 APP 项目的关键步骤。

5. 简述创建一个 AVD 的关键步骤。

6. 简述 Android 作为车载终端操作系统的优点。

7. YunOS Auto 系统在汽车上实现搭载的突破之处有哪些？

第 2 章　活动(Activity)

本章目标

- 熟悉 Activity 的概念。

- 理解 Activity 的生命周期及方法。

- 掌握 Activity 的组织结构。

- 熟悉 Android 中各种资源的使用。

- 科学认识和理解 Activity 的工作原理。

2.1　Activity

　　Activity(活动)是 Android 应用程序中最基本的组成单位。Activity 主要负责创建显示窗口，一个 Activity 对象通常就代表了一个单独的屏幕。Activity 是用户唯一可以看得到的组件，所以几乎所有的 Activity 都是用来与用户进行交互的。对于熟悉 Windows 或者 Java ME 编程的读者来说，可以将 Activity 理解为 Windows 编程中的 WinForm 窗口类或者 Java ME 编程中的 Display 类。

　　在 Android 应用中，如果有需要显示的界面，则在应用中至少要包含一个 Activity 类。Activity 用于提供可视化的用户界面，是 Android 应用中使用频率最高的组件。在具体实现时，每个 Activity 都被定义为一个独立的类，并且继承 Android 提供的 android.app.Activity。例如：

```
import android.app.Activity;
import android.os.Bundle;
public class MyActivity extends Activity {
...
}
```

　　在这些 Activity 类中将使用 setContentView(View)方法来显示由视图控件组成的用户界面，并对用户通过这些视图控件所触发的事件作出响应。

　　大多数应用程序根据功能的需要都是由多个屏幕显示组成的，因此必须包含多个 Activity 类。这些 Activity 可以通过一个 Activity 栈来进行管理，当一个新的 Activity 启动的时候，它首先会被放置在 Activity 栈顶部并标记为运行状态的 Activity，而之前正在运行的 Activity 也在 Activity 栈中，但是它将被保存在这个新的 Activity 下边，只有当这个新的 Activity 退出以后，之前的 Activity 才能重新回到前台界面。默认情况下，Android 将会保留从主 Activity 到每一个应用的运行 Activity。

2.1.1　Activity 生命周期

　　Activity 具有生命周期，在生命周期的过程中共有四种状态：
- ◇　激活或者运行状态：此时 Activity 运行在屏幕的前台。
- ◇　暂停状态：此时 Activity 失去了焦点，但是仍然对用户可见，例如在当前 Activity 上遮挡了一个透明的或者非全屏的 Activity。
- ◇　停止状态：此时 Activity 被其他 Activity 覆盖。
- ◇　终止状态：此时 Activity 将会被系统清理出内存。

　　处于暂停状态和停止状态的 Activity 仍然保存了其所有的状态和成员信息，直到被系统终止。当被系统终止的 Activity 需要重新再显示的时候，它必须完全重新启动并且将关闭之前的状态全部恢复回来。

　　Activity 从一个状态运行到另一个状态，状态改变时会执行相应的生命周期方法。Android 中的 android.app.Activity 类定义了 Activity 生命周期中所包含的全部方法，其具体定义代码如下：

```
publicclassActivityextendsActivity{
        protectedvoidonCreate(BundleSavedInstanceState){}}
        protectedvoidonStart(){}}
        protectedvoidonRestart(){}}
        protectedvoidonResume(){}}
        protectedvoidonPause(){}}
        protectedvoidonStop(){}}
        protectedvoidonDestroy(){}}
}
```

Activity 类中的这 7 种方法定义了 Activity 完整的生命周期，这些方法在生命周期中的功能以及它们相互之间的转换关系如表 2-1 所示。

表 2-1　Activity 类中 7 种方法的功能以及它们相互之间的转换关系

方　法	功　能　描　述	下一个方法
onCreate()	Activity 初次创建时被调用，在该方法中一般进行一些静态设置，如创建 View 视图、进行数据绑定等。如果 Activity 是首次创建，则本方法执行完后将会调用 onStart()，如果 Activity 是停止后重新显示则调用 onRestart()	onStart()或 onRestart()
onStart()	当 Activity 对用户即将可见的时候调用	onRestart()或 onResume()
onRestart()	当 Activity 从停止状态重新启动时调用	onResume()
onResume()	当 Activity 将要与用户交互时调用此方法，此时 Activity 在 Activity 栈的栈顶，用户输入的信息可以传递给它。如果其他的 Activity 在它的上方恢复显示，则调用 onPause()	onPause()
onPause()	当系统要启动一个其他的 Activity 时(在其他的 Activity 显示之前)，这个方法将被调用，用于提交持久数据的改变、停止动画等	onResume()或 onStop()
onStop()	当另外一个 Activity 恢复并遮盖住当前的 Activity，导致其对用户不再可见时，这个方法将被调用	onStart()或 onDestroy()
onDestroy()	在 Activity 被销毁前所调用的最后一个方法	无

Activity 的生命周期状态转换如图 2-1 所示。

在图 2-1 所示的 Activity 生命周期状态转换图中，椭圆形框表示的是 Activity 所处的状态，矩形框代表了生命周期中的回调方法，开发者可以重载这些方法从而使自定义的 Activity 在状态改变时执行用户所期望的操作。当然，这些方法不要求都实现，一般情况下，所有 Activity 都应该实现自己的 onCreate()方法来进行初始化设置，大部分还应该实现 onPause()方法来准备终止与用户的交互，至于其他的方法则可以在需要时实现。

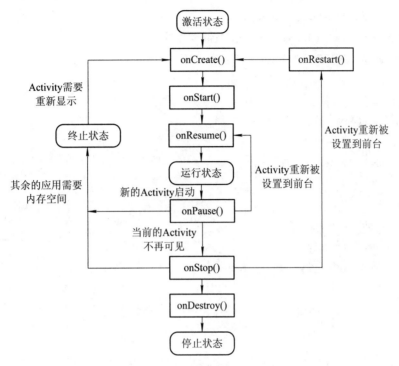

图 2-1 Activity 生命周期状态转换图

Activity 的生命周期还可以分为完整生命周期、可见生命周期和前台生命周期。

◇ 完整生命周期：从 Activity 最初调用 onCreate()方法到最终调用 onDestroy()方法的过程称为完整生命周期。Activity 会在 onCreate()方法中进行所有全局状态的设置，在 onDestroy()方法中释放其占据的所有资源。

◇ 可见生命周期：从 Activity 调用 onStart()方法开始，到调用对应的 onStop()方法为止的过程称为可见生命周期。在这段时间内，用户可以在屏幕上看到这个 Activity，尽管并不一定是在前台显示，也不一定可以与其交互。在这两个方法之间，用户可以维护 Activity 在显示时所需的资源。因为每当 Activity 显示或者隐藏时都会调用相应的方法，所以 onStart()方法和 onStop()方法在整个生命周期中可以被多次调用。

◇ 前台生命周期：从 Activity 调用 onResume()方法开始，到调用对应的 onPause()方法为止的过程称为前台生命周期，这段时间当前的 Activity 处于其他所有 Activity 的前面，且可以与用户交互。

2.1.2 Activity 示例

【示例 2.1】 用覆盖 Activity 的各个生命周期的回调方法测试生命周期事件。

在 Android Studio 中新建 Android 项目 ch02_2D1，编写 Activity 代码如下：

```
public class MyActivity extends Activity {
    @Override
    public void onCreate(Bundle savedInstanceState) {
```

```
            super.onCreate(savedInstanceState);
            setContentView(R.layout. activity_main);
            Log.d("MyActivity", "onCreate");
      }
      @Override
      protected void onStart() {
            super.onStart();
            Log.d("MyActivity", "onStart");
      }
      @Override
      protected void onRestart() {
            super.onRestart();
            Log.d("MyActivity", "onRestart");
      }
      @Override
      protected void onResume() {
            super.onResume();
            Log.d("MyActivity", "onResume");
      }
      @Override
      protected void onPause() {
            super.onPause();
            Log.d("MyActivity", "onPause");
      }
      @Override
      protected void onStop() {
            super.onStop();
            Log.d("MyActivity", "onStop");
      }
      @Override
      protected void onDestroy() {
            super.onDestroy();
            Log.d("MyActivity", "onDestroy");
      }
}
```

上述代码中，MyActivity 继承了 Activity，并重写了 onCreate()、onStart()、onRestart()、onResume()、onPause()、onStop()、onDestroy()方法，其中调用 Log 类的静态方法 d()输出调试日志，日志信息为当前方法名。

android.util.Log 类提供了日志功能，使用 Log 类的下列静态方法可以输出各种级别的日志信息，如表 2-2 所示。

表 2-2　Log 类常用的静态方法

静态方法	级 别 分 类	功能说明
v()	对应 LogCat 视图中的 Verbose	最低级别，所有信息
d()	对应 LogCat 视图中的 Debug	调试信息
i()	对应 LogCat 视图中的 Info	一般信息
w()	对应 LogCat 视图中的 Warn	警告信息
e()	对应 LogCat 视图中的 Error	错误信息
wtf()	对应 LogCat 视图中的 Assert	断言信息

上述方法都至少有下列两种重载形式(以 d()为例)：
◇　public static int d (String tag, String msg)。
◇　public static int d (String tag, String msg, Throwable tr)。
其中：tag 为日志标记，msg 为日志信息内容，tr 为异常信息。

启动 Android 模拟器，在 Android Studio 中打开 Android LogCat 视图，将显示大量日志信息。查看日志前，请选择当前所使用的模拟器 Emulator，如图 2-2 所示。

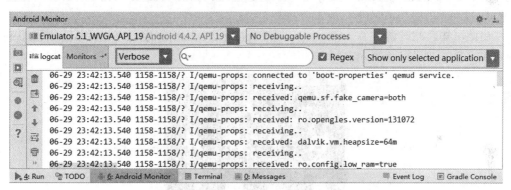

图 2-2　LogCat 视图输出的日志信息

单击图 2-2 右侧的下拉箭头创建过滤器，单击"+""–"按钮可以增删过滤器，如图 2-3 所示。

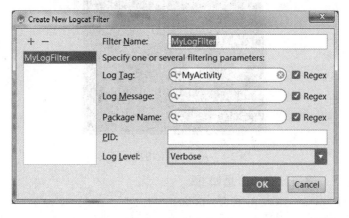

图 2-3　创建过滤器

在"Log Tag"项中输入 MyActivity，单击"OK"按钮，则在 LogCat 视图中将只显示标记为 MyActivity 的日志信息。

运行 ch02_2D1 项目，LogCat 视图中将显示如下日志信息：

11-10 10:18:48.312: DEBUG/MyActivity(636): onCreate

11-10 10:18:48.322: DEBUG/MyActivity(636): onStart

11-10 10:18:48.322: DEBUG/MyActivity(636): onResume

由上述信息可知，当 Activity 启动时，调用了 onCreate()、onStart()、onResume()方法。

单击模拟器上的"Home"键，如图 2-4 所示。

图 2-4　Home 键

单击"Home"键后，将返回 Android 桌面，此时新增的日志输出如下：

11-10 10:19:41.362: DEBUG/MyActivity(636): onPause

11-10 10:19:44.342: DEBUG/MyActivity(636): onStop

由此可知，此时调用了 onPause()、onStop()方法，应用程序已停止。从应用程序中找到 ch02_2D1，如图 2-5 所示。

图 2-5　Android 应用程序列表

单击图标运行，输出日志的信息如下：

11-10 10:20:19.022: DEBUG/MyActivity(636): onRestart

11-10 10:20:19.032: DEBUG/MyActivity(636): onStart

11-10 10:20:19.042: DEBUG/MyActivity(636): onResume

说明程序执行了 onRestart()、onStart()、onResume()方法。单击"返回"键，如图 2-6 所示。

图 2-6　返回键

单击返回键后，新增的日志如下：

11-10 10:25:15.413: DEBUG/MyActivity(636): onPause

11-10 10:25:16.827: DEBUG/MyActivity(636): onStop

11-10 10:25:16.827: DEBUG/MyActivity(636): onDestroy

这说明程序执行了 onPause()、onStop()、onDestroy()方法，Activity 已被系统销毁。

2.1.3　设置生命周期

目前，读者已经了解了 Activity 生命周期，在实际开发过程中，有时并不希望 Activity 按照正常生命周期运行。例如，有时不希望同一个 Activity 被多次创建、在旋转设备时不希望 Activity 来回切换横竖屏等，下面介绍如何避免上述情况的发生。

1．Activity 的单例运行模式

当多次执行启动同一个 Activity 操作或者跳转页面后再次启动时，可能会出现同一个 Activity 被多次创建的情况，这通常是不想要的。为了避免这种情况发生，可以在 AndroidManifest 中对 Activity 这种行为加以限制。为了确保指定的 Activity 在任何时刻都只有一个正在运行的实例，可以在 AndroidManifest.xml 中给指定的 Activity 标签加入如下属性代码：

android:launchMode="singleInstance"

2．强制 Activity 横竖屏

当旋转设备时，系统默认会将当前显示的屏幕相应地作横竖屏切换动作，这个动作会导致 Activity 经历被暂停、停止直至销毁的状态，然后被重新启动。但实际开发中，并不希望 Activity 随设备的旋转而改变横竖屏方向。为此，Android 提供了一套解决方案，即在 AndroidManifest.xml 中固定相应的 Activity 方向，比如设置 Activity 为纵向显示：

android:screenOrientation="portrait"

同样地，也可以设置为横向显示：

android:screenOrientation="landscape"

运行后，会发现屏幕确实被固定住了，但是也会发现 Activity 依旧被销毁，然后重启。要解决这一问题，还需要在 AndroidManifest.xml 中设置一个 Activity 属性，代码如下：

android:configChanges="orientation|keyboardHidden"

参数 orientation 表示对屏幕方向的改变进行处理，keyboardHidden 表示对设备键盘滑

出时进行处理，如此设置，系统就不会重启 Activity 了，而会调用 onConfiguration Changed()方法进行处理。

3．Activity 信息的保存与恢复

之前解决设备横竖屏问题的方案是固定 Activity 的横竖屏模式，但有时又需要 Activity 能随着设备的旋转而改变屏幕方向，且要保证 Activity 重启后数据不会被丢失。为此，Android 提供了一套解决方案，即通过使用 onSaveInstanceState() 和 onRestore InstanceState()来解决。当 Activity 将被系统销毁时，可以通过重写 onSaveInstanceState()来保存 Activity 的信息，当 Activity 被重新创建时，onSaveInstanceState()保存的信息会通过 Bundle 传递给 onCreate()，然后就可以使用 onRestoreInstanceState()方法来恢复之前的状态了。

但需要注意的是，onSaveInstanceState()也不总是在 Activity 被销毁时会被调用，只有在系统未经过用户允许而销毁 Activity 时才会被调用，因为系统必须保证能够保存用户的重要数据。调用 onSaveInstanceState()通常出现在以下几种情况：

- ✧ 设备锁屏时。
- ✧ 屏幕方向发生改变时。
- ✧ 按下 Home 键，显示系统界面时。
- ✧ 长按 Home 键，切换其他应用时。

【示例 2.2】 Activity 信息的保存与恢复。

下面通过一个小实例来介绍 Activity 信息的保存与恢复，帮助学生正确理解 Activity 的原理。代码如下：

```
publicclass MyActivity extends Activity {

    privateint i=0;
    @Override
    protectedvoid onCreate(Bundle savedInstanceState) {
        super.onCreate(savedInstanceState);
        setContentView(R.layout.activity_main);
    }
    @Override
    protectedvoid onSaveInstanceState(Bundle outState) {
        super.onSaveInstanceState(outState);

        i++;
        outState.putInt("info", i);
        Log.d("MyActivity", "onSaveInstanceState");
    }
    @Override
    protectedvoid onRestoreInstanceState(Bundle savedInstanceState) {
        super.onRestoreInstanceState(savedInstanceState);
```

```
        i=savedInstanceState.getInt("info");
        Log.d("MyActivity", "onSaveInstanceState  i="+i);
    }
}
```

上述代码中，添加了一个全局变量 i，在 onSaveInstanceState()中对 i 执行递增操作，在 onRestoreInstanceState()中将 i 获取并打印。运行此程序，可以通过切换横竖屏操作来观察变化情况。结果如下：

11-10 15:36:30.544: DEBUG/MyActivity(668): onSaveInstanceState

11-10 15:36:30.983: DEBUG/MyActivity(668): onSaveInstanceState i=1

11-10 15:36:40.340: DEBUG/MyActivity(668): onSaveInstanceState

11-10 15:36:40.853: DEBUG/MyActivity(668): onSaveInstanceState i=2

 在模拟器中切换横竖屏，可以通过组合按键 Ctrl+F11 或 Ctrl+F12 来操作。

2.2 Android 中的资源使用

Android 中的资源是指非代码部分，是代码中使用的外部文件，如图片、音频、动画、字符串等，作为应用程序的一部分，这些文件将被编译到应用程序中。将资源与代码分离能够提高程序的可维护性，例如通过字符串资源文件可以轻松实现国际化，而无需修改代码。本节中我们主要对常用的字符串资源和图片资源进行阐述。

在 Android Studio 工程中，资源文件存放在 res 这个文件夹中，res 目录存放着 Android 程序能通过 R 资源类直接访问的资源，如图 2-7 所示。

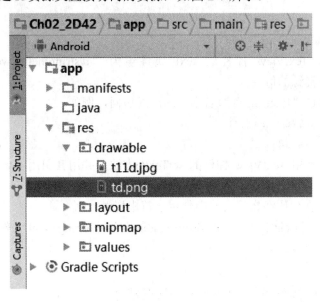

图 2-7 资源目录

Android 资源类型如表 2-3 所示。

表 2-3　Android 资源类型

目录结构	存放的资源类型
res/anim	动画文件
res/drawable	图片文件
res/layout	布局文件
res/xml	任意的 XML 文件
res/raw	直接复制到设备中的原生文件
res/menu	菜单文件
res/values	各种 XML 资源文件： ● strings.xml：字符串文件； ● arrays.xml：数组文件； ● colors.xml：颜色文件； ● dimens.xml：尺寸文件； ● styles.xml：样式文件

当在项目中加入新的资源时，资源引用文件 R.java 中会自动生成对新资源的引用。

2.2.1　字符串资源

字符串是最简单的一种资源，程序用到的字符串资源需要在 res/values/strings.xml 文件中定义，在其他的资源文件中或代码中都可以访问字符串资源。

在其他资源文件中采用"@string/资源名称"的形式访问，例如：

```
<TextView
    ...
    android:text="@string/hello_world" />
```

上述代码中，TextView 控件的 text 属性值为"@string/hello_world"，即名称为"hello"的字符串资源的值。

在代码中可通过"R.string.资源名称"的形式访问，例如：

```
TextView tv = ... // 初始化 TextView 控件
tv.setText(R.string.hello_world);
```

上述代码中，调用 TextView 控件的 setText()方法，并用其引用了名称为 hello 的字符串资源。

【示例 2.3】　在代码和布局文件中使用字符串资源。

新建 Android 项目 ch02_2D3，Android Studio 会生成 strings.xml 文件，内容如下：

```
<?xml version="1.0" encoding="utf-8"?>
<resources>
    <string name="hello_world">Hello World, MyActivity!</string>
    <string name="app_name">ch02_2D3</string>
</resources>
```

上述文件中定义了两个字符串资源，名称为 hello_world 和 app_name，仿照此格式，可以修改或添加新的字符串资源。

新建项目后，Android Studio 会自动生成布局文件 res/layout/activity_main.xml，代码如下：

```xml
<?xml version="1.0" encoding="utf-8"?>
<LinearLayout xmlns:android="http://schemas.android.com/apk/res/android"
    android:orientation="vertical"
    android:layout_width="fill_parent"
    android:layout_height="fill_parent">
    <TextView
        android:layout_width="fill_parent"
        android:layout_height="wrap_content"
        android:text="@string/hello_world" />
</LinearLayout>
```

实际上，布局文件 activity_main.xml 中已使用了字符串资源 hello，其中的 TextView 控件的 text 属性值为 "@string/hello_world"，即代表使用字符串资源 hello_world。在 activity_main.xml 中添加一个新的 TextView 控件，并指定其 ID，代码如下：

```xml
<?xml version="1.0" encoding="utf-8"?>
<LinearLayout xmlns:android="http://schemas.android.com/apk/res/android"
    android:orientation="vertical"
    android:layout_width="fill_parent"
    android:layout_height="fill_parent">
    <TextView
        android:layout_width="fill_parent"
        android:layout_height="wrap_content"
        android:textSize="25sp"
        android:text="@string/hello_world" />
    <TextView
        android:id="@+id/tv"
        android:layout_width="fill_parent"
        android:layout_height="wrap_content"
        android:textSize="25sp"/>
</LinearLayout>
```

上述代码中，添加了一个新的 TextView 控件，并增加 "android:id" 属性，该属性用于指定控件的唯一标识 ID，"@+id/tv" 指明在资源引用 R.id 中增加一个 ID 为 tv。同时，为了显示清晰，两个 TextView 的字体大小都通过 textSize 属性指定为 25sp。

在静态资源引用文件 R.java 中，其 id 会自动增加一个 tv 引用，代码如下：

```
public final class R {
...
    public static final class id {
public static final int tv=0x7f050000;
    }
}
```

 　　　Android 中，用于描述字体大小的单位用 "sp" 表示；关于布局文件的详细介绍，请见
注 意　本书第 3 章。

　　编写 Activity，代码如下：

```
public class MyActivity extends Activity {
    @Override
    public void onCreate(Bundle savedInstanceState) {
        super.onCreate(savedInstanceState);
        setContentView(R.layout.activity_main);
        TextView tv = (TextView)findViewById(R.id.tv);
        tv.setText(R.string.app_name);
    }
}
```

　　上述 Activity 代码中，在 onCreate()方法中通过调用 findViewById()方法可以根据标识 ID 获取按钮 TextView 控件，并调用其 setText()方法设置显示的文字为字符串资源 app_name 的内容。运行程序，显示结果如图 2-8 所示。

图 2-8　显示字符串资源内容

2.2.2 图片资源

图片资源的使用与字符串资源非常类似，程序用到的图片资源需要存放在 res 文件夹中的 drawable 资源目录下，在其他的资源文件或代码中也可以访问其中的图片资源。

访问图片资源与访问字符串资源也是类似的，在其他资源文件中可采用"@drawable/资源名称"的形式访问，在代码中可通过"R.drawable.资源名称"的形式访问。

 res/drawable-hdpi、res/drawable-mdpi、res/drawable-xdpi、res/drawable-xxdpi 分别用于存放四种分辨率的图标文件。Android 程序运行时，会自动根据当前分辨率到对应的目录下查找图片。

【示例 2.4】 使用图片资源设置 Activity 的背景。

新建 Android 项目 ch02_2D4，复制需要使用的图片 td.jpg 到 res/drawable-mdpi 目录下，编辑布局文件 res/layout/activity_main.xml，代码如下：

```xml
<?xml version="1.0" encoding="utf-8"?>
<LinearLayout xmlns:android="http://schemas.android.com/apk/res/android"
    android:orientation="vertical"
    android:layout_width="fill_parent"
    android:layout_height="fill_parent"
    android:background="@drawable/td">
    <TextView
        android:layout_width="fill_parent"
        android:layout_height="wrap_content"
        android:text="@string/hello" />
</LinearLayout>
```

Android 中的资源使用

上述文件最外层的 LinearLayout 布局中，设置 background 属性值为"@drawable/td"，即使用名称为 td 的图片资源作为背景。运行项目，结果如图 2-9 所示。

图 2-9 显示图片资源

本 章 小 结

通过本章的学习，读者应该能够学会：

◇ Activity 是 Android 应用程序中最基本的组成单位。

◇ 大部分 Android 应用中包含多个 Activity 类。

◇ android.app.Activity 类中的方法定义了 Activity 完整的生命周期。

◇ Activity 共有四种状态：激活或者运行状态、暂停状态、停止状态、终止状态。

◇ 要控制 Activity 屏幕横竖屏显示方式，可设置参数"android:screenOrientation"为 landscape 或 portrait。

◇ Activity 被系统销毁时，保存必要信息，保证在 Activity 恢复时不被丢失。

◇ 每个 Activity 类在定义时都必须继承 android.app.Activity。

◇ Android 中的资源是指非代码部分，是代码中使用的外部资源。

◇ 对于字符串资源，在其他资源文件中使用"@string/资源名称"的形式访问，在代码中可通过"R.string.资源名称"的形式访问。

◇ 对于图片资源，在其他资源文件中使用"@drawable/资源名称"的形式访问，在代码中可通过"R.drawable.资源名称"的形式访问。

本 章 练 习

1. Activity 生命周期中的_____方法用于 Activity 初次创建时被调用。

　　A．OnStart()

　　B．OnCreate()

　　C．OnPause()

　　D．OnResume()

2. _____状态下的 Activity 失去了焦点，但是仍然对用户可见。

　　A．激活状态

　　B．停止状态

　　C．运行状态

　　D．暂停状态

3. Activity 的可见生命周期是_____。

　　A．从 onCreate()方法到 onDestroy()方法的过程

　　B．从 onResume()方法到 onPause()方法的过程

　　C．从 onStart()方法到 onStop()方法的过程

　　D．从 onCreate()方法到 onPause()方法的过程

4. 下列情况中，系统不会执行 onSaveInstanceState()和 onRestoreInstanceState()方法的是_____。

　　A．用户切换应用程序时

B．用户单击返回按键时

    C．用户单击 Home 按键时

    D．屏幕方向发生改变时

5．Android 程序不能直接访问的资源(原生文件)存放在_____目录下。

    A．src 目录

    B．res 目录

    C．assets 目录

    D．res/raw 目录

6．简述 Activity 的生命周期中的各个方法。

7．编写一个 Activity 显示一张图片。

第 3 章　用户界面

📖 本章目标

- 熟悉基本的 Android 界面组件。
- 掌握 UI 的事件驱动机制。
- 掌握常用的 Layout。
- 掌握对话框以及 Toast 组件的使用。
- 掌握常用的 Widget 组件。
- 掌握菜单组件的使用。
- 掌握 ActionBar 的使用。
- 提升对更符合国人使用习惯的用户界面的分析与设计能力。

3.1 用户界面元素分类

Android 系统提供了丰富的可视化用户界面(UI)组件，包括菜单、对话框、按钮、文本框等。Android 借用了 Java 中的 UI 设计思想、事件响应机制和布局方式。Android 中的界面元素主要由以下几部分构成：

◇ 视图组件(View)。
◇ 视图容器(ViewGroup)。
◇ 布局方式(Layout)。

一个复杂的 Android 界面设计往往需要不同的组件组合才能实现。本节将介绍 Android 主要界面组件的特点、功能，以及它们的组合布局呈现方式。

当基于 Android 系统进行终端应用开发时，特别是针对车载终端界面，其单个应用以及整体的系统界面都需要进行一些特殊的考量，比如界面简洁、卡片式滑动、车用图标等因素，尤其注意界面风格与汽车品牌及车内氛围的搭配。而就中国的厂商而言，更适合中文阅读的界面元素设计，以及更符合中国用户使用习惯的界面组件布局则是开发时需要考虑的重要方面。

例如，图 3.1 为比亚迪设计的 Dilink（Di + link，Link 代表万物互联）智能网联系统，文字清晰，操作便捷，通过用户界面还可以直达各种常用的国产 Android 应用，为车主提供了极大的方便。

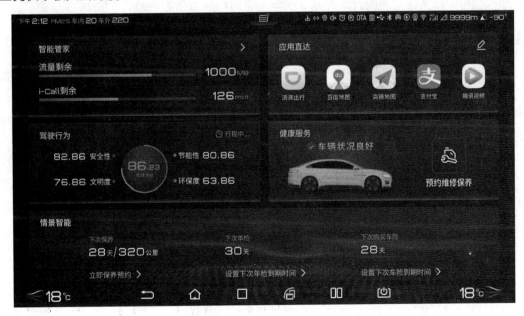

图 3-1 Dilink 智能网联系统

与中国移动互联网的产业优势相适应，中国车企也十分重视车载系统终端的多平台开发，例如，图 3-1 即为宝沃汽车旗下主打智能互联车型的手机端 APP 界面设计。

图 3-1　手机端 APP 界面

此外，车载互联应用系统做得比较好的还有上汽与阿里合作开发的斑马智行系统等。

近年来，在中央提升国家文化软实力、加快构建中国话语的号召下，我国的车载系统厂商越来越重视系统用户界面的本地化工作，不仅在功能上注重中国用户的使用习惯，在设计上也尽量体现中国化的审美风范，在中国车企"出海"的过程中，国产车载系统界面将高科技与中华文化完美融合，提升了中华文明的传播力和影响力。

3.1.1　视图组件(View)

View 是用户界面的基础元素，View 对象存储了 Android 屏幕上一个特定的矩形区域的布局和内容属性的数据体。通过 View 对象，可实现布局、绘图、焦点变换、滚动条、屏幕区域的按键、用户交互等功能。Android 的窗体功能是通过 Widget(窗体部件)类实现的，而 View 类是 Widget 的基类。View 的常见子类及功能如表 3-1 所示。

表 3-1　View 类的主要子类

类　名	功能描述	事件监听器
TextView	文本视图	OnKeyListener
EditText	编辑文本框	OnEditorActionListener, AddTextchangeListener
Button	按钮	OnClickListener, OnLongClickListener
Checkbox	复选框	OnCheckedChangeListener
RadioGroup	单选按钮组	OnCheckedChangeListener
Spinner	下拉列表	OnItemSelectedListener
AutoCompleteTextView	自动完成文本框	OnKeyListener
DataPicker	日期选择器	OnDateChangedListener
TimePicker	时间选择器	OnTimeChangedListener

续表

类 名	功能描述	事件监听器
DigitalClock	数字时钟	OnKeyListener
AnalogClock	模拟时钟	OnKeyListener
ProgessBar	进度条	OnProgressBarChangeListener
RatingBar	评分条	OnRatingBarChangeListener
SeekBar	搜索条	OnSeekBarChangeListener
GridView	网格视图	OnKeyDown,OnKeyUp
LsitView	列表视图	OnKeyDown,OnKeyUp, OnItemClickListener
ScrollView	滚动视图	OnKeyDown,OnKeyUp

3.1.2 视图容器(ViewGroup)

ViewGroup 是 View 的容器,可将 View 添加到 ViewGroup 中,一个 ViewGroup 也可以加入到另外一个 ViewGroup 里。ViewGroup 类提供的主要方法如表 3-2 所示。

表 3-2 ViewGroup 类常用方法

方 法	功 能 描 述
ViewGroup()	构造方法
void addView(View child)	用于添加子视图
void bringChildToFront(View child)	将参数指定的视图移动到所有视图的前面显示
boolean clearChildFocus(View child)	清除参数指定视图的焦点
boolean dispatchKeyEvent(KeyEvent event)	将参数指定的键盘事件分发给当前焦点路径的视图。分发判断事件时,按照焦点路径查找合适的视图。若本视图为焦点,则将键盘事件发送给自己;否则发送给焦点视图
boolean dispatchPopulateAccessibilityEvent(AccessibilityEvent event)	将参数指定的事件分发给当前焦点路径的视图
boolean dispatchSetSelected(boolean selected)	为所有的子视图调用 setSelected()方法

3.1.3 布局方式(Layout)

Layout 用来管理组件的布局格式,组织界面中组件的呈现方式。Android 提供了多种布局,常用的有以下几种:

◇ LinearLayout:线性布局。该布局中子元素之间成线性排列,即在某一方向上的顺序排列,常见的有水平顺序排列、垂直顺序排列。

◇ RelativeLayout:相对布局。该布局是一种根据相对位置排列元素的布局方式，这种方式允许子元素指定它们相对于兄弟元素的位置(通过 ID 指定)。相对于线性布局，使用 RelativeLayout 布局可任意放置控件，没有规律性。需要注意，线性布局不需要特殊指定其父元素，而相对布局使用之前必须指定其参照物，只有指定参照物之后，才能定义其相对位置。

✧ TableLayout：表格布局。该布局将子元素的位置分配到表格的行或列中，即按照表格的顺序排列。一个表格布局有多个"表格行"，而每个表格行又包含表格单元。需要注意，表格布局并不是真正意义上的表格，只是按照表格的方式组织元素的布局，元素之间并没有实际表格中的分界线。

✧ AbsoluteLayout：绝对布局。该布局是指按照绝对坐标对元素进行布局。与相对布局相反，绝对布局不需要指定其参照物，而是使用整个屏幕界面作为坐标系，通过坐标系的两个偏移量(水平偏移量和垂直偏移量)来指定其唯一位置。

✧ FrameLayout：框架布局。将所有子元素以层叠的方式显示，后加的元素会被放在最顶层，覆盖之前的元素。

✧ GridLayout：网格布局。网格布局 Android4.0 新增的布局方式能够同时对 x、y 轴的控件进行对齐，大大简化了对复杂布局的处理，并且在性能上也有大幅提升。

3.2 事件处理机制

Android 系统中引用 Java 的事件处理机制，包括事件、事件源和事件监听器三个事件模型，事件处理机制如图 3-2 所示。

✧ 事件(Event)：是一个描述事件源状态改变的对象。事件不是通过 new 运算符创建的，而是由用户操作触发的。事件可以是键盘事件、触摸事件等。事件一般作为事件处理方法的参数，以便从中获取事件的相关信息。

✧ 事件源(Event Source)：产生事件的对象。事件源通常是 UI 组件，例如单击按钮，则按钮就是事件源。

✧ 事件监听器(Event Listener)：当事件产生时，事件监听器用于对该事件进行响应和处理。监听器需要实现监听接口中定义的事件处理方法。

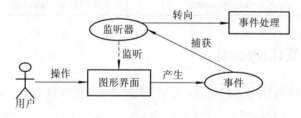

图 3-2　事件处理机制

Android 中常用的事件监听器如表 3-3 所示，这些事件监听器都定义在 android.view. View 中。

表 3-3　Android 中的事件监听器

事件监听器接口	事　件	说　明
OnClickListener	单击事件	用户单击某个组件或者方向键
OnFocusChangeListener	焦点事件	组件获得或者失去焦点时产生的事件
OnKeyListener	按键事件	用户按下或者释放设备上的某个按键
OnTouchListener	触碰事件	设备具有触摸屏功能的情况下，触碰屏幕时产生
OnCreateContextMenuListener	创建上下文菜单事件	创建上下文菜单时产生该事件
OnCheckedChangeListener	选项事件	选择改变时触发该事件

实现事件处理的步骤如下：

(1) 创建事件监听器。

(2) 在事件处理方法中编写事件处理代码。

(3) 在相应的组件上注册监听器。

【示例 3.1】 实现单击按钮改变屏幕的背景颜色。首先打开界面布局文件 main.xml，添加两个 Button，代码如下：

```xml
<?xml version="1.0" encoding="utf-8"?>
<LinearLayout xmlns:android="http://schemas.android.com/apk/res/android"
    android:layout_width="fill_parent"
    android:layout_height="fill_parent"
    android:orientation="vertical" >
<Button
    android:id="@+id/btnYellow"
    android:layout_width="wrap_content"
    android:layout_height="wrap_content"
    android:text="黄色"
android:textColor="#fff"/>
<Button
    android:id="@+id/btnBlue"
    android:layout_width="wrap_content"
    android:layout_height="wrap_content"
    android:text="蓝色"
android:textColor="#fff"/>
</LinearLayout>
```

在 res/values 目录下创建一个颜色资源文件 color.xml，代码如下：

```xml
<?xml version="1.0" encoding="UTF-8"?>
<resources>
    <color name="yellow">#ffee55</color>
    <color name="blue">#0000ff</color>
```

```
</resources>
```

上述代码中定义了两种颜色：黄色和蓝色。此时静态的资源引用文件 R.java 会自动增加 color 资源，代码如下：

```java
public final class R {
...
    public static final class color {
        public static final int blue=0x7f040001;
        public static final int yellow=0x7f040000;
    }
}
```

编写 EventActivity 代码，内容如下：

```java
public class EventActivity extends Activity {
    //声明两个按钮
    Button btnYellow, btnBlue;

    @Override
    public void onCreate(Bundle savedInstanceState) {
        super.onCreate(savedInstanceState);
        setContentView(R.layout.main);
        //根据 Id 找到界面中两个按钮组件
        btnYellow= (Button) this.findViewById(R.id.btnYellow);
        btnBlue = (Button) this.findViewById(R.id.btnBlue);
        //创建监听器对象
        ColorListener cl=new ColorListener();
        //注册监听
        btnYellow.setOnClickListener(cl);
        btnBlue.setOnClickListener(cl);
    }
    //创建按钮的监听器，继承 OnClickListener 监听接口
    class ColorListener implements OnClickListener {
        //实现单击事件处理方法
        @Override
        public void onClick(View v) {
        if (v == btnYellow) {
                //设置背景颜色为黄色
                getWindow().setBackgroundDrawableResource(R.color.yellow);
        }
        if (v == btnBlue) {
                //设置背景颜色为蓝色
```

```
                    getWindow().setBackgroundDrawableResource(R.color.blue);
            }
        }
    }
}
```

在上述代码中需注意以下几点：

❖ 定义一个 ColorListener 事件监听器，该监听器实现 OnClickListener 接口，并实现接口中的 onClick()事件处理方法。

❖ 首先通过调用 getWindow()方法来获取屏幕窗口，然后通过调用窗口的 setBackground DrawableResource()方法设置其背景颜色。该方法的参数 R.color.yellow 和 R.color.blue 是对颜色资源的引用，分别代表黄色和蓝色。

❖ 在 OnCreate()方法中，通过调用 findViewById()方法可以根据标识 ID 获取按钮组件。

❖ 定义一个 ColorListener 监听器对象 cl，再调用按钮的 setOnClickListener()方法注册监听器。

运行结果如图 3-3 所示，当单击"黄色"按钮时，屏幕颜色变为黄色；当单击"蓝色"按钮时，屏幕颜色变为蓝色。

图 3-3　颜色改变

在事件处理的方式上，除了采用上面这种定义事件监听器类的方式外，还可以采用另外一种匿名的方式，即无需给事件监听器类进行命名，只需在注册的同时实现监听器接口及其方法即可。采用匿名方式的事件处理代码如下：

```
public class EventActivity2 extends Activity {
    //声明两个按钮
    Button btnYellow, btnBlue;
```

```
@Override
public void onCreate(Bundle savedInstanceState) {
        super.onCreate(savedInstanceState);
        setContentView(R.layout.main);
        //根据 Id 找到界面中两个按钮组件
        btnYellow= (Button) this.findViewById(R.id.btnYellow);
        btnBlue = (Button) this.findViewById(R.id.btnBlue);
        //注册监听器
        btnYellow.setOnClickListener(new OnClickListener() {
        @Override
        public void onClick(View v) {
                //设置背景颜色为黄色
        getWindow().setBackgroundDrawableResource(R.color.yellow);
        }
        });
        btnBlue.setOnClickListener(new OnClickListener() {
        @Override
        pubiic void onClick(View v) {
                //设置背景颜色为蓝色
        getWindow().setBackgroundDrawableResource(R.color.blue);
        }
        });
        }
}
```

事件处理机制

上述代码中在调用 setOnClickListener()方法给按钮注册监听器时，可直接通过匿名的方法实现 OnClickListener 接口及其内部的 onClick()事件处理方法。此种方式比较简单，也是较为常用的方式，其运行结果与第一种方式相同。

3.3 布局方式(Layout)

Android 中提供了以下两种创建布局的方式：

◇ 在 XML 布局文件中声明：这种方式是将需要显示的组件先在布局文件中进行声明，然后在程序中通过 setContentView(R.layout.XXX)方法将布局呈现在 Activity 中。这种方式是推荐使用的方式，前面的程序也一直使用这种方式。

◇ 在程序中通过代码直接实例化布局及其组件：这种方式并不提倡使用，除非界面中的组件及布局需要动态改变时才使用。

Android 的布局包括 LinearLayout、RelativeLayout、TableLayout 和 AbsoluteLayout 等多种。

3.3.1　线性布局(LinearLayout)

LinearLayout 是一种线性排列的布局，该布局中的子组件按照垂直或者水平方向排列，方向由 "android:orientation" 属性控制，属性值有垂直(vertical)和水平(horizontal)两种。

【示例 3.2】　演示 LinearLayout 的使用。

在 res/layout 目录下创建线性布局文件 linear_layout.xml，代码如下：

```xml
<?xml version="1.0" encoding="utf-8"?>
<LinearLayout xmlns:android="http://schemas.android.com/apk/res/android"
    android:layout_width="fill_parent"
    android:layout_height="fill_parent"
    android:background="#ededed"
 android:orientation="vertical" >
<LinearLayout
        android:layout_width="fill_parent"
        android:layout_height="fill_parent"
        android:layout_weight="1"
android:orientation="horizontal">
<TextView
        android:layout_width="wrap_content"
        android:layout_height="fill_parent"
        android:layout_weight="1"
        android:background="#aa0000"
        android:gravity="center_horizontal"
        android:text="red"
android:textColor="#fff"/>
<TextView
        android:layout_width="wrap_content"
        android:layout_height="fill_parent"
        android:layout_weight="1"
        android:background="#00aa00"
        android:gravity="center_horizontal"
        android:text="green"
android:textColor="#fff"/>
<TextView
        android:layout_width="wrap_content"
        android:layout_height="fill_parent"
        android:layout_weight="1"
        android:background="#0000aa"
        android:gravity="center_horizontal"
        android:text="blue"
```

```
android:textColor="#fff"/>
<TextView
          android:layout_width="wrap_content"
          android:layout_height="fill_parent"
          android:layout_weight="1"
          android:background="#aaaa00"
          android:gravity="center_horizontal"
          android:text="yellow"
android:textColor="#fff"/>
</LinearLayout>
<LinearLayout
          android:layout_width="fill_parent"
          android:layout_height="fill_parent"
          android:layout_weight="1"
  android:orientation="vertical">
<TextView
          android:layout_width="fill_parent"
          android:layout_height="wrap_content"
          android:layout_weight="1"
          android:background="#aa0000"
          android:text="row one"
android:textColor="#fff"
          android:textSize="15pt" />
<TextView
          android:layout_width="fill_parent"
          android:layout_height="wrap_content"
          android:layout_weight="1"
          android:background="#00aa00"
          android:text="row two"
android:textColor="#fff"
          android:textSize="15pt" />
<TextView
          android:layout_width="fill_parent"
          android:layout_height="wrap_content"
          android:layout_weight="1"
          android:background="#0000aa"
          android:text="row three"
android:textColor="#fff"
          android:textSize="15pt" />
<TextView
```

```
            android:layout_width="fill_parent"
            android:layout_height="wrap_content"
            android:layout_weight="1"
            android:background="#aaaa00"
            android:text="row four"
android:textColor="#fff"
            android:textSize="15pt" />
</LinearLayout>
</LinearLayout>
```

上述布局文件中使用了三个线性布局：

◆ 第一个 LinearLayout 按照垂直方向来布局，并将其他两个 LinearLayout 包含进来，是整个布局的主布局。

◆ 第二个 LinearLayout 按照水平方向来布局，包含 4 个 TextView。

◆ 第三个 LinearLayout 按照垂直方向来布局，也包含 4 个 TextView。

在 LayoutActivity 中设置使用 linear_layout.xml 布局，代码如下：

```java
public class LayoutActivity extends Activity {
    /** Called when the activity is first created. */
    @Override
    public void onCreate(Bundle savedInstanceState) {
        super.onCreate(savedInstanceState);
        setContentView(R.layout.linear_layout);
    }
}
```

上述代码中调用 setContentView()方法将布局设置到屏幕中。运行结果如图 3-4 所示。

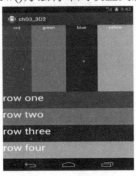

图 3-4　线性布局

3.3.2　相对布局(RelativeLayout)

RelativeLayout 是按照组件之间的相对位置来布局的，如在某个组件的左边、右边、上面和下面添加新组件。

【示例 3.3】演示 RelativeLayout 的使用。

在 res/layout 目录下创建相对布局文件 relative_layout.xml，代码如下：

```
<?xml version="1.0" encoding="utf-8"?>
<LinearLayout xmlns:android="http://schemas.android.com/apk/res/android"
    android:layout_width="fill_parent"
    android:layout_height="fill_parent"
    android:background="#ededed"
    android:orientation="vertical" >
<RelativeLayout
        android:id="@+id/RelativeLayout01"
        android:layout_width="wrap_content"
        android:layout_height="wrap_content" >
<Button
        android:id="@+id/a"
        android:layout_width="wrap_content"
        android:layout_height="wrap_content"
        android:text="A" >
</Button>
<Button
        android:id="@+id/b"
        android:layout_width="wrap_content"
        android:layout_height="wrap_content"
        android:layout_toRightOf="@id/a"
        android:text="B" >
</Button>
<Button
        android:id="@+id/c"
        android:layout_width="wrap_content"
        android:layout_height="wrap_content"
        android:layout_below="@id/a"
        android:text="C" >
</Button>
<Button
        android:id="@+id/d"
        android:layout_width="wrap_content"
        android:layout_height="wrap_content"
        android:layout_below="@+id/b"
        android:layout_toRightOf="@id/c"
        android:text="D" >
</Button>
```

```
</RelativeLayout>
</LinearLayout>
```

上述代码使用<RelativeLayout>元素定义相对布局。该布局中共有四个按钮。按钮"B"放在按钮"A"的右边,即通过"layout_toRightOf"属性进行设置,其值为"@+id/a",说明参照物是按钮"A"。按钮"C"放在按钮"A"的下面,即通过"layout_below"属性进行设置。按钮"D"放在按钮"C"的右边,与按钮"B"类似,也是通过"layout_toRightOf"属性进行设置,此时其值为"@+id/c",说明参照物是按钮"C"。

修改 LayoutActivity 使用 relativelayout.xml 布局,代码如下:

```
setContentView(R.layout.relative_layout);
```

运行结果如图 3-5 所示。

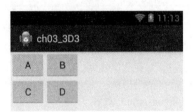

图 3-5　相对布局

3.3.3　表 格 布 局(TableLayout)

TableLayout 以行、列表格的方式布局子组件。TableLayout 中使用 TableRow 对象来定义行。

【示例 3.4】 演示 TableLayout 的使用。

在 res/layout 目录下创建表格布局文件 table_layout.xml,代码如下:

```xml
<?xml version="1.0" encoding="utf-8"?>
<LinearLayout xmlns:android="http://schemas.android.com/apk/res/android"
    android:layout_width="fill_parent"
    android:layout_height="fill_parent"
    android:background="#ededed"
    android:orientation="vertical" >
<TableLayout
    android:id="@+id/TableLayout01"
    android:layout_width="fill_parent"
    android:layout_height="wrap_content"
    android:collapseColumns="3"
    android:stretchColumns="1" >
<TableRow
        android:layout_width="wrap_content"
        android:layout_height="wrap_content" >
```

```
<Button
            android:id="@+id/a"
            android:layout_width="wrap_content"
            android:layout_height="wrap_content"
            android:text="A" >
</Button>
<Button
            android:id="@+id/b"
            android:layout_width="wrap_content"
            android:layout_height="wrap_content"
            android:text="B" >
</Button>
<Button
            android:id="@+id/c"
            android:layout_width="wrap_content"
            android:layout_height="wrap_content"
            android:text="C" >
</Button>
</TableRow>
<TableRow
            android:layout_width="wrap_content"
            android:layout_height="wrap_content" >
<Button
            android:id="@+id/d"
            android:layout_width="wrap_content"
            android:layout_height="wrap_content"
            android:text="D" >
</Button>
<Button
            android:id="@+id/e"
            android:layout_width="wrap_content"
            android:layout_height="wrap_content"
            android:text="E" >
</Button>
<Button
            android:id="@+id/f"
            android:layout_width="wrap_content"
            android:layout_height="wrap_content"
            android:text="F" >
```

```
            </Button>
        </TableRow>
        <TableRow
                android:layout_width="wrap_content"
                android:layout_height="wrap_content" >
        <Button
                android:id="@+id/g"
                android:layout_width="wrap_content"
                android:layout_height="wrap_content"
                android:text="G" >
        </Button>
        <Button
                android:id="@+id/h"
                android:layout_width="wrap_content"
                android:layout_height="wrap_content"
                android:text="H" >
        </Button>
        <Button
                android:id="@+id/i"
                android:layout_width="wrap_content"
                android:layout_height="wrap_content"
                android:text="I" >
        </Button>
        </TableRow>
    </TableLayout>
</LinearLayout>
```

上述代码中需要注意以下两点：

◇ <TableLayout>元素定义了表格布局，该元素的"android:collapseColumns"属性用于指明表格的列数，此处设置表格的列数为 3。"android:stretchColumns"属性用于指明表格的伸展列，指定的伸展列将进行拉伸以填满剩余的空间。注意列号从 0 开始，此处值为"1"，代表第二列是伸展列。

◇ <TableRow>元素定义了表格中的行，所有的其他组件都放在该元素内。

修改 LayoutActivity 使用 tablelayout.xml 布局，代码如下：

```
setContentView(R.layout.table_layout);
```

运行结果如图 3-6 所示。

将<TableLayout>元素中的 android:stretchColumns="1"删除，即不指定伸展列，运行结果如图 3-7 所示。

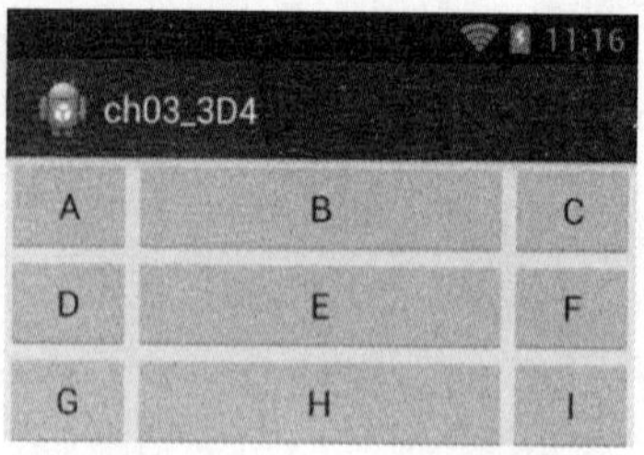

图 3-6　第二列为延伸列 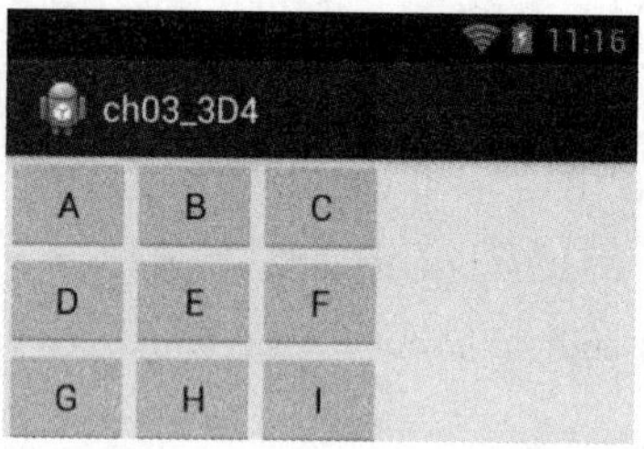　　　　　　　　图 3-7　普通的表格布局

3.3.4　绝对布局(AbsoluteLayout)

AbsoluteLayout 通过指定组件的确切 X、Y 坐标来确定组件的位置。

【示例 3.5】　演示 AbsoluteLayout 的使用。

在 res/layout 目录下创建绝对布局文件 absolute_layout.xml，代码如下：

```xml
<?xml version="1.0" encoding="utf-8"?>
<LinearLayout xmlns:android="http://schemas.android.com/apk/res/android"
    android:layout_width="fill_parent"
    android:layout_height="fill_parent"
    android:background="#ededed"
    android:orientation="vertical" >
<AbsoluteLayout
    android:id="@+id/AbsoluteLayout01"
    android:layout_width="wrap_content"
    android:layout_height="wrap_content" >
<Button
    android:id="@+id/Button01"
    android:layout_width="wrap_content"
    android:layout_height="wrap_content"
    android:layout_x="20px"
    android:layout_y="20px"
    android:text="A" />
<Button
    android:id="@+id/Button02"
    android:layout_width="wrap_content"
    android:layout_height="wrap_content"
    android:layout_x="150px"
    android:layout_y="20px"
    android:text="B" />
<Button
    android:id="@+id/Button03"
```

```
        android:layout_width="wrap_content"
        android:layout_height="wrap_content"
        android:layout_x="20px"
        android:layout_y="150px"
        android:text="C" />
<Button
        android:id="@+id/Button04"
        android:layout_width="wrap_content"
        android:layout_height="wrap_content"
        android:layout_x="150px"
        android:layout_y="150px"
        android:text="D" />
    </AbsoluteLayout>
</LinearLayout>
```

上述代码使用<AbsoluteLayout>元素定义绝对布局，该布局中有四个按钮，每个按钮的位置都通过 X、Y 轴坐标进行指定，其中"layout_x"属性用于指定 X 轴坐标，"layout_y"属性用于指定 Y 轴的坐标。

修改 LayoutActivity 使用 absolutelayout.xml 布局，代码如下：

```
setContentView(R.layout.absolute_layout);
```

运行结果如图 3-8 所示。

图 3-8　绝对布局

3.3.5　框架布局(FrameLayout)

FrameLayout 以层叠的方式显示子组件，后者会覆盖前者。

【示例 3.6】演示 FrameLayout 的使用。

在 res/layout 目录下创建框架布局文件 frame_layout.xml，代码如下：

```
<FrameLayout xmlns:android="http://schemas.android.com/apk/res/android"
    android:layout_width="fill_parent"
    android:layout_height="fill_parent" >
<ImageView
        android:layout_width="wrap_content"
```

```
        android:layout_height="wrap_content"
        android:background="@drawable/flower" />
<ImageView
        android:layout_width="wrap_content"
        android:layout_height="wrap_content"
        android:layout_gravity="center_vertical"
        android:background="@drawable/ic_launcher" />
</FrameLayout>
```

上述代码使用<FrameLayout>元素定义框架布局，该布局中有两个图片控件，先添加的是名称为 flower 的图片，后添加的是系统图标图片并垂直居中放置。运行后会发现系统图标的图片覆盖到了 flower 图片。

修改 LayoutActivity 使用 frame_layout.xml 布局，代码如下：

```
setContentView(R.layout.frame_layout);
```

运行结果如图 3-9 所示。

图 3-9　框架布局

3.3.6　网格布局(GridLayout)

GridLayout 以网格方式布局子组件，使子组件 X、Y 轴自动对齐。

【示例 3.7】　演示 GridLayout 的使用。

在 res/layout 目录下创建网格布局文件 grid_layout.xml，代码如下：

```
<GridLayout xmlns:android="http://schemas.android.com/apk/res/android"
    android:layout_width="wrap_content"
    android:layout_height="wrap_content"
    android:columnCount="4"
    android:orientation="horizontal"
    android:rowCount="3" >
<Button
    android:layout_columnSpan="2"
    android:layout_gravity="fill"
    android:text="1.1" />
<Button android:text="1.2" />
<Button
    android:layout_gravity="fill"
    android:layout_rowSpan="2"
    android:text="1.3" />
<Button
    android:layout_columnSpan="3"
    android:layout_gravity="fill"
    android:text="2.1" />
<Button android:text="3.1" />
<Button android:text="3.2" />
<Button android:text="3.3" />
<Button android:text="3.4" />
</GridLayout>
```

布局设置

上述代码使用<GridLayout>元素定义网格布局，该布局设置为三行四列，其中第一行第一列跨了两列，之后第四列跨了两行，第二行第一列跨了三列。

修改 LayoutActivity 使用 grid_layout.xml 布局，代码如下：

```
setContentView(R.layout.grid_layout);
```

运行结果如图 3-10 所示。

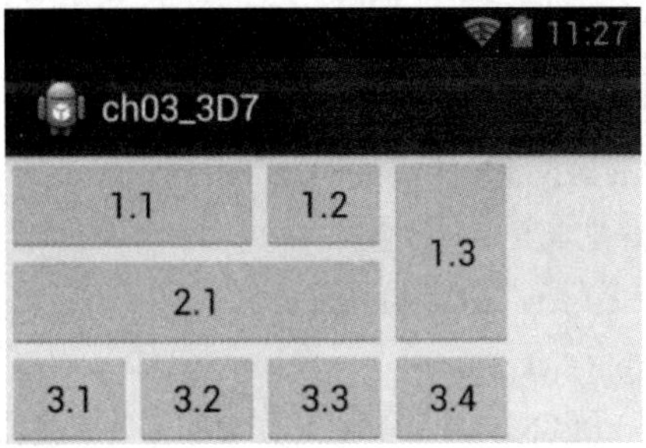

图 3-10　网格布局

3.4 提示信息和对话框

3.4.1 提示信息(Toast)

提示信息(Toast)是 Android 中用来显示提示信息的一种机制，与对话框不同，Toast 是没有焦点的，而且 Toast 显示时间有限，一定时间后会自动消失。Toast 类定义在 android.widget 包中，其常用的方法如表 3-4 所示。

表 3-4 Toast 常用方法

方　　法	功　能　说　明
Toast(Context context)	构造函数
setDuration(int duration)	设置提示信息显示的时长，可以设置两种值：Toast.LENGTH_LONG 和 Toast.LENGTH_SHORT
setText(CharSequence s)	设置显示的文本
cancel()	关闭提示信息，即不显示
makeText(Context context, CharSequence text, int duration)	该方法是静态方法，用于直接创建一个带文本的提示信息，并指明时长
show()	显示提示信息

创建 Toast 的步骤如下：

(1) 调用 Toast 的静态方法 makeText()创建一个指定文本和时长的提示信息。

(2) 调用 Toast 的 show()方法显示提示信息。

【示例 3.8】 演示 Toast 的创建及显示。

ToastActivity.java

```
public class ToastActivity extends Activity {
    private Button b1, b2;
    @Override
    public void onCreate(Bundle savedInstanceState) {
        super.onCreate(savedInstanceState);
        setContentView(R.layout.main);
        b1 = (Button) findViewById(R.id.Button01);
        b2 = (Button) findViewById(R.id.Button02);
        //在"长"按钮上注册监听器
        b1.setOnClickListener(new OnClickListener() {
            public void onClick(View v) {
                //Toast.LENGTH_LONG 表示显示的时间较长
                Toast t1 = Toast.makeText(getApplicationContext(),
                    "我多显示一会儿! ",Toast.LENGTH_LONG);
```

```
                    t1.show();
            }
    });
    //在"短"按钮上注册监听器
    b2.setOnClickListener(new OnClickListener() {
            public void onClick(View v) {
                    //Toast.LENGTH_SHORT 表示显示的时间较短
                    Toast t2 = Toast.makeText(getApplicationContext(),
                            "我少显示一会儿！",Toast.LENGTH_SHORT);
                    t2.show();
            }
    });
    }
}
```

　　上述代码中有两个按钮，当单击"长"按钮时，显示的 Toast 时间长一点；而单击"短"按钮时，显示的 Toast 时间会短一点，如图 3-11 所示。

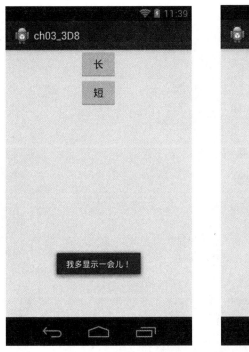

图 3-11　显示 Toast

3.4.2　对话框

　　对话框是程序运行中的弹出窗口。例如，用户要删除一个联系方式时，会弹出一个确认对话框。Android 系统提供了四种对话框，如表 3-5 所示。

表 3-5　Android 的四种对话框

对话框	说　明
AlertDialog	提示对话框
ProgressDialog	进度对话框
DatePickerDialog	日期选择对话框
TimePickerDialog	时间选择对话框

除了上面系统定义的四种对话框外，用户还可以继承 android.app.Dialog 实现自己的对话框。本节重点讲述提示对话框 AlertDialog。AlertDialog 是一个提示窗口，要求用户做出选择。

创建提示对话框的步骤如下：

(1) 获得 AlertDialog 的静态内部类 Builder 对象，由该类来创建对话框。

(2) 通过 Builder 对象设置对话框的标题、按钮以及按钮将要响应的事件。

(3) 调用 Builder 的 create()方法创建对话框。

(4) 调用 AlertDialog 的 show()方法显示对话框。

【示例 3.9】 演示提示对话框的使用。

AlertDialogActivity.java

```
public class AlertDialogActivity extends Activity {
    //声明组件
    private TextView myTV;
    private Button myBtn;
    @Override
    public void onCreate(Bundle savedInstanceState) {
        super.onCreate(savedInstanceState);
        setContentView(R.layout.main);
        //根据 Id 获取组件
        myTV = (TextView) findViewById(R.id.TextView01);
        myBtn = (Button) findViewById(R.id.Button01);
        //获得 Builder 对象
        final AlertDialog.Builder builder =
                new AlertDialog.Builder(this);
        //在按钮上注册监听器
        myBtn.setOnClickListener(new OnClickListener() {
            public void onClick(View v) {
                //通过 builder 对象设置对话框信息
                builder.setMessage("真的要删除该记录吗？")
                    //设置确定按钮及其相应事件处理
```

```
                    .setPositiveButton("是",
        new DialogInterface.OnClickListener() {
                    public void onClick(DialogInterface dialog,
                    int which) {
                            myTV.setText("删除成功！");}})
        //设置取消按钮及其相应事件处理
        .setNegativeButton("否",
                    new DialogInterface.OnClickListener() {
                    public void onClick(DialogInterface dialog,
                    int which) {
                            myTV.setText("取消删除！");}});
        //创建对话框
        AlertDialog ad = builder.create();
        //显示对话框
        ad.show();
            }
        });
    }
}
```

对话框与提示信息

上述代码按照创建提示对话框的步骤实现了提示对话框功能。运行程序，单击"删除"按钮，显示提示对话框，如图 3-12 所示。

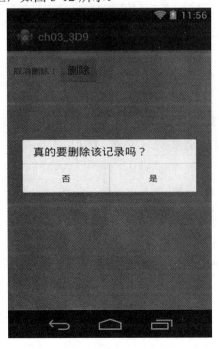

图 3-12　提示对话框

当在提示对话框中选择"是"按钮，即确认按钮时，文本视图中显示"删除成功!"；如果选择"否"按钮，即取消按钮，则文本视图中显示"取消删除!"。

3.5 常用 Widget 组件

Widget 组件是窗体中使用的部件，都定义在 android.widget 包中，如 Button、TextView、EditText、CheckBox、RadioGroup、Spinner 等。

3.5.1 Widget 组件通用属性

对 Widget 组件进行 UI 设计时可以采用两种方式：xml 布局文件和 Java 代码。其中 xml 布局文件这种方式由于简单易用，因而被广泛使用。Widget 所有的组件几乎都属于 View 类，有些属性在这些组件之间是通用的，如表 3-6 所示。

表 3-6 Widget 组件通用属性

属性名称	描　　述
android:id	设置控件的索引，Java 程序可通过 R.id.<索引>引用该控件
android:layout_height	设置布局高度，可以采用三种方式：fill_parent(和父元素相同)、wrap_content(随组件本身的内容调整)、指定 px 值
android:layout_width	设置布局宽度，也可以采用三种方式：fill_parent、wrap_content、指定 px 值
android:autoLink	设置是否当文本为 URL 链接时，文本显示为可单击的链接，可选值为 none/web/email/phone/map/all
android:autoText	如果设置，将自动执行输入值的拼写纠正
android:bufferType	指定 getText()方式取得的文本类别
android:capitalize	设置英文字母大写类型，需要弹出输入法才能看得到
android:cursorVisible	设定光标为显示/隐藏，默认显示
android:digits	设置允许输入哪些字符
android:drawableBottom	在 text 的下方输出一个 drawable
android:drawableLeft	在 text 的左边输出一个 drawable
android:drawablePadding	设置 text 与 drawable(图片)的间隔，与 drawableLeft、drawableRight、drawableTop、drawableBottom 一起使用，可设置为负数，单独使用没有效果
android:drawableRight	在 text 的右边输出一个 drawable 对象
android:inputType	设置文本的类型，用于帮助输入法显示合适的键盘类型
android:cropToPadding	是否截取指定区域用空白代替；单独设置无效，需要与 scrollY 一起使用
android:maxHeight	设置 View 的最大高度

3.5.2　文本框(TextView)

TextView 类代表文本框，是屏幕中一块用于显示文本的区域，它属于 android.widget 包并且继承 android.view.View 类的方法和属性，同时又是 Button、CheckedTextView、Chronometer、DigitalClock 以及 EditText 的父类。

TextView 定义了文本框操作的基本方法，是一个不可编辑的文本框，往往用来在屏幕中显示静态字符串，其功能类似于 Java 语言中 swing 包的 JLabel 组件。TextView 的主要方法如表 3-7 所示。

表 3-7　TextView 的主要方法

方　　法	功　能　描　述
TextView()	TextView 的构造方法
getDefaultMovementMethod()	获取默认的箭头按键移动方式
getText()	取得文本内容
length()	获取 TextView 中文本长度
getEditableText()	取得文本的可编辑对象，通过该对象可对 TextView 的文本进行操作，如在光标之后插入字符
getLayout()	获取 TextView 的布局
getKeyListener()	获取键盘监听对象
setKeyListener()	设置键盘事件监听
setTransformationMethod()	设置文本是否显示成特殊字符
getCompoundPaddingBottom()	该方法返回 TextView 的底部填充物
setCompoundDrawables()	设置 Drawable 图像显示的位置，在设置该 Drawable 资源之前需要调用 setBounds(Rect)
setCompoundDrawablesWithIntrinsicBounds()	设置 Drawable 图像显示的位置，但其边界不变
setPadding()	根据位置设置填充物
getAutoLinkMask()	返回自动链接的掩码
setTextColor()	设置文本显示的颜色
setHighlightColor()	设置选中时文本显示的颜色
setShadowLayer()	设置文本显示的阴影颜色
setHintTextColor()	设置提示文字的颜色
setLinkTextColor()	设置链接文本的颜色
setGravity()	设置当 TextView 超出了文本本身时横向以及垂直对齐

3.5.3 按 钮(Button)

Button 是最常用的控件之一，是 TextView 的子类。Button 的常用方法如表 3-8 所示。

表 3-8 Button 常用方法

方 法	功 能 描 述
getText()	获取按钮的文本内容
setText(CharSequence text)	设置按钮的文本内容
setOnClickListener()	对按钮的单击时间进行监听，为回调方法

3.5.4 编辑框(EditText)

EditText 类是 TextView 的子类，其功能与 TextView 基本类似，主要区别是 EditText 可以编辑。EditText 作为用户与系统之间的文本输入接口，可以把用户输入的数据传给系统，获取需要的数据。EditText 提供了许多用于设置和控制文本框功能的方法，如表 3-9 所示。

表 3-9 EditText 的常用方法

方 法	功 能 描 述
getText()	获取文本内容
selectAll()	获取输入的所有文本
setText(CharSequence text, TextView.BufferType type)	设置编辑框中的文本内容

3.5.5 复选框(CheckBox)

CheckBox 是复选框组件，用于多选的情况，该控件在应用程序中为用户提供"真/假"选择。CheckBox 类提供了用于设置和控制复选框的方法，如表 3-10 所示。

表 3-10 CheckBox 的常用方法

方 法	功 能 描 述
dispatchPopulateAccessibilityEvent()	在子视图创建时，分派一个辅助事件
isChecked()	判断组件状态是否勾选
onRestoreInstanceState()	设置视图恢复以前的状态，该状态由 onSaveInstanceState()方法生成
performClick()	执行 Click 动作，该动作会触发事件监听器
setButtonDrawable()	根据 Drawable 对象设置组件的背景

续表

方　法	功　能　描　述
setChecked()	设置组件的状态。若参数为真，则设置组件为选中状态，否则设置组件为未选中状态
setOnCheckedChangeListener()	CheckBox 常用的设置事件监听器的方法，状态改变时调用该监听器
toggle()	改变按钮的当前状态
drawableStateChanged()	视图状态的变化影响到所显示的可绘制的状态时调用该方法
onCreateDrawableState()	获取文本框为空时，文本框默认显示的字符串
onCreateDrawableState()	为当前视图生成新的 Drawable 状态

复选框是一种双状态按钮的特殊类型，复选框的状态只有两种：选中或者未选中。因此，复选框状态变化包含两种情况：

◇ 复选框由选中状态变成未选中状态。

◇ 复选框由未选中状态变成选中状态。

通过鼠标单击复选框，可触发复选框状态的改变。通过 setOnCheckedChangeListener() 方法可注册复选框组件状态改变监听器 OnCheckedChangeListener。

复选框状态彼此独立，可同时选择任意多个 CheckBox。

3.5.6　单选按钮组(RadioGroup)

RadioGroup 是单选按钮组，用于实现一组按钮之间相互排斥，即有且仅有一个按钮被选中，在同一个单选按钮组中勾选一个按钮则会取消该组中其他已经勾选的按钮的选中状态。RadioGroup 类是 LinearLayout 的子类，其常用的设置和控制单选按钮组的方法如表 3-11 所示。

表 3-11　RadioGroup 的常用方法

方　法	功　能　描　述
addView()	根据布局指定的属性添加一个子视图
check()	传递 −1 作为指定的选择标识符，此方法同 clearCheck()方法的作用等效
generateLayoutParams()	返回一个新的布局实例，这个实例是根据指定的属性集合生成的
setOnCheckedChangeListener()	注册单选按钮状态改变监听器
getCheckedRadioButtonId()	返回该单选按钮组中所选择的单选按钮的标识 Id

3.5.7 下拉列表(Spinner)

Spinner 提供了下拉列表功能,其功能类似于 RadioGroup,多个 item 子元素组合成一个 Spinner,这些子元素之间相互影响,同时最多有一个子元素被选中。Spinner 类是 LinearLayout 的子类,其常用的方法如表 3-12 所示。

表 3-12　Spinner 的常用方法

方　法	功 能 描 述
getBaseline()	获取组件文本基线的偏移
getPrompt()	获取被聚焦时的提示消息
performClick()	效果同鼠标单击一样,执行该方法会触发 OnClickListener
setAdapter(SpinnerAdapter adapter)	设置选项,适配器 adapter 用于给下拉列表提供选项数据
setPromptId()	设置对话框弹出时显示的文本
setOnItemSelectedListener()	设置监听下拉列表中哪个子项被选中

Spinner 可以通过数组适配器读取 XML 中定义的子元素。这种设计方式被称为适配器模式。适配器模式建议定义一个包装类,包装有不兼容接口的对象,该包装类就是适配器(Adapter),其包装的对象就是适配者(Adaptee)。适配器提供客户类需要的接口,适配器接口的实现是把客户类的请求转化为对适配者的相应接口的调用。因此,适配器能使由于接口不兼容而不能交互的类一起工作。

Android 系统提供了多种适配器,其中 ArrayAdapter 是比较简单且经常被使用的一种数组适配器,它将数据放入一个数组以便显示。ArrayAdapter 提供多种构造函数来生成数组适配器,其常用的函数如下:

```
ArrayAdapter(Context context, int resource, int textViewResId)
ArrayAdapter(Context context, int textViewResId, T[] objects)
ArrayAdapter(Context context, int textViewResId, List<T> objects)
```

其中,参数说明如下:
- context:上下文环境,在 Activity 中一般使用 this。
- resource:资源 id。
- textViewResId:文本视图资源 id,如下拉列表组件的 id。
- objects:泛型集合/数组。

例如,用下述代码创建一个下拉列表:

```
//获取下拉列表组件
Spinner position = (Spinner) findViewById(R.id.position);
//创建一个下拉列表选项数组
String[] strs={"总裁","经理","秘书"};
//创建一个数组适配器
ArrayAdapter aa = new ArrayAdapter(this,
    android.R.layout.simple_spinner_dropdown_item, strs);
```

```
//设置下拉列表的适配器
position.setAdapter(aa);
```

【示例 3.10】 通过注册窗口演示 TextView、EditText、CheckBox、RadioGroup、Spinner 组件的使用，从而强化工程实践能力，做到理论联系实际。

首先，编写布局文件 main.xml，代码如下：

```
<?xml version="1.0" encoding="utf-8"?>
<LinearLayout xmlns:android="http://schemas.android.com/apk/res/android"
    android:layout_width="fill_parent"
    android:layout_height="fill_parent"
    android:orientation="vertical"
    android:padding="10dp" >
<TableLayout
        android:id="@+id/TableLayout01"
        android:layout_width="wrap_content"
        android:layout_height="wrap_content"
        android:stretchColumns="1" >


<TableRow
            android:id="@+id/TableRow01"
            android:layout_width="wrap_content"
            android:layout_height="wrap_content" >
<TextView
                android:id="@+id/TextView01"
                android:layout_width="wrap_content"
                android:layout_height="wrap_content"
                android:text="用户名称" >
</TextView>
<EditText
                android:id="@+id/username"
                android:layout_width="wrap_content"
                android:layout_height="wrap_content"
                android:text="" >
</EditText>
</TableRow>


<TableRow
            android:id="@+id/TableRow02"
            android:layout_width="wrap_content"
            android:layout_height="wrap_content" >
```

```xml
<TextView
            android:id="@+id/TextView02"
            android:layout_width="wrap_content"
            android:layout_height="wrap_content"
            android:text="用户密码" >
</TextView>
<EditText
            android:id="@+id/password"
            android:layout_width="wrap_content"
            android:layout_height="wrap_content"
            android:password="true"
            android:text="" >
</EditText>
</TableRow>

<TableRow
            android:id="@+id/TableRow03"
            android:layout_width="wrap_content"
            android:layout_height="wrap_content" >
<TextView
            android:id="@+id/TextView03"
            android:layout_width="wrap_content"
            android:layout_height="wrap_content"
            android:text="性别" >
</TextView>
<RadioGroup
            android:id="@+id/gender_g"
            android:layout_width="wrap_content"
            android:layout_height="wrap_content" >
<RadioButton
            android:id="@+id/male"
            android:layout_width="wrap_content"
            android:layout_height="wrap_content"
            android:text="男" >
</RadioButton>
<RadioButton
            android:id="@+id/female"
            android:layout_width="wrap_content"
            android:layout_height="wrap_content"
```

```
                    android:text="女" >
</RadioButton>
</RadioGroup>
</TableRow>

<TableRow
            android:id="@+id/TableRow04"
            android:layout_width="wrap_content"
            android:layout_height="wrap_content" >
<TextView
                android:id="@+id/TextView04"
                android:layout_width="wrap_content"
                android:layout_height="wrap_content"
                android:text="婚否" >
</TextView>
<ToggleButton
                android:id="@+id/marriged"
                android:layout_width="wrap_content"
                android:layout_height="wrap_content"
                android:text="@+id/ToggleButton01" >
</ToggleButton>
</TableRow>

<TableRow
            android:id = "@+id/TableRow05"
            android:layout_width = "wrap_content"
            android:layout_height = "wrap_content" >
<TextView
                android:id = "@+id/hobby"
                android:layout_width = "wrap_content"
                android:layout_height = "wrap_content"
                android:text = "爱好" >
</TextView>
<LinearLayout
                android:layout_width = "wrap_content"
                android:layout_height = "wrap_content"
                android:layout_column = "1" >
<CheckBox
                    android:id = "@+id/reading"
```

```
                android:layout_width = "wrap_content"
                android:layout_height = "wrap_content"
                android:text = "阅读" />
<CheckBox
                android:id = "@+id/swimming"
                android:layout_width = "wrap_content"
                android:layout_height = "wrap_content"
                android:text = "游泳" />
</LinearLayout>
</TableRow>

<TableRow
        android:id = "@+id/TableRow06"
        android:layout_width = "wrap_content"
        android:layout_height = "wrap_content" >
<TextView
                android:id = "@+id/TextView05"
                android:layout_width = "wrap_content"
                android:layout_height = "wrap_content"
                android:text = "职务" >
</TextView>
<Spinner
                android:id = "@+id/position"
                android:layout_width = "wrap_content"
                android:layout_height = "wrap_content" >
</Spinner>
</TableRow>

<TableRow
        android:id = "@+id/TableRow07"
        android:layout_width = "wrap_content"
        android:layout_height = "wrap_content" >
<Button
                android:id = "@+id/cancel"
                android:layout_width = "wrap_content"
                android:layout_height = "wrap_content"
                android:text = "取消" >
</Button>
<Button
```

```
            android:id = "@+id/register"
            android:layout_width = "wrap_content"
            android:layout_height = "wrap_content"
            android:text = "注册" >
</Button>
</TableRow>
</TableLayout>


</LinearLayout>
```

上述代码中，<ToggleButton>是一个开关按钮。

其次，编写 RegistActivity.java 类，代码如下：

```java
public class RegistActivity extends Activity {
        //声明组件
        private Button register, cancel;
        private ToggleButton marriged;
        private RadioButton male, female;
        private EditText username, password;
        private Spinner position;
        private CheckBox reading, swimming;
        @Override
        public void onCreate(Bundle savedInstanceState) {
                super.onCreate(savedInstanceState);
                setContentView(R.layout.activity_main);
                //根据 Id 获取组件对象
                username = (EditText) findViewById(R.id.username);
                password = (EditText) findViewById(R.id.password);
                male = (RadioButton) findViewById(R.id.male);
                female = (RadioButton) findViewById(R.id.female);
                reading = (CheckBox) findViewById(R.id.reading);
                swimming = (CheckBox) findViewById(R.id.swimming);
                marriged = (ToggleButton) findViewById(R.id.marriged);
                position = (Spinner) findViewById(R.id.position);
                //创建一个下拉列表选项数组
                String[] strs = { "CEO", "PM", "PL" };
                //创建一个数组适配器
                ArrayAdapter aa = new ArrayAdapter(this,
                                android.R.layout.simple_spinner_dropdown_item, strs);
                //设置下拉列表的适配器
                position.setAdapter(aa);
```

```
register = (Button) findViewById(R.id.register);
cancel = (Button) findViewById(R.id.cancel);
//注册监听
register.setOnClickListener(new OnClickListener() {
        public void onClick(View v) {
                Log.i("tag", "username:" +
                        username.getText().toString());
                Log.i("tag", "password:" +
                        password.getText().toString());
                if (male.isChecked())
                {
                        Log.i("tag", "sex:male");
                } else {
                        Log.i("tag", "sex:female");
                }
                String temp = "like:";
                if (reading.isChecked())
                {
                        temp += "read";
                }
                if (swimming.isChecked())
                {
                        temp += " swim";
                }
                Log.i("tag", temp);
                if (marriged.isChecked())
                {
                        Log.i("tag", "marriged:Yes");
                } else
                {
                        Log.i("tag", "marriged:No");
                }
                Log.i("tag", "position:"
                                + position.getSelectedItem().toString());
        }
});
    }
}
```

下拉列表

上述代码实现了一个注册窗口,当单击"注册"按钮时,在 DDMS 的 Log 窗口输出用户注册信息。运行结果如图 3-13 所示。

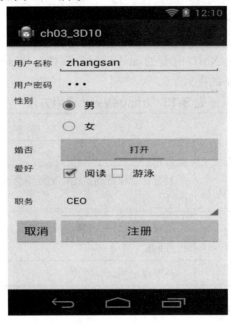

图 3-13 注册界面

单击"注册"按钮后，Log 输出信息如图 3-14 所示。

Time		pid	tag	Message
11-14 08:52...	I	668	tag	username:zhangsan
11-14 08:52...	I	668	tag	password:123
11-14 08:52...	I	668	tag	sex:male
11-14 08:52...	I	668	tag	like:read
11-14 08:52...	I	668	tag	married:Yes
11-14 08:52...	I	668	tag	position:CEO

图 3-14 Log 输出信息

3.5.8 图片视图(ImageView)

ImageView 与 TextView 的功能基本类似，主要区别是显示的资源不同。ImageView 可显示图像资源，如图 3-15 所示，而 TextView 只能显示文本资源。

图 3-15 使用 ImageView 显示图片

ImageView 类常用方法及其功能如表 3-13 所示。

ImageView 可通过两种方式设置资源:

✦ 通过 setImageBitmap()方法设置图片资源。

✦ 通过<ImageView> XML 元素的 android:src 属性,或 setImageResource(int)方法指定 ImageView 的图片。

表 3-13　ImageView 常用方法

方　　法	功　能　描　述
ImageView()	ImageView 构造函数
setAdjustViewBounds(booleanab)	设置是否保持高宽比,需要结合 maxWidth 和 maxHeight 一起使用
getDrawable()	获取 Drawable 对象。若获取成功则返回 Drawable 对象,否则返回 null
getScaleType()	获取视图的填充方式
setImageBitmap(Bitmap bm)	设置位图
setAlpha(int alpha)	设置透明度,值范围为 0~255,其中 0 为完全透明,255 为完全不透明
setMaxHeight(int h)	设置控件的最大高度
setMaxWidth(int w)	设置控件的最大宽度
setImageURI(Uri uri)	设置图片地址,图片地址由 URI 指定
setImageResource(int rid)	设置图片资源库
setColorFilter(int color)	设置颜色过滤,需要制订颜色过滤矩阵

使用 ImageView 的代码如下:

```
imageview = (ImageView)findViewById(R.id.imageview);
bitmap = BitmapFactory.decodeResource(this.getResources(), R.drawable.motor);
imageview.setImageBitmap(bitmap);
```

3.5.9　滚动视图(ScrollView)

当屏幕界面上的元素超过屏幕最大的高度时,需要一种滚动浏览的控件。ScrollView 提供了滚动功能,可在界面上显示比实际多的内容时提供滚动效果,用户可通过滑动鼠标来实现 ScrollView 界面的滚动,类似于翻页功能。ScrollView 如图 3-16 所示。

ScrollView 的子元素可以包含复杂的布局,通常用到的子元素是垂直方向的 LinearLayout。注意:ScrollView 只支持垂直方向的滚动,不支持水平方向的移动。ScrollView 常用方法如表 3-14 所示。

图 3-16 滚动视图

表 3-14 ScrollView 常用方法

方　法	功　能　描　述
ScrollView()	ScrollView 构造函数
dispatchKeyEvent(KeyEvent event)	将参数指定的键盘事件分发给当前焦点路径的视图
arrowScroll (int direction)	该方法响应单击上下箭头时对滚动条滚动的处理，参数 direction 指定了滚动的方向
addView (View child)	添加子视图
computeScroll()	更新子视图的值(mScrollX 和 mScrollY)
onTouchEvent (MotionEvent ev)	该方法用于运动事件，该运动事件是在处理触摸屏幕时产生的
setOnTouchListener()	设置 ImageButton 单击事件监听
setColorFilter()	设置颜色过滤，需要制订颜色过滤矩阵
executeKeyEvent (KeyEvent event)	当接收到键盘事件时，此函数执行滚动操作
fullScroll (int direction)	将视图滚动到 direction 指定的方向
onInterceptTouchEvent (MotionEvent me)	此方法用于拦截用户的触屏事件

3.5.10　网格视图(GridView)

　　GridView 将其子元素组织成类似于网格状的视图。一个网格视图通常需要一个列表适配器 ListAdapter，该适配器包含网格视图的子元素组件。GridView 的视图排列方式与矩阵类似，当屏幕上有很多元素(文字、图片或其他元素)需要显示时，可以使用 GirdView，如图 3-17 所示。

图 3-17 网格视图

网格视图能够以数据网格的形式显示子元素，并能够对这些子元素进行分页、自定义样式等操作，其常用的方法如表 3-15 所示。

表 3-15 GridView 常用方法

方 法	功 能 描 述
GridView()	GridView 构造函数
setGravity (int gravity)	设置此组件中的内容在组件中的位置
setColumnWidth(int)	该方法设置网格视图的宽度
getAdapter ()	获取该视图的适配器 Adapter
setAdapter (ListAdapter adapter)	设置网格视图对应的适配器
setStretchMode(int)	该方法用于设置缩放模式，也可以通过 android:stretchMode 进行设置，有多个缩放模式：NO_STRETCH、STRETCH_SPACING、STRETCH_SPACING_UNIFOR 或 STRETCH_COLUMN_WIDTH
onKeyMultiple(int keyCode, int repeatCount, KeyEvent event)	多次按键时的处理方法。当连续发生多次按键时，该方法被调用。其中 keyCode 为按键对应的整型值，repeatCount 是按键的次数，event 是按键事件

续表

方　　法	功 能 描 述
setSelection(int p)	设置当前被选中的网格视图的子元素
onKeyUp(int keyCode, KeyEvent event)	释放按键时的处理方法。释放按键时，该方法被调用。其中 keyCode 为按键对应的整型值，event 是按键事件
onKeyDown(int keyCode, KeyEvent event)	按键时的处理方法。按键时，该方法被调用。其中 keyCode 为按键对应的整型值，event 是按键事件。注意：用户按键的过程中，onKeyDown 先被调用，在用户释放按键后调用 onKeyUp
setHorizontalSpacing(int c)	设置网格视图同一行子元素之间的水平间距
setNumColumns(int)	设置网格视图包含的子元素的列数
getHorizontalSpacing()	获取网格视图同一行子元素之间的水平间距
getNumColumns()	获取网格视图包含的子元素的列数
getSelection ()	获取当前被选中的网格视图的子元素

3.5.11　列表视图(ListView)

ListView 是列表视图，将元素按照条目的方式自上而下列出来，通常每一列只有一个元素，如图 3-18 所示。

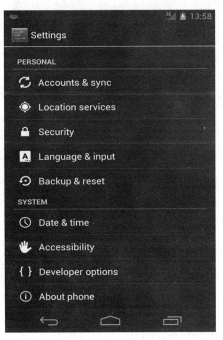

图 3-18　列表视图

实现一个列表视图必须具备 ListView、适配器以及子元素三个条件，其中适配器用于存储列表视图的子元素。列表视图将子元素以列表的方式组织，用户可通过滑动滚动条来显示界面之外的元素。ListView 常用的方法如表 3-16 所示。

表 3-16　ListView 常用方法

方　法	功　能　描　述
ListView()	ListView 构造函数
getCheckedItemPosition()	返回当前被选中的子元素的位置
addFooterView (View view)	给视图添加脚注，通常脚注位于列表视图的底部，其中参数 View 为要添加脚注的视图
getMaxScrollAmount()	返回列表视图的最大滚动数量
getDividerHeight()	获取子元素之间分隔符的宽度(元素与元素之间的那条线)
setStretchMode(int)	设置缩放模式，也可以通过 android:stretchMode 进行设置。有多个缩放模式：NO_STRETCH、STRETCH_SPACING、STRETCH_SPACING_UNIFOR 或 STRETCH_COLUMN_WIDTH
onKeyMultiple(int keyCode, int repeatCount, KeyEvent event)	多次按键时的处理方法。当连续发生多次按键时，该方法被调用。其中 keyCode 为按键对应的整型值，repeatCount 是按键的次数，event 是按键事件
setSelection (int p)	设置当前被选中的列表视图的子元素
onKeyUp (int keyCode, KeyEvent event)	释放按键时的处理方法。释放按键时，该方法被调用。其中 keyCode 为按键对应的整型值，event 是按键事件
onKeyDown (int keyCode, KeyEvent event)	按键时的处理方法。按键时，该方法被调用。其中 keyCode 为按键对应的整型值，event 是按键事件。注意用户按键的过程中，onKeyDown 先被调用，在用户释放按键后调用 onKeyUp
isItemChecked (int position)	判断指定位置 position 元素是否被选中
addHeaderView (View view)	给视图添加头注，通常头注位于列表视图的顶部。其中参数 View 为要添加头注的视图
dispatchPopulateAccessibilityEvent (AccessibilityEvent event)	在视图的子项目被构建时，分派一个辅助事件
getChoiceMode ()	返回当前的选择模式

3.6　菜单

菜单是 UI 设计中经常使用的组件，提供了将多种功能分组展示的能力，在人机交互中提供了人性化的操作。Android 中菜单分为两种类型：选项菜单(OptionMenu)、上下文菜单(ContextMenu)。

3.6.1　选项菜单(OptionMenu)

Android 屏幕上有个 Menu 按键，当按下 Menu 时，会在屏幕底部弹出一个菜单，此菜单就是选项菜单。选项菜单提供了一种特殊的菜单显示方式，它没有对应的视图，即用户无法通过单击屏幕上的视图组件来加载选项菜单。一般可通过单击屏幕键盘上的 Menu

键来显示菜单。

Android 开放了选项菜单的应用接口并屏蔽了其实现的复杂性，开发人员只需调用几个关键的方法就可以创建选项菜单。创建选项菜单需要以下三个步骤：

(1) 当第一次打开菜单时，覆盖 Activity 的 onCreateOptionsMenu()方法被自动调用。

(2) 调用 Menu 的 add()方法添加菜单项(MenuItem)。

(3) 当菜单项被选择时，采用覆盖 Activity 的 onOptionsItemSelected()方法来响应事件。

【示例 3.11】 演示选项菜单的使用。

OptionMenuActivity.java

```
publicclass OptionMenuActivity extends Activity {

    private final static int ITEM = Menu.FIRST;

    @Override
    protectedvoid onCreate(Bundle savedInstanceState) {
        super.onCreate(savedInstanceState);
        setContentView(R.layout.option_menu_act);
    }

    /**
     * 重写 onCreateOptionsMenu()方法添加选项菜单
     */
    @Override
    public boolean onCreateOptionsMenu(Menu menu) {
        //添加菜单项
        menu.add(0, ITEM, 0, "开始");
        menu.add(0, ITEM + 1, 0, "退出");
        return true;
    }

    /**
     * 重写 onOptionsItemSelected()方法，响应选项菜单被单击事件
     */
    public boolean onOptionsItemSelected(MenuItem item) {
        switch (item.getItemId()) {
        case ITEM:
            //设置 Activity 标题
            setTitle("开始游戏！");
            break;
```

```
                caseITEM + 1:
                    setTitle("退出！");
                    break;
                }
            return true;
        }
}
```

上述代码实现了选项菜单，单击 Menu 按键即可显示。值得注意的是，目前部分屏幕已经取消了实体的触摸按键，改为虚拟按键(如 Nexus 4)。此类屏幕的菜单通常会显示到标题栏(ActionBar)中。需要注意的是，□ 按钮并不是菜单按键，而是显示当前运行的程序列表，因此只能通过单击标题栏中右侧的 ⋮ 按钮显示菜单。虚拟按键与实体按键显示菜单效果，分别如图 3-19 和图 3-20 所示。

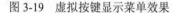

图 3-19　虚拟按键显示菜单效果　　　　　图 3-20　实体按键显示菜单效果

单击"开始"和"退出"菜单项，Activity 的标题显示不同的提示，如图 3-21 所示。

图 3-21　单击选项菜单

3.6.2　上下文菜单(ContextMenu)

ContextMenu 上下文菜单是 android.view.Menu 的子类，提供了用于创建和添加菜单的接口，其常用的方法如表 3-17 所示。

表 3-17　ContextMenu 常用方法

方　　法	功 能 描 述
setHeaderIcon(int iconRes)	设置上下文菜单的图标
setHeaderIcon(Drawable icon)	设置上下文菜单的图标
setHeaderTitle(CharSequence title)	设置上下文菜单的标题
setHeaderTitle(int titleRes)	设置上下文菜单的标题
add(int groupId, int itemId, int order, CharSequence title)	添加子菜单

创建上下文菜单的步骤如下：

(1) 重写 Activity 的 onCreateContextMenu()方法，调用 Menu 的 add()方法添加菜单项 (MenuItem)。

(2) 重写 onContextItemSelected()方法，响应菜单单击事件。

(3) 在 Activity 的 onCreate()方法中，调用 registerForContextMenu()方法，为视图注册 上下文菜单。

【示例 3.12】　演示上下文菜单的使用。

ContextMenuActivity.java

```
public class ContextMenuActivity extends Activity {
    //菜单 Id 常量
    private static final int ITEM1 = Menu.FIRST;
    private static final int ITEM2 = Menu.FIRST + 1;
    private static final int ITME3 = Menu.FIRST + 3;
    private static final int ITME4 = Menu.FIRST + 4;
    private static final int ITME5 = Menu.FIRST + 5;
    //声明文本视图
    private TextView myTV;

    public void onCreate(Bundle savedInstanceState) {
        super.onCreate(savedInstanceState);
        setContentView(R.layout.main);
        //根据 Id 获取文本视图
        myTV = (TextView) findViewById(R.id.TextView01);
        //在文本视图上注册上下文菜单
        registerForContextMenu(myTV);
    }

    /**
     * 重写 onCreateOptionsMenu()方法添加选项菜单
     */
```

```
public boolean onCreateOptionsMenu(Menu menu) {
        //添加菜单项
        menu.add(0, ITEM1, 0, "开始");
        menu.add(0, ITEM2, 0, "退出");
        return true;
}


/**
 * 重写 onOptionsItemSelected()方法，响应选项菜单被单击事件
 */
public boolean onOptionsItemSelected(MenuItem item) {
        switch (item.getItemId()) {
        case ITEM1:
                //设置 Activity 标题
                setTitle("开始游戏！");
                break;
        case ITEM2:
                setTitle("退出！");
                break;
        }
        return true;
}


/**
 * 重写 onCreateContextMenu()方法添加上下文菜单
 */
@Override
public void onCreateContextMenu(ContextMenu menu, View v,
                ContextMenuInfo menuInfo) {
        //添加菜单项
        menu.add(0, ITME3, 0, "红色背景");
        menu.add(0, ITME4, 0, "绿色背景");
        menu.add(0, ITME5, 0, "白色背景");
}
/**
 * 重写 onContextItemSelected()方法，响应上下文菜单被单击事件
 */
@Override
public boolean onContextItemSelected(MenuItem item) {
```

```
switch (item.getItemId()) {
case ITME3:
        //设置文本视图的背景颜色
        myTV.setBackgroundColor(Color.RED);
        break;
case ITME4:
        myTV.setBackgroundColor(Color.GREEN);
        break;
case ITME5:
        myTV.setBackgroundColor(Color.WHITE);
        break;
    }
    return true;
    }
}
```

菜单

上述代码创建了上下文菜单。

在 TextView 组件上长时间按住鼠标左键，才会显示上下文菜单，如图 3-22 所示。

图 3-22　上下文菜单

单击不同的上下文菜单，TextView 的背景颜色将被改变，如图 3-23 所示。

图 3-23　单击上下文菜单

3.7　ActionBar

ActionBar 是 Android3.0 中新增的具有导航栏功能的控件。它的主要功能是：标识用户当前操作页面的位置，并且提供额外的操作按钮，方便用户操作和界面导航。ActionBar 能够提供全局统一的 UI 界面，并且自动适应各种不同大小的屏幕，从而使用户在体验任意一款使用了 ActionBar 的软件时都能够快速习惯使用。

ActionBar 的基本样式如图 3-24 所示。

❖ 标签 1 所示为 ActionBar 的图标，用于标识当前页面位置。

❖ 标签 2 所示为 Action Button，一般将常用的功能放到这里。

❖ 标签 3 所示为 OverFlow Button，为应用的选项菜单，如果 ActionBar 没有足够的空间，则 Action Button 也将自动添加到这里。

❖ 标签 4 所示为 Tabs ActionBar，为应用提供了统一的 Tabs，类似于选项卡样式，便于页面切换。

图 3-24　ActionBar 的基本样式

 因为 ActionBar 是在 Android3.0 版本才加入的，所以需要设置 targetSdkVersion 或 minSdkVersion 的版本号为 11 或 11 以上，并且在 AndroidManifest.xml 中指定 Application 或 Activity 的主题样式为 Theme.Holo 或其子类，此时系统会自动应用 ActionBar。

3.7.1　ActionBar 的显示与隐藏

【示例 3.13】 演示 ActionBar 的使用。

MyActionBarActivity.java

```
public class MyActionBarActivity extends Activity {
    private ActionBar actionBar = null;
    private Button btn = null;

    @Override
    protected void onCreate(Bundle savedInstanceState) {
        super.onCreate(savedInstanceState);
```

```
        setContentView(R.layout.activity_main);
        //获取应用的 ActionBar
        actionBar = getActionBar();


        btn = (Button) findViewById(R.id.btn);
        btn.setOnClickListener(new OnClickListener() {


            @Override
            public void onClick(View arg0) {
                if (actionBar.isShowing())
                {
                        //隐藏 ActionBar
                        actionBar.hide();
                        btn.setText("Show");
                } else {
                        //显示 ActionBar
                        actionBar.show();
                        btn.setText("Hide");
                }
            }
        });
    }
}
```

上述代码中，首先通过 getActionBar()获取应用的 ActionBar 对象，之后通过调用
ActionBar 的 show()方法显示 ActionBar，调用 hide()方法来将其隐藏。

此外，还有另一种隐藏 ActionBar 的方式，即将指定的主题样式改为 Theme.Holo.
NoActionBar 即可。

3.7.2　修改图标和标题

ActionBar 的图标和标题默认会显示应用的图标和名称，可以通过修改
AndroidManifest.xml 中每个 Activity 的属性来达到自定义每个 Activity 的图标和标题的目
的，具体代码如下：

```
<activity
    android:name=".MyActionBarActivity"
    android:label="示例"
    android:logo="@android:drawable/ic_dialog_info" >
...
</activity>
```

运行前与运行后对比效果如图 3-25 所示。

图 3-25　ActionBar 运行前与运行后效果

3.7.3　添加 ActionButton

ActionButton 可以通过配置文件添加，也可以通过代码动态添加，在这里通过配置文件添加。

在 res/menu 文件夹中创建配置文件 main.xml，代码如下：

```
<menu xmlns:android="http://schemas.android.com/apk/res/android"
    xmlns:tools="http://schemas.android.com/tools"
    tools:context="com.dh.ch03_actionbar.MainActivity" >
<item
        android:id="@+id/action_search"
        android:icon="@android:drawable/ic_menu_search"
        android:showAsAction="ifRoom|withText"
        android:title="查询"/>
<item
        android:id="@+id/action_add"
        android:icon="@android:drawable/ic_menu_add"
        android:showAsAction="ifRoom|withText"
        android:title="添加"/>
</menu>
```

上述代码为应用添加菜单项，对应的文件是 res/menu/main.xml。可以发现，每一个 <item> 都代表一个 ActionButton，每个 <item> 均有自己的属性。<item> 的常用属性有：

✧ id 作为 ActionButton 的唯一标识。
✧ icon 指定 ActionButton 的显示图片。
✧ title 指定 ActionButton 的显示文本。
✧ showAsAction 指定 ActionButton 的显示位置，主要有以下几个参数可选：
　always 表示永远显示在 ActionBar 中，若 ActionBar 没有足够空间，则 ActionButton 无法显示；ifRoom 表示如果 ActionBar 有足够空间，则显示在 ActionBar 中，否则显示在 OverFlow 中；never 表示将永远显示在 OverFlow 中。

如果需要图片和文本同时显示，那么可以设置 android:showAsAction="ifRoom|withText"，但是如果同时设置了图片和文本，则实际上通常不会显示文本，因为 ActionBar 空间有限，会优先显示图片。

创建菜单配置文件后，下一步需要将其绑定到 Activity 中，重写 onCreateOptionsMenu (Menu menu) 方法，添加代码如下：

MyActionBarActivity.java

```
@Override
public Boolean onCreateOptionsMenu (Menu menu) {
    getMenuInflater().inflate(R.menu.main, menu);
    return true;
}
```

随后，为 ActionButton 添加事件，重写 onOptionsItemSelected(MenuItem item)方法并添加如下代码：

MyActionBarActivity.java

```
@Override
public boolean onOptionsItemSelected(MenuItem item) {
    int id = item.getItemId();
    switch (id) {
    case R.id.action_add:
        Toast.makeText(this, "add", Toast.LENGTH_SHORT).show();
        break;
    case R.id.action_search:
        Toast.makeText(this, "Search", Toast.LENGTH_SHORT).show();
        break;
    }
    return super.onOptionsItemSelected(item);
}
```

运行效果如图 3-26 所示。

图 3-26　添加 ActionButton

值得注意的是，当添加的 ActionButton 太多导致 ActionBar 无法放开，或者 showAsAction 设置为 never 时，这些 ActionButton 就会被自动添加到 OverFlow 中，但是运行程序后会发现，可能没有显示 OverFlow 按钮，原本添加到 OverFlow 中的 ActionButton 被显示到了屏幕底部的菜单中(需要单击屏幕的 menu 按键显示)。这是因为 Android 会判断当前屏幕设备的按键，如果是物理按键，则 ActionButton 就会显示到底部的菜单中；如果是虚拟按键，则会显示 OverFlow。很显然，这样的设计会造成一个问题，即用户体验不统一，此问题可以使用反射技术来解决，只需要在 onCreate 中调用即可，方法如下：

MyActionBarActivity.java

```
/**
* 强制显示 overflow menu
```

```
*/
private void getOverflowMenu() {
    try {

            ViewConfiguration config = ViewConfiguration.get(this);
            Field menuKeyField = ViewConfiguration.class
                        .getDeclaredField("sHasPermanentMenuKey");
            if (menuKeyField != null) {
                menuKeyField.setAccessible(true);
                menuKeyField.setBoolean(config, false);
            }
    } catch (Exception e) {
            e.printStackTrace();
    }
}
```

3.7.4 添加导航按钮

当需要从子页面回到主页面时，可单击返回键，ActionBar 也提供了此项功能，只需要调用 ActionBar 的 setDisplayHomeAsUpEnabled(true)方法即可实现，代码如下：

```
actionBar.setDisplayHomeAsUpEnabled(true);
```

同样地，需要在 onOptionsItemSelected(MenuItem item)中对这个按钮进行监听，此按钮的 id 是 android.R.id.home，代码如下：

```
...
case android.R.id.home:
    Toast.makeText(this, "Home", Toast.LENGTH_SHORT).show();
    break;
...
```

运行后的效果如图 3-27 所示。

图 3-27 添加导航按钮

3.7.5 添加 ActionView(活动视图)

在此之前添加了一个查询的 ActionButton，实际使用中会发现一个问题，那就是要想实现查询功能，必须重新创建一个 View 来接收输入的查询信息，这样比较繁琐，ActionView 解决了这一问题，它能够在不切换或增加界面的情况下完成比较丰富的操作，下面就来完善这个搜索功能。其实方法很简单，只需要在之前的"搜索"<item>中添加属性：

```
android:actionViewClass="android.widget.SearchView"
```

然后在 onCreateOptionsMenu(Menu menu)中加入如下代码：

MyActionBarActivity.java

```
@Override
public boolean onCreateOptionsMenu(Menu menu) {
    getMenuInflater().inflate(R.menu.main, menu);
    MenuItem searchItem = menu.findItem(R.id.action_search);
    //获取"查询"View 对象
    SearchView searchView = (SearchView) searchItem.getActionView();
    //设置提示文字
    searchView.setQueryHint("请输入名字");
    //添加监听事件
    searchView.setOnQueryTextListener(new OnQueryTextListener() {

        @Override
        public boolean onQueryTextSubmit(String arg0) {
            //当提交查询时，输出查询内容到屏幕
            Toast.makeText(MyActionBarActivity.this, arg0,
                Toast.LENGTH_SHORT).show();
            return false;
        }

        @Override
        public boolean onQueryTextChange(String arg0) {
            return false;
        }
    });
    return true;
}
```

ActionBar

上述代码为查询功能的实现，其中 onQueryTextSubmit(String arg0)是输入完毕并提交时执行的回调方法，在这里可以取到输入内容并加以处理；onQueryTextChange(String arg0)在输入内容发生改变时执行回调。

运行效果如图 3-28 所示，当单击搜索按钮时，ActionBar 中其他 ActionButton 和标题全部隐藏，取而代之的是一个搜索框。

图 3-28 单击搜索按钮后的效果

本 章 小 结

通过本章的学习，读者应该能够学会：

◇ Android 中的界面元素主要由 View、ViewGroup 和 Layout 几个部分构成。

◇ Android 系统中引用 Java 的事件处理机制，包括事件、事件源和事件监听器三个事件模型。

◇ Android 中提供了两种创建布局的方式：XML 布局文件和代码直接实现。

◇ Android 的布局包含 LinearLayout、RelativeLayout、TableLayout、Absolute Layout、FrameLayout 和 GridView 等多种布局。

◇ 提示信息(Toast)是 Android 中用来显示提示信息的一种机制，与对话框不同，Toast 是没有焦点的，而且 Toast 显示时间有限，过一定的时间会自动消失。

◇ Android 系统中提供了四种对话框：AlertDialog、ProgressDialog、DatePickerDialog 和 TimePickerDialog。

◇ 常用的 Widget 组件有：按钮(Button)、文本框(TextView)、编辑框(EditText)、复选框(CheckBox)、单选按钮组(RadioGroup)、下拉列表(Spinner)。

◇ Android 的菜单包括选项菜单(OptionsMenus)和上下文菜单(ContextMenus)。

◇ ActionBar 的主要元素包括：图标和标题部分、ActionButton、OverFlow、ActionView、Tabs。

本 章 练 习

1. 下面不属于 Android 用户界面元素的是_____。

　　A．视图组件　　B．视图容器组件　　　C．布局管理　　　D．资源引用

2. _____不是通过 new 运算符创建的，而是由用户操作触发的。

　　A．事件　　　　B．事件源　　　　　　C．监听器　　　　D．事件处理方法

3. Spinner 是_____组件。

　　A．文本框　　　B．滚动视图　　　　　C．下拉列表　　　D．列表视图

4. 简述创建选项菜单和上下文菜单的步骤。

5. 修改示例 3.10 注册窗口的代码，当用户单击"注册"时使用 Toast 显示其注册信息。

第4章　意图(Intent)

📖 本章目标

- 了解 Intent 的功能及作用。
- 掌握 Intent 常用的属性及方法。
- 熟悉 Activity 之间的消息传递机制。
- 了解广播接收 Intent。
- 了解 Intent 的实现策略。
- 提高对车载终端设备中组件间通信理论的理解。

4.1　Intent 概述

　　传统的大多数类型的终端应用程序之间相互独立、互相隔离，应用程序与硬件和原始组件之间没有交互的行为。然而交互是扩展终端应用功能所必需的因素，通过相互之间的交互机制，终端能够支持复杂的应用。鉴于此种需求，Android 系统提供了终端用户用于开发应用程序交互功能的组件，这些组件包括广播接收器(Broadcast Receivers)、意图(Intent)、适配器(Adapters)，以及内容提供器(Content Providers)。

　　Intent 是 Android 的核心组件，利用消息实现应用程序间的交互机制，这种消息描述了应用中一次操作的动作、数据以及附加数据，系统通过该 Intent 的描述负责找到对应的组件，并将 Intent 传递给调用的组件，完成组件的调用。

4.1.1　Intent 组成属性

　　Intent 由动作、数据、分类、类型、组件和扩展信息等内容组成，每个组成都由对应的属性来表示，并提供设置和获取相应属性的方法，如表 4-1 所示。

表 4-1　Intent 属性及对应方法

组成	属性	设置属性的方法	获取属性的方法
动作	Action	setAction()	getAction()
数据	Data	setData()	getData()
分类	Category	addCategory()	
类型	Type	setType()	getType()
组件	Component	setComponent() setClass() setClassName()	getComponent()
扩展信息	Extra	putExtra()	getXXXExtra()获取不同数据类型的数据，如 int 类型则使用 getIntExtra()，字符串则使用 getStringExtra()、getExtras()获取 Bundle 包

1. Action 属性

　　Action 属性用于描述 Intent 要完成的动作，对要执行的动作进行一个简要描述。Intent 类定义了一系列 Action 属性常量，用来标识一套标准动作，如 ACTION_CALL(打电话)、ACTION_EDIT(编辑)等。根据使用动作的组件不同，可以将这套动作分为 Activity 动作和 Broadcast 动作。表 4-2 所示列举出了常用的 Action 属性。

表 4-2　常用的 Action 属性

Action 属性	行为描述	使用组件(分类)
ACTION_CALL	打电话，即直接呼叫 Data 中所带电话号码	Activity
ACTION_ANSWER	接听来电	
ACTION_SEND	由用户指定发送方式进行数据发送操作	
ACTION_SENDTO	根据不同的 Data 类型，通过对应的软件发送数据	

续表

Action 属性	行为描述	使用组件(分类)
ACTION_VIEW	根据不同的 Data 类型，通过对应的软件显示数据	
ACTION_EDIT	显示可编辑的数据	
ACTION_MAIN	应用程序的入口	
ACTION_SYNC	同步服务器与移动设备之间的数据	
ACTION_BATTERY_LOW	警告设备电量低	
ACTION_HEADSET_PLUG	插入或者拔出耳机	Broadcast
ACTION_SCREEN_ON	打开移动设备屏幕	
ACTION_TIMEZONE_CHANGED	移动设备时区发生变化	

2. Data 属性

Intent 的 Data 属性用于执行动作的 URI 和 MIME 类型。常用的 Data 属性如表 4-3 所示。

表 4-3　常用的 Data 属性

Data 属性	说　明	示　例
tel://	号码数据格式，后跟电话号码	tel://123
mailto://	邮件数据格式，后跟邮件收件人地址	mailto://dh@163.com
smsto://	短信数据格式，后跟短信接收号码	smsto://123
content://	内容数据格式，后跟需要读取的内容	content://contacts/people/1
file://	文件数据格式，后跟文件路径	file://sdcard/mymusic.mp3
geo://latitude,longitude	经纬数据格式，在地图上显示经纬度所指定的位置	geo://180,65

Action 和 Data 一般匹配使用，不同的 Action 由不同的 Data 数据指定，表 4-4 列举了一些常见的应用。

表 4-4　Action 和 Data 属性匹配应用

Action 属性	Data 属性	描　述
ACTION_VIEW	content://contacts/people/1	显示_id 为 1 的联系人信息
ACTION_EDIT	content://contacts/people/1	编辑_id 为 1 的联系人信息
ACTION_VIEW	tel:123	显示电话为 123 的联系人信息
ACTION_VIEW	http://www.google.com	在浏览器中浏览该网页
ACTION_VIEW	file://sdcard/mymusic.mp3	播放 MP3

3. Category 属性

Intent 定义了一系列 Category 属性，Category 属性指明了一个执行 Action 的分类，如表 4-5 所示。

表 4-5　常用的 Category 属性

Category 属性	说　明
CATEGORY_DEFAULT	默认的执行方式，按照普通 Activity 的执行方式执行
CATEGORY_HOME	该组件为 Home Activity
CATEGORY_LAUNCHER	优先级最高的 Activity，通常为 ACTION_MAIN 入口
CATEGORY_BROWSABLE	可以使用浏览器启动
CATEGORY_GADGET	可以内嵌到另外的 Activity 中

4. Component 属性

Component 属性用于指明 Intent 的目标组件的类名称。通常 Android 会根据 Intent 中包含的其他属性的信息(如 Action、Data/Type、Category)进行查找，最终找到一个与之匹配的目标组件。但是，如果指定了 Component 这个属性，则 Intent 会直接根据组件名查找到相应的组件，而不再执行上述查找过程。指定 Component 属性后，Intent 的其他属性都是可选的。根据 Intent 寻找目标组件时所采用的方式不同，可以将 Intent 分为两类：

◇ 显式 Intent，这种方式通过直接指定组件名称 Component 来实现。

◇ 隐式 Intent，这种方式通过 Intent Filter 过滤实现，过滤时通常根据 Action、Data 和 Category 属性进行匹配查找。

显式 Intent 通过 setComponent()、setClassName()或 setClass()设置组件名，例如：

```
//创建一个 Intent 对象
Intent intent = new Intent();
//指定 Intent 对象的目标组件是 Activity2
intent.setClass(Activity1.this, Activity2.class);
```

上面代码中首先使用 Intent 的构造函数产生一个 Intent 对象，并利用 setClass()方法设置其目标组件是 Activity2。其中，setClass()方法的原型如下：

```
setClass(Context packageContext, Class<?> cls);
```

setClass()方法包含两个参数：

◇ Context packageContext 为当前环境，如 Activity1.this。

◇ Class<?> cls 为目标组件类型，如 Activity2.class。

　通过 Intent Filter 过滤实现的隐式方式将在本章 4.3 节中详细介绍。

5. Extra 属性

Extra 属性用于添加一些附加信息，例如发送一个邮件，就可以通过 Extra 属性来添加主题(subject)和内容(body)。通过使用 Intent 对象的 putExtra()方法来添加附加信息，例如，将一个人的姓名附加到 Intent 对象中，代码如下：

```
Intent intent = new Intent();
intent.putExtra("name","zhangsan");
```

通过使用 Intent 对象的 getXXXExtra()方法可以获取附加信息。例如，将上面代码存入 Intent 对象中的人名获取出来，因存入的是字符串，故可以使用 getStringExtra()方法获取数据，代码如下：

```
String name=intent.getStringExtra("name");
```

4.1.2　Intent 启动

Android 应用程序的三个核心组件活动(Activity)、广播接收器(Broadcast Receiver)以及服务(Service)都可通过 Intent 来启动或激活。对于这三种不同的组件，Intent 提供了不同的启动方法，如表 4-6 所示。

表 4-6　Intent 启动不同组件的方法

核心组件	调用方法	作　用
Activity	Context.startActivity() Activity.startActivityForRestult()	启动一个 Activity 或使一个已存在的 Activity 去做新的工作
Services	Context.startService()	初始化一个 Service 或传递一个新的操作给当前正在运行的 Service
	Context.bindService()	绑定一个已存在的 Service
Broadcast Receiver	Context.sendBroadcast() Context.sendOrderedBroadcast() Context.sendStickyBroadcast()	对所有想接收消息的 Broadcast Receiver 传递消息

多个 Activity 的 Android 应用程序可通过 startActivity()方法指定相应的 Intent 对象来启动另外一个 Activity。

【示例 4.1】 通过 Intent 实现多个 Activity 的 Android 应用的启动。

第一个 Activity 的代码如下：

```
public class Activity1 extends Activity {
    @Override
    public void onCreate(Bundle savedInstanceState) {
        RadioGroup RG_OS;
        RadioButton RG_OS_RB1, RG_OS_RB2, RG_OS_RB3;
        Button button_submit, button_back;
        super.onCreate(savedInstanceState);
        //根据布局文件 activity1.xml 生成界面
        setContentView(R.layout.activity1);
        //根据 XML 定义生成 RadioGroup、RadioButton、Button 对象
        RG_OS = (RadioGroup) findViewById(R.id.RG_OS);
        RG_OS_RB1 = (RadioButton) findViewById(R.id.RG_OS_RB1);
        RG_OS_RB2 = (RadioButton) findViewById(R.id.RG_OS_RB2);
        RG_OS_RB3 = (RadioButton) findViewById(R.id.RG_OS_RB3);
        button_submit = (Button) findViewById(R.id.button_submit);
        //使用 setOnClickListener 注册按钮单击事件监听器
        button_submit.setOnClickListener(new ButtonClickListener());
    }
```

```
//定义按钮 button_submit 单击监听器。当单击 button_submit 按钮时，onClick 方法被调用
class ButtonClickListener implements OnClickListener {
    public void onClick(View arg0) {
        //新建一个 Intent 对象
        Intent myintent = new Intent();
        //指定 Intent 对象的目标组件是 Activity2
        myintent.setClass(Activity1.this, Activity2.class);
        //利用 startActivity()启动新的 Activity,即 Activity2
        Activity1.this.startActivity(myintent);
        //关闭当前的 Activity
        Activity1.this.finish();
    }
}
}
```

Activity1 的布局文件 activity1.xml 的内容如下：

```
<?xml version="1.0" encoding="utf-8"?>
<LinearLayout xmlns:android="http://schemas.android.com/apk/res/android"
    android:orientation="vertical"
    android:layout_width="fill_parent"
    android:layout_height="fill_parent">
    <TextView android:layout_width="fill_parent"
        android:layout_height="wrap_content"
        android:text="第一个 Activity" />
    <!--创建一个选择操作系统的 RadioGroup，该组包含 3 个单选按钮-->
    <RadioGroup android:id="@+id/RG_OS"
        android:orientation="vertical"
        android:layout_width="wrap_content"
        android:layout_height="wrap_content"
        android:text="选择操作系统类型">
        <!--第一个 RadioButton -->
        <RadioButton android:id="@+id/RG_OS_RB1"
            android:layout_width="wrap_content"
            android:layout_height="wrap_content"
            android:text="Android" />
        <!--第二个 RadioButton -->
        <RadioButton android:id="@+id/RG_OS_RB2"
            android:layout_width="wrap_content"
            android:layout_height="wrap_content"
            android:text="Symbian" />
```

```
            <!--第三个 RadioButton -->
            <RadioButton android:id="@+id/RG_OS_RB3"
                    android:layout_width="wrap_content"
                    android:layout_height="wrap_content"
                    android:text="Other" />
            <Button android:id="@+id/button_submit"
                    android:layout_width="wrap_content"
                    android:layout_height="wrap_content"
                    android:text="提交" />
        </RadioGroup>
</LinearLayout>
```

上述代码中，Activity1 使用 activity1.xml 生成程序界面，该布局包含一个 RadioGroup 和一个 Button 组件，RadioGroup 中包含选择操作系统的三个单选按钮。Button 上注册了按钮单击事件的监听器，当单击该按钮时，程序会使用 Intent 对象调用另外一个 Activity。首先使用显式 Intent 的方式，通过调用 setClass()方法设置 Intent 对象目标组件是 Activity2；然后通过调用 startActivity()方法启动 Intent 指定的 Activity，并使用 finish()方法关闭当前的 Activity，此时程序的控制权就会转给指定的新 Activity。

第二个 Activity 的代码如下：

```
public class Activity2 extends Activity {
    Button button_back;
    public void onCreate(Bundle savedInstanceState) {
        super.onCreate(savedInstanceState);
        //根据布局文件 activity2.xml 生成界面
        setContentView(R.layout.activity2);
        button_back = (Button) findViewById(R.id.button_back);
        button_back.setOnClickListener(new ButtonClickListener());
    }

    class ButtonClickListener implements OnClickListener {
        public void onClick(View arg0) {
            //新建一个 Intent 对象,并指定启动程序 Activity1
            Intent myintent = new Intent();
            myintent.setClass(Activity2.this, Activity1.class);
            Activity2.this.startActivity(myintent);
            Activity2.this.finish();
        }
    }
}
```

Activity2 的布局文件 activity2.xml 的内容如下：

```xml
<?xml version="1.0" encoding="utf-8"?>
<LinearLayout xmlns:android="http://schemas.android.com/apk/res/android"
        android:orientation="vertical"
        android:layout_width="fill_parent"
        android:layout_height="fill_parent">
        <TextView android:layout_width="fill_parent"
            android:layout_height="wrap_content"
            android:text="第二个 Activity" />
        <Button android:id="@+id/button_back"
            android:layout_width="wrap_content"
            android:layout_height="wrap_content"
            android:text="返回" />
</LinearLayout>
```

上述代码中，Activity2 使用 activity2.xml 生成程序界面，该布局包含一个 Button 组件，单击该按钮时，程序会使用 Intent 对象调用 Activity1，此时程序的控制权又返回给 Activity1。

另外需要注意，在使用 Android Studio 创建 Andriod 工程时，系统在 AndroidManifest.xml 中自动生成了主 Activity，即 Activity1 的定义，没有生成关于 Activity2 的定义，需要在 AndroidManifest.xml 中添加 Activity2 的相关配置，否则在系统运行时会因找不到 Activity2 而出现异常终止的错误，如图 4-1 所示。

Application	Tag	Text
com.dh.ch04_4d1	AndroidRuntime	FATAL EXCEPTION: main
com.dh.ch04_4d1	AndroidRuntime	android.content.ActivityNotFoundException: Unable to find explicit activity c lass {com.dh.ch04_4d1/com.dh.ch04_4d1.Activity2}; have you declared this acti vity in your AndroidManifest.xml?

图 4-1　因找不到 Activity2 异常终止的错误

在 AndroidManifest.xml 中添加 Activity2 的配置如下：

```xml
<?xml version="1.0" encoding="utf-8"?>
<manifest xmlns:android="http://schemas.android.com/apk/res/android"
        package="com.ActivityApplication" android:versionCode="1"
        android:versionName="1.0">
        <application android:icon="@drawable/icon"
            android:label="@string/app_name">
            <activity android:name="com.dh.Activity1"
            android:label="@string/app_name">
                <intent-filter>
                    <action android:name="android.intent.action.MAIN" />
```

```
                    <category android:name="android.intent.category.LAUNCHER" />
                </intent-filter>
            </activity>
            <activity android:name="com.dh.Activity2"
                android:label="@string/app_name" />
        </application>
</manifest>
```

Intent 启动

启动该 Android 程序，单击 Activity1 中的提交按钮，界面将切换到 Activity2，如图 4-2 所示。

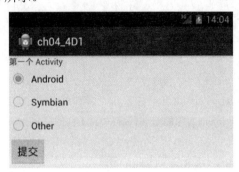
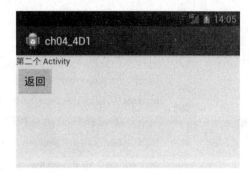

图 4-2　运行结果

4.2　Intent 消息传递

Intent 的 Extra 属性用于添加一些附加信息，利用该属性可以进行消息的传递。将传递的信息存放到 Extra 属性中有如下两种方式：

  ◇ 直接调用 putExtra()方法将信息添加到 Extra 属性中，然后通过调用 getXXXExtra()方法进行获取。这种方式比较简单、直接，主要用于数据量比较少的情况。

  ◇ 首先将数据封装到 Bundle 包中，Bundle 可以被看成一个"键/值"映射的哈希表，当数据量比较多时，可以使用 Bundle 存放数据；然后通过 putExtras()方法将 Bundle 对象添加到 Extra 属性中，再通过使用 getExtras()方法获取存放的 Bundle 对象；最后读取 Bundle 包中的数据。这种方式是间接通过 Bundle 包对数据先进行封装，再进行传递，实现起来比较繁琐，因此主要用于数据量较多的情况。

【示例 4.2】　使用上述的第一种方式实现多个 Activity 间的消息传递。

第一个 Activity 的代码如下：

```
public class Activity1 extends Activity {
    RadioGroup RG_OS;
    RadioButton RG_OS_RB1, RG_OS_RB2, RG_OS_RB3;
    public void onCreate(Bundle savedInstanceState) {
        Button button_submit, button_back;
```

```
                super.onCreate(savedInstanceState);

                setContentView(R.layout.activity1);

                RG_OS = (RadioGroup) findViewById(R.id.RG_OS);

                RG_OS_RB1 = (RadioButton) findViewById(R.id.RG_OS_RB1);

                RG_OS_RB2 = (RadioButton) findViewById(R.id.RG_OS_RB2);

                RG_OS_RB3 = (RadioButton) findViewById(R.id.RG_OS_RB3);

                button_submit = (Button) findViewById(R.id.button_submit);

                button_submit.setOnClickListener(new ButtonClickListener());

        }

        class ButtonClickListener implements OnClickListener {

                public void onClick(View arg0) {

                        Intent myintent = new Intent();

                        myintent.setClass(Activity1.this, Activity2.class);

                        //根据用户选择不同的单选按钮，向 Intent 对象的 Extra 属性中存不同的值

                        if (RG_OS_RB1.isChecked())

                        myintent.putExtra("selected", (String)RG_OS_RB1.getText());

                        else if (RG_OS_RB2.isChecked())

                        myintent.putExtra("selected", (String)RG_OS_RB2.getText());

                        else if (RG_OS_RB3.isChecked())

                        myintent.putExtra("selected", (String)RG_OS_RB3.getText());

                        else

                        myintent.putExtra("selected", "null");

                        //通过 Intent 对象将数据传送给相应的 Activity

                        Activity1.this.startActivity(myintent);

                        Activity1.this.finish();

                }

        }

}
```

上述代码中，Activity1 包含一个 RadioGroup 和一个 Button 组件。单击 Button 按钮后，将用户选择的不同按钮的信息保存到 Intent 对象的 Extra 属性中，通过 Intent 对象的 Extra 属性将数据传递给相应的 Activity。

第二个 Activity 的代码如下：

```
public class Activity2 extends Activity {

    Button button_back;

    public void onCreate(Bundle savedInstanceState) {

            super.onCreate(savedInstanceState);

            setContentView(R.layout.activity2);
```

```
        button_back = (Button) findViewById(R.id.button_back);
        //生成文本框对象
        TextView textview = (TextView) findViewById(R.id.textview);
        button_back.setOnClickListener(new ButtonClickListener());
        //获取 Activity 传递的 Intent
        Intent myintent = this.getIntent();
        //获取 Intent 对象中 Extra 属性的内容
        String selected_radiobutton = myintent.getStringExtra("selected");
        if (selected_radiobutton == "null")
                textview.setText("没有选中任何系统");
        else
                textview.setText(selected_radiobutton + "被选中");
    }


    class ButtonClickListener implements OnClickListener {
        public void onClick(View arg0) {
                Intent myintent = new Intent();
                myintent.setClass(Activity2.this, Activity1.class);
                Activity2.this.startActivity(myintent);
                Activity2.this.finish();
        }
    }
}
```

上述代码中，Activity2 通过调用 getIntent()方法获取传递过来的 Intent，再通过调用 Intent 对象的 getStringExtra()方法获取 Extra 属性中名为"selected"的内容，即 Activity1 传递过来的用户选中的系统信息，并将信息显示在文本控件中。

启动该 Android 程序，如图 4-3 所示，单击 Activity1 的提交按钮，这时终端界面切换到另外一个 Activity 的界面，该界面显示前一个页面中被选中的单选按钮的值。

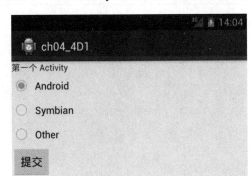
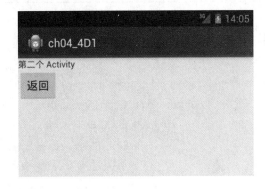

图 4-3 运行结果

在介绍利用 Bundle 包实现 Activity 之间的数据传递之前，应首先了解一下 Bundle 类中常用的方法及其功能，如表 4-7 所示。Bundle 类主要通过 putXXX()方法将不同数据类型封装到 Bundle 对象中，通过 getXXX()获取相应数据类型的数据。

表 4-7　Bundle 类常用方法

方　　法	功　能　描　述
Object get(String key)	获取关键字 key 对应的数据
boolean getBoolean(String key)	获取关键字 key 对应的布尔值，若找不到关键字的记录，则返回 false
boolean getBoolean (String key, boolean defaultValue)	获取关键字 key 对应的布尔值，若找不到关键字的记录，则返回 defaultValue
Bundle getBundle(String key)	获取关键字 key 对应的 Bundle 对象，若找不到关键字的记录，则返回 null
char getChar (String key)	获取关键字 key 对应的 char 值，若找不到关键字的记录，则返回 0
char getChar (String key, char defaultValue)	获取关键字 key 对应的 char 值，若找不到关键字的记录，则返回 defaultValue
boolean hasFileDescriptors()	判断 Bundle 对象是否包含文件描述符，若返回 true，表示 Bundle 对象包含文件描述符，否则表示不包含
void putAll (Bundle map)	插入 map 到该 Bundle 对象中
void putBoolean (String key, boolean value)	插入布尔值 value 到该 Bundle 对象中，若关键字 key 已存在，则原有值被 value 替代
void putBundle (String key, Bundle value)	插入 Bundle 对象 value 到该 Bundle 对象中
void putByte (String key, byte value)	插入字节值 value 到该 Bundle 对象中
void remove (String key)	移除关键字为 key 的记录
int size ()	获取 Bundle 对象的关键字个数

使用 Bundle 实现示例 4.2 时，只需将 Activity1 的代码作如下修改：

```
public class Activity1 extends Activity {
...
        class ButtonClickListener implements OnClickListener {
                public void onClick(View arg0) {
                        Intent myintent = new Intent();
                        myintent.setClass(Activity1.this, Activity2.class);
                        //创建 Bundle 对象，该对象用于记录被传送的数据
                        Bundle mybundle = new Bundle();
                        //根据用户选择不同的单选按钮，向 Bundle 对象中存不同的值
```

```
            if (RG_OS_RB1.isChecked())
            mybundle.putString("selected",(String)RG_OS_RB1.getText());
            else if (RG_OS_RB2.isChecked())
            mybundle.putString("selected",(String)RG_OS_RB2.getText());
            else if (RG_OS_RB3.isChecked())
            mybundle.putString("selected",(String)RG_OS_RB3.getText());
            else
                    mybundle.putString("selected", "null");
//将 Bundle 对象数据封装到 Intent 对象中，通过该 Intent 对象将数据传送给相应的 Activity
            myintent.putExtras(mybundle);
            //通过 Intent 对象将数据传送给相应的 Activity
            Activity1.this.startActivity(myintent);
            Activity1.this.finish();
        }
    }
}
```

上述代码中，首先通过 putString()方法将被选中的单选按钮的文本值封装到该 Bundle 对象中，然后通过调用 Intent 对象的 putExtras()方法将 Bundle 对象捆绑到 Intent 对象中。

Activity2 的代码修改如下：

```
public class Activity2 extends Activity {
    Button button_back;
    public void onCreate(Bundle savedInstanceState) {
        ...
        //获取 Activity 传递的 Intent
        Intent myintent = this.getIntent();
        //获取 Intent 的 Bundle 对象
        Bundle mybundle = myintent.getExtras();
        //获取 Bundle 对象中 key 为"selected"所对应的字符串值
        String selected_radiobutton = mybundle.getString("selected");
        if (selected_radiobutton == "null")
            textview.setText("没有选中任何系统");
        else
            textview.setText(selected_radiobutton + " 被选中");
    }
    ...
}
```

Intent 消息传递

上述代码中，通过 getExtras()方法获取 Intent 中的 Bundle 对象，然后调用 Bundle 对象的 getString()方法获取指定 key 的信息，最后将信息显示在文本控件中。其运行结果与图 4-3 相同，此处不再演示。由此可以看到，使用 Bundle 相对复杂一些，但当传递数据比较多时，可以通过循环遍历将数据提取出来，此时就比较方便。

4.3　Intent Filter

前面提到 Intent 可以通过显式方式或隐式方式找到目标组件，显式方式直接通过设置组件名来实现，而隐式方式则通过 Intent Filter 过滤来实现。关于显式方式的使用，前面已作介绍，此处不再赘述，本节主要介绍隐式 Intent 的实现。

对于隐式 Intent，Android 系统需先对其进行解析，通过解析将 Intent 映射给可以处理该 Intent 的活动、广播接收器或服务组件。Android 应用程序的核心组件都是通过 Intent Filter 来通告其所具备的能力的，即可以处理和响应哪些 Intent。同其他组件一样，Android 提供了两种生成 Intent Filter 的方式：

❖ 通过 IntentFilter 类生成。

❖ 通过在配置文件 AndroidManifest.xml 中定义<intent-filter>元素生成。

4.3.1　<intent-filter>元素

在 AndroidManifest.xml 配置文件中，Intent Filter 以<intent-filter>元素来指定，一个组件中可以有多个<intent-filter>元素，不同的<intent-filter>元素描述的功能不同。例如：

```
<activity android:name="com.dh.Activity1"
    android:label="@string/app_name">
    <intent-filter>
        <action android:name="android.intent.action.MAIN" />
        <category android:name="android.intent.category.LAUNCHER" />
    </intent-filter>
</activity>
```

上述代码对活动组件 Activity1 进行配置，通过设置<intent-filter>元素中的<action>子元素值为"android.intent.action.MAIN"来指明该活动是应用程序的入口，设置<category>子元素的值为"android.intent.category.LAUNCHER"来指明该活动的优先级最高。

Android 通过查找已在 AndroidManifest.xml 配置文件中注册的所有 Intent Filter 找到匹配的组件。

字符串"android.intent.action.MAIN"和"android.intent.category.LAUNCHER"即为 Intent 类中常量 ACTION_MAIN 和 CATEGORY_LAUNCHER 的值。

<intent-filter>元素中常用<action>、<data>和<category>这些子元素，分别对应 Intent 中的 Action、Data 和 Category 属性，用于对 Intent 进行匹配。

1. <action>子元素

一个<intent-filter>中可以添加多个<action>子元素，例如：

```
<intent-filter>
    <action android:value="android.intent.action.VIEW"/>
```

```
        <action android:value="android.intent.action.EDIT"/>
        <action android:value="android.intent.action.PICK"/>
        ...
</intent-filter>
```

　　<intent-filter>列表中的 Action 属性不能为空，否则所有的 Intent 都会因匹配失败而被阻塞。所以一个<intent-filter>元素下至少需要包含一个<action>子元素，这样系统才能处理 Intent 消息。

2. <category>子元素

　　一个<intent-filter>中也可以添加多个<category>子元素，例如：

```
<intent-filter>
        <category android:value="android.intent.category.DEFAULT"/>
        <category android:value="android.intent.category.BROWSABLE"/>
<intent-filter>
```

　　与 Action 一样，<intent-filter>列表中的 Category 属性不能为空。Category 属性的默认值"android.intent.category.DEFAULT"是启动 Activity 的默认值，在添加其他 Category 属性值时，该值必须添加，否则也会匹配失败。

3. <data>子元素

　　一个<intent-filter>中可以包含多个<data>子元素，用于指定组件可以执行的数据，例如：

```
<intent-filter>
        <data android:mimeType="video/mpeg"
            android:scheme="http"
            android:host="com.example.android"
            android:path="folder/subfolder/1"
            android:port="8888"/>
        <data android:mimeType="audio/mpeg"
            android:scheme="http"
            android:host="com.example.android"
            android:path="folder/subfolder/2"
            android:port="8888"/>
        <data android:mimeType="audio/mpeg"
            android:scheme="http"
            android:host="com.example.android"
            android:path="folder/subfolder/3"
            android:port="8888"/>
</intent-filter>
```

每个<data>子元素具有以下几个属性：

◇ host：指定一个有效的主机名，如 com.example.android。

◇ scheme：要求一种特定的模式，如 content 或 http。

◇ path：指定 URI 的有效路径，如 folder/subfolder/etc。

◇ port：指定主机端口，如 8888。

◇ mimeType：指定 MIME 类型。

这些属性都是可选的，但彼此之间并不都是完全独立的。其中，前四个属性构成一个典型的 URI 格式 scheme://host:port/path，如 http://localhost:200/android。当比较 Intent 对象和过滤器的 URI 时，仅仅比较过滤器中出现的 URI 属性。<data>元素的 mimeType 属性指定数据的 MIME 类型。Intent 对象和过滤器都可以用 "*" 通配符匹配子类型字段，例如 text/*、audio/*表示任何子类型。数据检测既要检测 URI，也要检测数据类型，可参考如下规则：

◇ 一个 Intent 对象既不包含 URI，也不包含数据类型：仅当过滤器也不指定任何 URI 和数据类型时，才不能通过检测；否则都能通过。

◇ 一个 Intent 对象包含 URI，但不包含数据类型：仅当过滤器也不指定数据类型，同时它们的 URI 匹配时，才能通过检测。例如，mailto:和 tel:都不指定实际数据。

◇ 一个 Intent 对象包含数据类型，但不包含 URI：仅当过滤也只包含数据类型且与 Intent 相同时，才通过检测。

◇ 一个 Intent 对象既包含 URI，也包含数据类型(或数据类型能够从 URI 推断出)：

> 数据类型部分：只有与过滤器匹配才算通过。

> URI 部分：只有在过滤器中有匹配的 URI(这个 URI 可以是 "content:"，也可以是 "file:")并且过滤器中没有定义 URI 才能通过。换句话说，如果过滤器仅指定了数据类型，那么它默认支持 "content:" 和 "file:" 的 URI。

◇ 如果一个 Intent 能够通过不止一个活动或服务的过滤器，则用户可能会被问哪个组件被激活。如果没有找到目标，就会产生一个异常。

上述最后一条规则表明组件能够从文件或内容提供者获取本地数据。因此，其过滤器可仅列出数据类型且不必明确指出 content:和 file: scheme 的名字。例如：

```
<data android:mimeType="image/*" />
```

上述语句说明组件能够从内容提供者获取 image 数据并将其显示。因为大部分可用数据由内容提供者(content provider)分发，过滤器指定一个数据类型但没有指定 URI 是最通用的一种方式。

另一种通用配置是过滤器指定一个 scheme 和一个数据类型。例如：

```
<data android:scheme="http" android:type="video/*" />
```

上述语句说明组件能够从网络获取视频数据并将其显示。

4.3.2 IntentFilter 类

IntentFilter 类是另外一种实现 Intent Filter 的方式，其常用方法如表 4-8 所示。

表 4-8 IntentFilter 类的常用方法

方　　法	功　能　描　述
IntentFilter()	IntentFilter 类的构造方法，IntentFilter 类提供了四种构造函数：IntentFilter()、IntentFilter(String action)、IntentFilter(String action, String dataType)和 IntentFilter(IntentFilter o)
addAction(String action)	为 IntentFilter 添加匹配的行为，如添加电量低行为：addAction(ACTION_BATTERY_LOW)
addCategory(String category)	为 IntentFilter 添加匹配类别，如 addCategory (CATEGORY_LAUNCHER)
addDataAuthority(String Host, String port)	获取 IntentFilter 的数据验证，如 addDataAuthority (myhost, 8888)。Host 参数可以包含通配符*，表示任意匹配；port 为空，表示可匹配任何端口
countActions()	计算 IntentFilter 包含的 Action 数量
countDataAuthorities()	计算 IntentFilter 包含的 DataAuthority 数量
getDataAuthority(int index)	根据 index 获取 IntentFilter 的 DataAuthority
getAction(int index)	根据 index 获取 IntentFilter 的 Action
setPriority(int priority)	设置 IntentFilter 的优先级，默认优先级为 0。通常 priority 值介于-1000 到 1000 之间。Android 系统根据优先级匹配 Intent
getPriority()	获取 IntentFilter 的优先级
hasCategory(String category)	判断 category 是否在 Intent 中，若包含，则返回 true,，否则返回 false
matchCategories(Set<String> categories)	基于类别 categories 匹配 IntentFilter，若匹配 IntentFilter 所有的类别则返回 null，否则返回第一个不匹配的类别名字

4.4 广播接收 Intent

到目前为止，已经讲述了如何使用 Intent 来启动新的应用程序组件，但实际上也可以通过使用 sendBroadcast()方法在组件之间进行匿名的广播。Android 可以通过广播接收器来监听和响应这些广播 Intent。通常，广播 Intent 用于向监听器通知系统事件或应用程序事件，从而扩展应用程序间的事件驱动的编程模型。广播 Intent 可以使应用程序更加开放，通过使用 Intent 来广播一个事件，可以在不用修改原始应用程序的情况下对事件作出反应。Android 中大量使用广播 Intent 来广播系统事件，如电池电量、网络连接和来电。

4.4.1 广播和接收 Intent 机制

如果一个 Intent 需要多个 Activity 处理，就需要使用广播 Intent，这种机制可将 Intent 广播到多个 Activity。例如，当终端的电量较低时，需要当前运行的活动都作出反应。

实现广播和接收 Intent 机制包含如下四个步骤：

(1) 注册相应的广播接收器(Broadcast Receiver)，广播接收器是接收广播消息并对消息作出反应的组件。

(2) 发送广播，该过程将消息内容和用于过滤的信息封装起来，并广播给广播接收器。

(3) 满足条件的广播接收器执行接收方法 onReceive()。

(4) 销毁广播接收器。

其流程如图 4-4 所示。

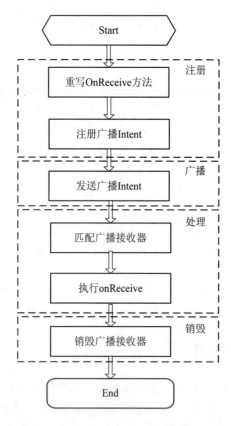

图 4-4　广播和接收 Intent 机制的处理过程

1. 注册

首先，继承 BroadcastReceiver，并重写 onReceive()方法，代码如下：

```
public class MyReceiver extends BroadcastReceiver {
    @Override
    public void onReceive(Context context, Intent intent) {
```

```
    /*添加 onReceive 代码处理*/

    }

}
```

其次，根据 IntentFilter 注册广播 Intent，Android 提供了 Java 和 XML 两种注册方法。

◇　Java 注册。

创建 IntentFilter 和 Receiver 对象，然后在需要的地方调用 Context.registerReceiver()进行注册。同样，可使用 Context.unregisterReceiver()取消该注册。代码如下：

```
IntentFilter myfilter
    = new IntentFilter("android.provider.Telephony.SMS_RECEIVED");
MyReceiver myreceiver = new MyReceiver();
context.registerReceiver(myreceiver , myfilter );
```

◇　XML 注册。

在 AndroidManifest.xml 配置文件的<intent-filter>元素中添加该行为：

```
<receiver android:name=".MyReceiver">

    <intent-filter>

        <action android:name="android.provider.Telephony.SMS_RECEIVED"/>

    </intent-filter>

</receiver>
```

2．广播

Activity 的 sendBroadcast()、sendOrderBroadcast()和 sendStrikyBroadcast()方法都可以广播 Intent 到广播接收器，满足条件的 BroadcastReceiver 都会执行 onReceiver 方法。这三种方法的区别是：

◇　sendBroadcast()：这种方法不严格保证执行顺序。

◇　sendOrderBroadcast()：这种方法保证执行顺序。根据 BroadcastReceiver 注册时 IntentFilter 设置的优先级顺序来执行 onReceive()方法，高优先级的 BroadcastReceiver 先执行。

◇　sendStrikyBroadcast()：这种方法提供了带有"黏着"功能且一直保存 sendStrikyBroadcast()发送的 Intent，以便在使用 registerReceiver()注册接收器时，新注册的 Receiver 的 Intent 对象为该 Intent 对象。

3．接收

广播接收器收到广播 Intent，对 Intent 进行判断。如果该接收器满足条件，则执行 onReceive()方法。

4．销毁

广播接收器的 onReceive()方法执行完后，其实例就会被销毁。执行 onReceive()时，Android 系统会启动一个程序计时器，如果在一定的时间内 onReceive()方法没有完成，该程序会被认为无响应。因此 onReceive()方法里需要包含快速执行的逻辑，否则会弹出程序无响应的对话框。

车载终端应用开发技术

此外不需要在收到广播 Intent 之前启动广播接收器，该接收器会在匹配广播 Intent 时被激活。这种特殊的处理方式适合资源管理，可通过这种方式创建关闭或杀死的事件驱动应用程序，并以安全的方式对广播事件作出响应。广播接收器会更新内容、启动服务、更新 Activity 的 UI 或使用通知管理器来通知用户。

4.4.2 广播 Intent 示例

【示例 4.3】 使用 BroadcastReceiver 对象接收 sendBroadcast()方法广播的 Intent。

为了实现 Intent 的广播和接收功能，在工程中至少需要包含两个 Java 文件，一个用于广播 Intent，另一个用于接收广播的 Intent。本实例包含了 Broadcast.java 和 Receiver.java，分别用来实现广播 Intent 和接收 Intent 的功能。

Broadcast.java

```java
public class Broadcast extends Activity {
    public static final String My_NEW_LIFEFORM
        ="com.china.ui.NEW_LIFEFORM";
    @Override
    public void onCreate(Bundle savedInstanceState) {
        super.onCreate(savedInstanceState);
        setContentView(R.layout.main);
        //新建 Intent 对象，指定启动应用为 com.china.ui.NEW_LIFEFORM
        final Intent intent = new Intent(My_NEW_LIFEFORM);
        Button button = (Button) findViewById(R.id.sendBroadcastIntent);
        button.setOnClickListener(new View.OnClickListener() {
            public void onClick(View v) {
                //利用 sendBroadcast()方法广播 Intent 给广播接收器
                sendBroadcast(intent);
            }
        });
    }
}
```

Receiver.java

```java
public class Receiver extends BroadcastReceiver {
    public void onReceive(Context context, Intent intent) {
        CharSequence string = "收到广播消息";
        Toast.makeText(context, string,Toast.LENGTH_LONG).show(); //显示 Toast 消息
    }
}
```

AndroidManifest.xml

```xml
<!--在 AndroidManifest.xml 中添加该行为的 receiver 标签 -->
```

```
<receiver android:name="Receiver" android:enabled="true">
        <intent-filter>
                <action android:name="com.china.ui.NEW_LIFEFORM" />
        </intent-filter>
</receiver>
```

main.xml

```
<TextView
    android:layout_width="fill_parent"
    android:layout_height="wrap_content"
    android:text="Sender"/>
<Button
    android:id="@+id/sendBroadcastIntent"
    android:layout_width="fill_parent"
    android:layout_height="wrap_content"
    android:text="Broadcast Intent"/>
```

广播 Intent 示例

　　Broadcast.java 包含一个单选按钮，该单选按钮监听器的 onClick()方法设置了广播 Intent 的功能。单击按钮时，onClick()方法调用 sendBroadcast 发送载有行为 com.china.ui.NEW_LIFEFORM 的 Intent。发送后，系统会匹配已注册的广播接收器，广播接收器可以是 Java 注册，也可以是 XML 注册。本例采用 XML 的注册方式，因此系统在 AndroidManifest.xml 中匹配包含该 Intent 的接收器的名字。由于 android:name="Receiver" 的接收器标签包含 com.china.ui.NEW_LIFEFOR，因此 Receiver.java 的 Receiver 类被激活。该类继承 BroadcastReceiver 类，收到匹配的 Intent 后，该类的 onReceive()方法被调用执行。

　　启动该工程，单击 Broadcast 的按钮，Broadcast 广播 Intent 消息，Receiver 收到广播 Intent 消息，如图 4-5 所示。

图 4-5　广播和接收 Intent

4.5 设置 Activity 许可

Android 系统开放了许多底层应用(如 ACTION_CALL)供用户调用,同其他系统不同,Android 系统有自己特殊的调用底层应用的方式。Android 系统会在运行时检查用户程序是否有权限调用底层应用,因此需要通过某种方式设置 Activity 许可才能运行相应的应用。这种方式提供了程序使用系统应用的安全性保证,底层应用只有用相应的权限许可才能被用户程序使用,否则程序运行就会出现错误。在 AndroidManifest.xml 中可以配置应用程序的权限,例如打电话应用需要调用系统提供的电话底层处理 ACTION_CALL 行为,这时需要给 AndroidManifest.xml 中的<uses-permission>添加打电话的许可属性,如下所述:

```
<uses-permission android:name="android.permission.CALL_PHONE" />
/*这样用户就能使用 ACTION_CALL 来激活打电话应用。如果不在清单文件(AndroidManifest.xml)中设置
许可,则运行电话应用时会弹出提示用户缺少相应权限的异常错误。*/
```

当运行没有设置 android.permission.CALL_PHONE 许可的 ACTION_CALL 应用时,系统会弹出安全异常错误(java.lang.SecurityException)的提示。程序缺少许可时的运行结果如图 4-6 所示。

Application	Tag	Text
com.dh.ch04_4d1	AndroidRuntime	Caused by: java.lang.SecurityException: Permission Denial: starting Intent { act=android.intent.action.CALL dat=tel:xxxx cmp=com.android.phone/.OutgoingCallBroadcaster } from ProcessRecord{41a8bd40 1027:com.dh.ch04_4d1/10044} (pid=1027, uid=10044) requires android.permission.CALL_PHONE

图 4-6 缺少相应权限的异常错误

可以看出,异常错误提示了发生异常的详细原因,包括触发异常的行为以及所需要的许可,可以判断出用户程序出现异常错误是因为使用了 android.Intent.action.CALL 行为,这种行为需要 android.permission.CALL_PHONE 的许可。

需要注意,<uses-permission>标签包含在<manifest>中,并与<application>标签属于同一级别,代码如下:

```
<?xml version="1.0" encoding="utf-8"?>
<manifest>
    <uses-permission android:name="android.permission.CALL_PHONE" />    <application>
        <activity>
            <intent-filter>
            </intent-filter>
        </activity>
    </application>
</manifest>
```

Android 系统提供了许多许可,用户使用相应底层服务时,需要在 AndroidManifest.xml 中添加相应的权限。Android 系统提供的主要许可如表 4-9 所示。

表4-9 Android 许可列表

许 可 名 字	许 可 功 能
android.permission.ACCESS_CHECKIN_PROPERTIES	允许读写在 checkin 数据库中的"properties"表
android.permission.ACCESS_COARSE_LOCATION	允许程序通过访问 CellID 或 Wi-Fi 热点来获取粗略的位置
android.permission.BLUETOOTH	允许程序同匹配的蓝牙设备建立连接
android.permission.CALL_PHONE	允许程序拨打电话,无需通过拨号器的用户界面确认
ndroid.permission.CLEAR_APP_CACHE	允许用户清除该设备上所有安装程序的缓存
android.permission.CLEAR_APP_USER_DATA	允许程序清除用户数据
android.permission.CONTROL_LOCATION_UPDATES	允许启用/禁止无线模块的位置更新
android.permission.PROCESS_OUTGOING_CALLS	允许程序监视、修改或者删除已拨电话
android.permission.READ_INPUT_STATE	允许程序获取当前按键状态
android.permission.REBOOT	请求用户设备重启的操作
android.permission.RECEIVE_BOOT_COMPLETED	允许一个程序接收到系统启动后的广播 ACTION_BOOT_COMPLETED
android.permission.RECEIVE_MMS	允许程序处理收到的 MMS 彩信
android.permission.RECEIVE_SMS	允许程序处理收到的短信息
android.permission.SET_TIME_ZONE	允许程序设置系统时区
android.permission.SET_WALLPAPER	允许程序设置终端壁纸
android.permission.STATUS_BAR	允许程序打开、关闭或禁用状态栏及图标
android.permission.WRITE_CALENDAR	允许程序写入但不读取用户日历
android.permission.WRITE_CONTACTS	允许程序写入但不读取用户联系人数据
android.permission.WRITE_GSERVICES	允许程序修改 Google 服务地图
android.permission.WRITE_SETTINGS	允许程序读取或修改系统设置
android.permission.WRITE_SMS	允许程序修改短信
android.permission.DELETE_CACHE_FILES	允许程序删除缓存文件
android.permission.DELETE_PACKAGES	允许程序删除包
android.permission.DEVICE_POWER	允许访问底层电源管理
android.permission.DISABLE_KEYGUARD	允许程序禁用键盘锁
android.permission.DUMP	允许程序获取系统服务的 dump 信息
android.permission.GET_ACCOUNTS	允许访问 Accounts Service 中账户的列表
android.permission.GET_PACKAGE_SIZE	允许程序获取任何 package 占用的空间大小
android.permission.GET_TASKS	允许程序获取当前或最近运行任务的概要信息
android.permission.HARDWARE_TEST	允许访问程序系统硬件
android.permission.INTERNET	允许程序打开网络套接字

续表

许 可 名 字	许 可 功 能
android.permission.MODIFY_AUDIO_SETTINGS	允许程序修改系统音频设置
android.permission.MODIFY_PHONE_STATE	允许修改电话状态，如充电
android.permission.MOUNT_UNMOUNT_FILESYSTEMS	允许挂载和反挂载移动设备
android.permission.SET_ACTIVITY_WATCHER	允许程序监视和控制系统 activities 的启动
android.permission.SET_ALWAYS_FINISH	允许程序设置程序处于后台时是否立即结束
android.permission.SET_DEBUG_APP	配置一个用于调试的程序
android.permission.SET_ORIENTATION	允许通过底层应用设置屏幕方向
android.permission.SET_PREFERRED_APPLICATIONS	允许程序修改默认程序列表
android.permission.SET_PROCESS_FOREGROUND	允许程序强制将当前运行程序转到前台运行
android.permission.SET_PROCESS_LIMIT	允许设置最大的系统当前运行进程数量
android.permission.ACCESS_LOCATION_EXTRA_COMMANDS	允许应用程序使用额外的位置提供命令
android.permission.ACCESS_MOCK_LOCATION	允许程序创建用于测试的模拟位置
android.permission.ACCESS_NETWORK_STATE	允许程序获取网络状态信息
android.permission.ACCESS_SURFACE_FLINGER	允许程序获取 SurfaceFlinger 底层特性
android.permission.ACCESS_WIFI_STATE	允许程序获取 Wi-Fi 网络信息
android.permission.ADD_SYSTEM_SERVICE	允许程序发布系统级服务
android.permission.BATTERY_STATS	允许程序更新终端电池的统计信息
android.permission.BLUETOOTH_ADMIN	允许程序发现和配对蓝牙设备
android.permission.BROADCAST_PACKAGE_REMOVED	允许程序广播一个已经移除的包的消息
android.permission.BROADCAST_STICKY	允许一个程序广播带数据的 Intents
android.permission.CAMERA	请求使用照相设备
android.permission.CHANGE_COMPONENT_ENABLED_STATE	允许一个程序启用或禁用其他组件
android.permission.CHANGE_CONFIGURATION	允许一个程序修改当前设置
android.permission.CHANGE_NETWORK_STATE	允许程序改变网络的连接状态
android.permission.CHANGE_WIFI_STATE	允许程序改变 Wi-Fi 的连接状态
android.permission.READ_SYNC_SETTINGS	允许程序读取同步设置
android.permission.READ_CONTACTS	允许程序读取用户联系人数据

本 章 小 结

通过本章的学习，读者应该能够学会：

- ✧ Intent 由动作、数据、分类、类型、组件和扩展信息等内容组成。
- ✧ Action 属性用于描述 Intent 要完成的动作，对要执行的动作进行一个简要描述。
- ✧ Data 属性用于执行动作的 URI 和 MIME 类型。
- ✧ Category 属性指明一个执行 Action 的分类。
- ✧ Component 属性用于指明 Intent 的目标组件的类名称。
- ✧ 多 Activity 的 Android 应用程序可通过 startActivity()方法指定相应的 Intent 对象来启动另外一个 Activity。
- ✧ Extra 属性用于添加一些附加信息，利用该属性可以进行消息的传递。
- ✧ 将传递的信息存放到 Extra 属性中有如下两种方式：一种是直接将信息添加到 Extra 属性中，另一种是将数据封装到 Bundle 包中。
- ✧ Intent 可以通过显式方式或隐式方式找到目标组件。显式方式直接通过设置组件名来实现，而隐式方式则通过 Intent Filter 过滤来实现。
- ✧ 在 AndroidManifest.xml 配置文件中，Intent Filter 以<intent-filter>元素来指定，一个组件中可以有多个<intent-filter>元素，每个<intent-filter>元素描述的功能不同。
- ✧ 广播接收器(Broadcast Receiver)是接收广播消息并对消息作出反应的组件。
- ✧ Activity 的 sendBroadcast()、sendOrderBroadcast()和 sendStrikyBroadcast()方法都可以广播 Intent 到广播接收器。

本 章 练 习

1. 下列 Intent 的 Action 属性中，用来标识应用程序入口的是_____。
   - A．ACTION_CALL
   - B．ACTION_VIEW
   - C．ACTION_MAIN
   - D．ACTION_SCREEN_ON

2. Android 系统提供了终端用户用于开发应用程序交互功能的组件，这些组件包括_____。
   - A．广播接收器
   - B．意图
   - C．适配器
   - D．内容提供器

3. 下列关于启动 Intent 的说法，正确的是_____。
   - A．Context.startActivity()用于启动 Activity
   - B．Context.startService()用于启动 Service
   - C．Context.sendBroadcast()用于发送广播

D．Context.startBroadcast()用于开始广播

4．Intent 由_____、数据、_____、类型、组件和_____等内容组成，每个组成都由相应的属性来表示，并提供了设置和获取相应属性的方法。

5．简述 Intent 的过滤机制。

6．简述 Android 广播机制的作用。

7．编写两个程序，使用广播进行通信。

第 5 章　服务(Service)

本章目标

- 了解 Android Service 的工作机制及特点。

- 了解 Service 和 Activity 的不同之处。

- 掌握如何创建、启动和停止 Service。

- 熟悉 Android 常用的系统服务。

- 掌握 NotificationManager 和 Notification。

- 提高对车载终端设备中服务理论的理解，培养科学思维方法。

5.1　Service 简介

按照工作的方式，Android 应用程序可分为前台应用程序和后台服务程序两种。Activity 对应的程序是前台程序，可使用 startActivity()方法将 Intent 指定的活动转到前台运行，即活动控制权由当前活动转到 Intent 指定的活动。Service 对应的程序是后台服务，可使用 startService()方法将指定的应用转到后台运行，即不改变当前运行程序的控制权。Service 分为两种类型：

(1) 本地服务(Local Service)：这种服务主要在应用程序内部使用，用于实现应用程序本身的任务，比如自动下载程序。

(2) 远程服务(Remote Service)：这种服务主要在应用程序之间使用，一个应用程序可以使用远程服务调用其他的应用程序，例如天气预报。

Android 中的 Service 用于创建后台运行的程序，其功能类似于 Linux 系统中的守护进程。后台服务往往需要运行较长时间，甚至可能会从系统启动时开始运行到系统关闭时结束。Service 与 Activity 的地位一样，但作用完全不同。Activity 可与用户进行交互，并且 Activity 运行时会获取当前控制权。然而，Service 一般不与用户进行交互，并且 Service 运行时不会获取控制权。Service 有自己的生命周期，可以调用 Context.startService()来启动一个服务。服务启动后会一直运行，直到使用 Context.stopService()或 stopSelf()方法结束服务。

Service 具有以下特点：

(1) 没有用户界面，不与用户交互。

(2) 长时间运行，不占程序控制权。

(3) 比 Activity 的优先级高，不会轻易被 Android 系统终止，即使 Service 被系统终止，在系统资源恢复后 Service 仍将自动运行。

(4) 用于进程间通信(Inter Process Communication，IPC)，解决两个不同进程之间的调用和通信问题。

Android 提供一些特殊的 Service 类，如 AccessibilityService、IntentService、AbstractInputMethodService、RecognitionService 以及 WallpaperService。以 Accessibility Service 类为例，当 AccessibilityEvent 事件(比如焦点变化、按钮被单击等)发生后，AccessibilityService 会被自动调用。

5.2　实现 Service

自定义一个 Service 类比较简单，只要继承 Service 类，实现其生命周期中的方法就可以。一个定义好的 Service 必须在 AndroidManifest.xml 配置文件中通过<service>元素声明才能使用。实现 Service 应用的步骤如下：

(1) 创建一个 Service 类并进行配置。

(2) 启动或绑定 Service。

(3) 停止 Service。

5.2.1 创建 Service 类

创建一个 Service 类时，需要继承 android.app.Service 类，并且重写其 onCreate()、onStart()以及 onDestroy()等方法。这些方法在 Service 生命周期中的不同阶段被调用：

(1) onCreate()方法用来初始化 Service，标志 Service 生命周期开始。

(2) onStart()方法用来启动一个 Service，代表 Service 进入了运行的状态。

(3) onDestroy()方法用来释放 Service 占用的资源，标志 Service 生命周期结束。

创建 Service 类的代码如下：

```
//继承 Service 类
public class MyService extends Service {
    @Override
    public IBinder onBind(Intent intent) {
        /*这个方法会在 Service 被绑定到其他程序上时被调用。onBind 将返回给客户端一个 IBind
接口实例，IBind 允许客户端回调服务，比如获取 Service 运行的状态或其他操作。*/
        return null;
    }
    @Override
    public void onCreate() {
        //创建服务
        super.onCreate();
    }
    @Override
    public void onStart() {
        //启动服务
        super.onStart();
    }
    @Override
    public void onDestroy() {
        //释放 Service 资源的代码，例如释放内存
        super.onDestroy();
    }
}
```

要想使用上述代码中定义的 Service 类，必须在 AndroidManifest.xml 配置文件中使用<service>元素声明该 Service，并在<service>元素中添加<intent-filter>指定如何访问该 Service，配置内容如下：

```
<!—指定 Service 的类名-->
<service android:name=".MyService">
    <intent-filter>
    <!--定义 Service 的名字，根据该名字用于启动或停止服务-->
```

```
                <action android:name="com.dh.MY_SERVICE" />
        </intent-filter>
</service>
```

5.2.2 Service 的使用

Service 类创建好之后，可以通过两种方式启动 Service：

(1) 启动方式：使用 Context.startService()方法启动 Service，调用者与 Service 之间没有关联，即使调用者退出，Service 服务依然运行。

(2) 绑定方式：通过 Context.bindService()启动 Service，调用者与 Service 之间绑定在一起，调用者一旦退出，Service 服务就会终止。

1. 启动方式

启动方式是通过调用 Context.startService()启动 Service，在服务未被创建时，系统会先调用服务的 onCreate()方法，接着调用 onStart()方法。如果在调用 startService()方法前服务已经被创建，则系统会直接调用 onStart()方法启动服务，此时不会调用 onCreate()方法多次创建服务。

启动方式的 Service 生命周期如图 5-1 所示。

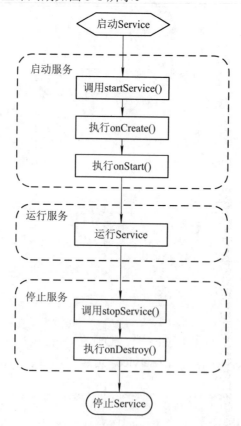

图 5-1 启动方式的 Service 生命周期

启动 Service 的代码如下：

```
//创建 Intent
Intent intent = new Intent();
//设置 Action 属性
intent.setAction("com.dh.MY_SERVICE");
//启动该 Service
startService(intent);
```

上述代码先创建一个 Intent 对象，并设置其 Action 属性值为 AndroidManifest.xml 配置文件中配置的 Service 名称，即 Intent 通过隐式方式找到相应的 Service；再调用 startService(intent)启动服务。其中，Service 的名称可以在调用 Intent 构造函数时指明：

```
Intent intent = new Intent("com.dh.MY_SERVICE");
```

2．绑定方式

绑定方式是通过调用 Context.bindService()启动服务，和调用 startService()一样，如果 Service 还未创建，则调用 onCreate()方法来创建 Service，但是不会调用 onStart()方法，而是调用 onBind()方法返回客户端一个 IBinder 接口。由于同一个 Service 可以绑定多个服务连接，因而通过捆绑方式可以同时为多个不同的应用提供服务。绑定方式的生命周期如图 5-2 所示。

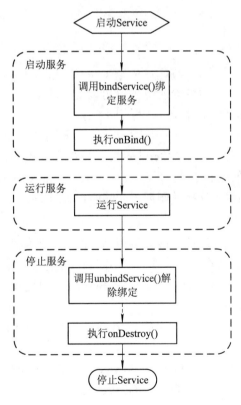

图 5-2　绑定方式的 Service 生命周期

调用 Context.bindService()绑定一个 Service 时需要三个参数:

(1) 第一个参数是 Intent 对象。

(2) 第二个参数是服务连接对象 ServiceConnection,通过实现其 onServiceConnected()和 onServiceDisconnected()方法来判断连接成功或断开连接。

(3) 第三个参数是创建 Service 的方式,一般指定绑定时自动创建,即设置为 Service.BIND_AUTO_CREATE。

创建服务连接对象 ServiceConnection 的代码如下:

```
//连接对象
ServiceConnection conn = new ServiceConnection() {
    @Override
    public void onServiceConnected(ComponentName name, IBinder service) {
        Log.i("SERVICE", "连接成功! ");
    }
    @Override
    public void onServiceDisconnected(ComponentName name) {
        Log.i("SERVICE", "断开连接! ");
    }
};
```

绑定 Service 的代码如下:

```
//绑定 Service
Context.bindService(intent, conn, Service.BIND_AUTO_CREATE);
```

启动方式和绑定方式并不是完全独立的,可以混合使用。以 MP3 播放器为例,其功能主要分为启动音乐和暂停音乐两个部分。对于启动音乐功能,可通过 Context.startService()来播放相应的音频文件;然而对于暂停音乐,则可通过 Context.bindService()获取服务连接和 Service 对象,然后通过调用该 Service 对象来暂停音乐并保存相关信息。在这种情况下,如果调用 Context.stopService()并不能够停止 Service,则需要在所有的服务连接关闭后才能够停止 Service。

3. 停止 Service

当 Service 完成动作或处理后,应该调用相应的方法来停止服务并释放服务所占用的资源。根据启动 Service 方式的不同,需采用不同的方法停止 Service:

(1) 使用 Context.startService()方法启动的 Service,通过调用 Context.stopService()或 Service.stopSelf()方法结束。

(2) 使用 Context.bindService()绑定的 Service,通过调用 Context.unbindService()解除绑定。

与启动服务的过程类似,Context.stopService()、Context.unbindService()只是停止过程中的开始部分,系统最终会调用 onDestroy()销毁服务并释放资源。

 stopService()方法和 stopSelf()方法不同,stopService()强行终止当前服务,而 stopSelf()直到 Intent 被处理完才停止服务。

5.2.3 Service 示例

【示例 5.1】 演示 Service 的启动、绑定、停止以及解除绑定，以增强对 Service 的生命周期的理解和运用。

首先创建一个 MyService 类，该类继承 Service 并覆盖其生命周期中的各个方法，代码如下：

```
public class MyService extends Service{

        //可以返回 null，通常返回一个 Binder 子类
        public IBinder onBind(Intent intent) {
                Log.i("SERVICE", "onBind..............");
                Toast.makeText(MyService.this, "onBind..............",
                        Toast.LENGTH_LONG).show();
                return new MyBinder();
        }
        //Service 创建时调用
        public void onCreate() {
                Log.i("SERVICE", "onCreate..............");
                Toast.makeText(MyService.this, "onCreate..............",
                        Toast.LENGTH_LONG).show();
        }
        //当客户端调用 startService()方法启动 Service 时，该方法被调用
        public void onStart(Intent intent, intstartId) {
                Log.i("SERVICE", "onStart..............");
                Toast.makeText(MyService.this, "onStart..............",
                        Toast.LENGTH_LONG).show();
        }
        //当 Service 不再使用时调用
        public void onDestroy() {
                Log.i("SERVICE", "onDestroy..............");
                Toast.makeText(MyService.this, "onDestroy..............",
                        Toast.LENGTH_LONG).show();
        }
        public class MyBinder extends Binder {
                public MyService getService() {
                        return MyService.this;
                }
        }
}
```

上述代码中：

(1) 在 Service 生命周期的各个方法中，使用 Log 输出日志，使用 Toast 提示方法信息。

(2) 此 Service 中还创建了一个 MyBinder 内部类，此类为 Binder 的子类，其中的 getService()方法用于返回当前 Service 对象给调用者。

(3) 当此 Service 被绑定启动时，会自动调用 onBind()生命周期方法，此方法返回一个 MyBinder 对象，调用者即可通过此对象获取当前所绑定的 Service 对象。

创建一个 MainActivity，该界面布局中包含四个按钮，分别用来启动、停止、绑定和解除绑定 Service。MainActivity 的代码如下：

```java
public class MainActivity extends Activity {
    //声明 Button
    private Button startBtn, stopBtn, bindBtn, unbindBtn;
    @Override
    public void onCreate(Bundle savedInstanceState) {
        super.onCreate(savedInstanceState);
        //设置当前布局视图
        setContentView(R.layout.main);
        //实例化 Button
        startBtn = (Button) findViewById(R.id.startButton01);
        stopBtn = (Button) findViewById(R.id.stopButton02);
        bindBtn = (Button) findViewById(R.id.bindButton03);
        unbindBtn = (Button) findViewById(R.id.unbindButton04);
        //添加监听器
        startBtn.setOnClickListener(startListener);
        stopBtn.setOnClickListener(stopListener);
        bindBtn.setOnClickListener(bindListener);
        unbindBtn.setOnClickListener(unBindListener);
    }
    //启动 Service 监听器
    private OnClickListener startListener = new OnClickListener() {
        @Override
        public void onClick(View v) {
            //创建 Intent
            Intent intent = new Intent();
            //设置 Action 属性
            intent.setAction("com.dh.MY_SERVICE");
            //启动该 Service
            startService(intent);
        }
```

```java
        };
        //停止 Service 监听器
        private OnClickListener stopListener = new OnClickListener() {
                @Override
                public void onClick(View v) {
                        //创建 Intent
                        Intent intent = new Intent();
                        //设置 Action 属性
                        intent.setAction("com.dh.MY_SERVICE");
                        //启动该 Service
                        stopService(intent);
                }
        };
        //连接对象
        private ServiceConnection conn = new ServiceConnection() {
                //成功绑定 Service，此回调方法被执行
                @Override
                public void onServiceConnected(ComponentName name,
                IBinder service) {
                        Log.i("SERVICE", "连接成功！ ");
                        Toast.makeText(MainActivity.this, "连接成功！ ",
                                Toast.LENGTH_LONG).show();
                        //获取 MyService 返回的 Binder 对象并强制转换为 MyBinder
                        MyBinder binder=(MyBinder) service;
                        //需要通过此 binder 获取所绑定的 MyService 对象
                        MyService myService=binder.getService();
                        //通过获取到的 myService 对象调用 MyService 中的成员变量或方法
                }
                @Override
                public void onServiceDisconnected(ComponentName name) {
                        Log.i("SERVICE", "断开连接！ ");
                        Toast.makeText(MainActivity.this, "断开连接！ ",
                                Toast.LENGTH_LONG).show();
                }
        };
        //绑定 Service 监听器
        private OnClickListener bindListener = new OnClickListener() {
                @Override
                public void onClick(View v) {
```

```
                //创建 Intent
                Intent intent = new Intent();
                //设置 Action 属性
                intent.setAction("com.dh.MY_SERVICE");
                //绑定 Service
                bindService(intent, conn, Service.BIND_AUTO_CREATE);
            }
    };
    //解除绑定 Service 监听器
    private OnClickListener unBindListener = new OnClickListener() {
            @Override
            public void onClick(View v) {
                //创建 Intent
                Intent intent = new Intent();
                //设置 Action 属性
                intent.setAction("com.dh.MY_SERVICE");
                //解除绑定 Service
                unbindService(conn);
            }
    };
}
```

上述代码在四个按钮上分别添加监听器处理单击事件，当单击按钮时，都先创建一个 Intent 对象，然后设置其 Action 属性为"com.dh.MY_SERVICE"，再调用相应的方法来启动、停止、绑定或解除绑定 Service；在绑定启动 Service 时，需要传入一个 ServiceConnection 对象参数，这个对象就是绑定者与所绑定的 Service 对象之间的桥梁，可以通过此 ServiceConnection 对象获取所绑定的 Service 对象。

在 AndroidManifest.xml 配置文件中对 Service 进行配置，代码如下：

```
<?xml version="1.0" encoding="utf-8"?>
<manifest xmlns:android="http://schemas.android.com/apk/res/android"
package="com.dh.ch05_5d1"
android:versionCode="1"
android:versionName="1.0" >
<uses-sdk
android:minSdkVersion="14"
android:targetSdkVersion="14" />
<application
android:allowBackup="true"
android:icon="@drawable/ic_launcher"
android:label="@string/app_name"
```

```
android:theme="@style/AppTheme" >
<activity
android:name=".MainActivity"
android:label="@string/app_name" >
<intent-filter>
<action android:name="android.intent.action.MAIN" />
<category android:name="android.intent.category.LAUNCHER" />
</intent-filter>
</activity>
<service android:name=".MyService" >
<intent-filter>
<action android:name="com.dh.MY_SERVICE" />
</intent-filter>
</service>
</application>
</manifest>
```

Service 示例

运行 MainActivity，当第一次单击"启动 Service"按钮时，显示结果如图 5-3 所示。

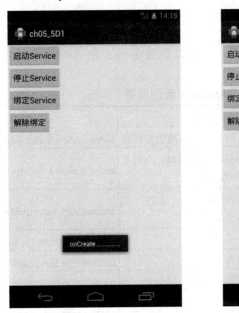

图 5-3　第一次启动 Service 运行结果

再次单击"启动 Service"按钮时，只显示"onStart.............."信息。单击"绑定
Service"按钮时显示"onBind.............."。如果 Service 未创建，则会先显示
"onCreate.............."。单击"停止 Service"和"解除绑定"按钮时都显示
"onDestroy.............."，显示结果如图 5-4 所示。

图 5-4　绑定和停止 Service

5.3　Android **系统服务**

Android 中提供了大量的系统服务，这些系统服务用于完成不同的功能，如表 5-1 所示。

表 5-1　Android 系统服务

Service 名字	作　用	返回对象
WINDOW_SERVICE	窗口服务，例如获得屏幕的宽和高	android.view.WindowManager
LAYOUT_INFLATER_SERVICE	布局映射服务，根据 XML 布局文件来绘制视图(View)对象	android.view.LayoutInflater
ACTIVITY_SERVICE	活动服务，和全局系统状态一起使用	android.app.ActivityManager
NOTIFICATION_SERVICE	通知服务	android.app.NotificationManager
KEYGUARD_SERVICE	键盘锁的服务	android.app.KeyguardManager
LOCATION_SERVICE	位置服务，用于提供位置信息	android.location.LocationManager
SEARCH_SERVICE	本地查询服务	android.app.SearchManager
VIBRATOR_SERVICE	终端振动服务	android.os.Vibrator
CONNECTIVITY_SERVICE	网络连接服务	android.net.ConnectivityManager
WIFI_SERVICE	标准的无线局域网服务	android.net.wifi.WifiManager
TELEPHONY_SERVICE	电话服务	android.telephony.TelephonyManager
SENSOR_SERVICE	传感器服务	android.os.storage.StorageManager
INPUT_METHOD_SERVICE	输入法服务	android.view.inputmethod. InputMethodManager

这些系统服务可以通过 Context.getSystemService()方法获取 Android 系统所支持的服务管理对象，例如下面语句用于获取系统活动服务管理对象：

```
ActivityManager am = (ActivityManager) getSystemService(ACTIVITY_SERVICE);
```

【示例 5.2】 通过 Notification 在状态栏上显示天气信息，演示系统通知服务的应用，以增强对 Android 系统服务的理解和运用。

NotificationManager 类是系统的通知服务管理类，它能够将通知信息显示在状态栏上。Notification 类用于定义通知的显示(图片和标题等内容)以及处理通知的应用，其本身并不能实现在状态栏上显示通知的功能，必须通过 NotificationManager 才能将 Notification 所定义的通知显示在终端上。显示天气信息的 Activity 代码 DisplayWeatherActivity.java 如下：

```java
public class DisplayWeatherActivity extends Activity {
    //声明 NotificationManager 对象，该对象用于管理 Notification
    private NotificationManager nm;
    private Button button_sunny;
    private Button button_cloud;
    private Button button_rain;
    private Button button_clear;

    @Override
    public void onCreate(Bundle savedInstanceState) {
        super.onCreate(savedInstanceState);
        setContentView(R.layout.main);
        //通过 getSystemService(NOTIFICATION_SERVICE)
        //获得 NotificationManager 对象
        nm=(NotificationManager) getSystemService(NOTIFICATION_SERVICE);
        //生成 4 个按钮对象
        button_sunny = (Button) findViewById(R.id.button_sunny);
        button_cloud = (Button) findViewById(R.id.button_cloud);
        button_rain = (Button) findViewById(R.id.button_rain);
        button_clear = (Button) findViewById(R.id.button_clear);
        //注册 button_sunny 单击监听器，当单击 button_sunny 时，
        //使用 Notification 显示当前的天气为"晴"
        button_sunny.setOnClickListener(new Button.OnClickListener() {
            public void onClick(View v) {
                displayWeather("晴", "天气预报", "晴空万里",
                    R.drawable.sun);
            }
        });
        //注册 button_cloud 单击监听器，当单击 button_cloud 时，
        //使用 Notification 显示当前的天气为"阴"
```

```
button_cloud.setOnClickListener(new Button.OnClickListener() {
        public void onClick(View v) {
                displayWeather("阴", "天气预报", "阴云密布",
                        R.drawable.cloudy);
        }
});
//注册 button_rain 单击监听器, 当单击 button_rain 时,
//使用 Notification 显示当前的天气为"雨"
button_rain.setOnClickListener(new Button.OnClickListener() {
        public void onClick(View v) {
                displayWeather("雨", "天气预报", "大雨连绵",
                        R.drawable.rain);
        }
});
//注册 button_clear 监听器, 当单击 button_clear 时, 之前的通知被取消
//假如是一个短暂的通知, 图标将隐藏; 假如是一个持久的通知, 将从状态条中移走
button_clear.setOnClickListener(new Button.OnClickListener() {
        public void onClick(View v) {
                nm.cancel(R.layout.main);
        }
});
}
//displayWeather()方法用于在状态栏上显示相应的天气信息
private void displayWeather(String tickerText, String title,
        String content, intdrawable) {
        //创建一个 Notification 对象,该通知的图标为 drawable 对应的图像,
        //标题为 tickerText 对应的文本, 通知的发送时间为当前时间
        Notification notification = new Notification(drawable,
                tickerText,System.currentTimeMillis());
        //生成该通知的 PendingIntent 对象
        PendingIntent myIntent = PendingIntent.getActivity(this, 0,
                new Intent(
                        this, DisplayWeatherActivity.class), 0);
        //设置 Notification 详细参数, 如指定 Intent
        notification.setLatestEventInfo(this, title, content, myIntent);
        //调用 notify()方法将通知发送到布局 activity_notification 的状态栏中
        nm.notify(R.layout.main, notification);
    }
}
```

上述代码使用 Notification 实现在状态栏上显示天气的功能，具体步骤如下：

(1) 通过 getSystemService(NOTIFICATION_SERVICE)创建 NotificationManager 对象，该对象用于管理 Notification。

(2) 使用 Notification 构造函数创建 Notification 对象：

```
//创建一个 Notification 对象,该通知的图标为 drawable 对应的图像, 标题为 tickerText 对应的文本,
//通知的发送时间为当前时间
Notification notification = new Notification(drawable, tickerText,
       System.currentTimeMillis());
```

注意，除了通过 Notification 构造函数在创建的同时设置其在状态栏上的图标、内容以及显示的时间等，还可以单独通过属性进行设置，例如：

```
notification.icon=drawable;
notification.tickerText= tickertext;
notification.when=System.currentTimeMillis();
```

Notification 还提供了声音、振动模式等其他属性，如表 5-2 所示。

表 5-2　Notification 属性

属性名称	描　　述
audioStreamType	Notification 所用的音频流的类型
contentIntent	设置单击通知条目时所执行的 Intent
contentView	设置在状态条上显示通知时显示的视图
defaults	设置默认值，如 DEFAULT_LIGHTS(默认灯)、DEFAULT_SOUND(默认声音)、DEFAULT_VIBRATE(默认振动)、DEFAULT_ALL(以上默认)
deleteIntent	删除所有通知时被执行的 Intent
icon	设置状态栏上显示的图标
iconLevel	设置显示图标级别
ledARGB	设置 led 的颜色
ledOffMS	设置关闭 led 时的闪烁时间
ledOnMS	设置开启 led 时的闪烁时间。ledOnMS 属性为 1，ledOffMS 属性为 0，表示打开 LED；两者设置为 0，则表示关闭 LED
sound	设置一个音频文件作为 Notification，其值为一个 URI
tickerText	设置状态栏上显示的消息内容
vibrate.	设置 Notification 的振动模式，通常需要给 Notification 的 vibrate 属性设定一个时间数组，如 long[] vibrate = new long[] { 1000, 1000, 1000, 1000, 1000 }。注意使用振动之前，需要在配置文件中添加振动权限： <uses-permission android:name="android.permission.VIBRATE" />
when	通知发生时的时间

(3) 创建 Intent 对象，并指定其对应的 Notification 对象：

```
Intent    intent=new Intent(notification,class);
```

(4) 根据创建的 Intent 对象创建 PendingIntent 对象，PendingIntent 用于对 Intent 对象进一步封装，代码如下：

```
PendingIntent_PendingIntent=PendingIntent.getActivity(
    NotificationName.this, 0, intent, 0)
```

(5) 调用 NotificationManager 的 notify()方法将通知发送到状态栏中：

```
nm.notify(R.layout.main, notification);
```

(6) 使用 NotificationManager 的 cancel()方法删除 Notification：

```
nm.cancel(R.layout.main);
```

Activity 的布局文件 main.xml 为代码如下：

```xml
<?xml version="1.0" encoding="utf-8"?>
<LinearLayout xmlns:android="http://schemas.android.com/apk/res/android"
    android:layout_width="fill_parent"
    android:layout_height="fill_parent"
    android:background="#ededed"
    android:orientation="vertical" >
    <LinearLayout
        android:layout_width="fill_parent"
        android:layout_height="wrap_content"
        android:orientation="vertical" >
        <Button
            android:id="@+id/button_sunny"
            android:layout_width="wrap_content"
            android:layout_height="wrap_content"
            android:text="晴空万里" />
<Button
        android:id="@+id/button_cloud"
        android:layout_width="wrap_content"
        android:layout_height="wrap_content"
        android:text="阴云密布" />
<Button
        android:id="@+id/button_rain"
        android:layout_width="wrap_content"
        android:layout_height="wrap_content"
        android:text="大雨连绵" />
</LinearLayout>
<Button
        android:id="@+id/button_clear"
        android:layout_width="wrap_content"
        android:layout_height="wrap_content"
        android:layout_marginTop="20dip"
        android:text="清除 Notification" />
```

Android 系统服务

```
</LinearLayout>
```

运行程序，单击不同的按钮，状态栏上显示不同的图标，如图 5-5 所示。

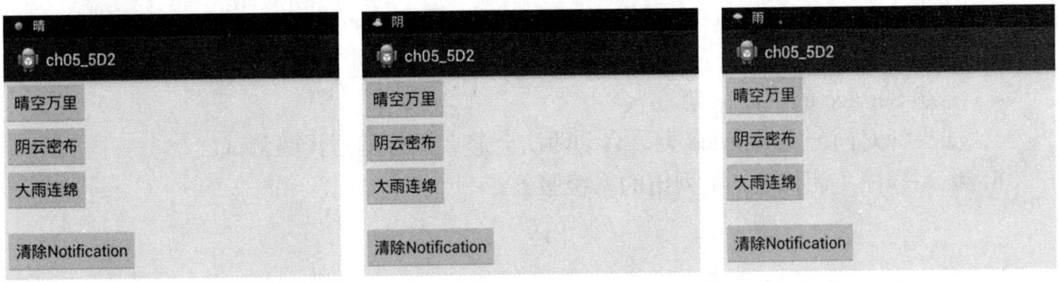

图 5-5　在状态栏上显示天气通知信息

本 章 小 结

通过本章的学习，读者应该能够学会：

◇　Service 提供程序的后台服务，分为本地服务和远程服务两种类型。

◇　定义一个 Service 子类需要继承 Service 类，并实现其生命周期中的方法。

◇　Service 必须在 AndroidManifest.xml 配置文件中通过<service>元素进行声明。

◇　Service 有启动方式和绑定方式两种启动方式。

◇　Service 的启动方式是：用 Context.startService()方法来启动一个 Service，调用者与 Service 之间没有关联，即使调用者退出，Service 服务依然运行。

◇　Service 的绑定方式是：通过 Context.bindService()来启动一个 Service，调用者与 Service 之间绑定在一起，调用者一旦退出，Service 服务就会终止。

◇　使用 Context.startService()方法启动的 Service，通过调用 Context.stopService()或 Service.stopSelf()方法结束服务。

◇　使用 Context.bindService()绑定的 Service，通过调用 Context.unbindService()解除绑定的服务。

◇　Android 提供大量的系统服务，这些系统服务用于完成不同的功能，通过 Context.getSystemService()方法可以获取不同服务管理对象。

◇　NotificationManager 类是系统的通知服务管理类，它能够将通知 Notification 信息显示在状态栏上。

本 章 练 习

1．下列不是 Service 的特点的是＿＿＿＿。

　　A．没有用户界面，不与用户交互

　　B．长时间运行，不占程序控制权

　　C．比 Activity 的优先级低

　　D．可用于进程间通信

2．关于启动、停止 Service 的说法错误的是＿＿＿＿。

　　A．Context.startService()启动的 Service 可以调用 Context.stopService()结束

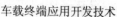

    B．Context.startService()启动的 Service 可以调用 Context.stopSelf()结束

    C．Context.bindService()启动的 Service 可以调用 Context.stopService()结束

    D．Context.bindService()启动的 Service 可以调用 Context.unbindService()结束

3．Service 生命周期方法有 onCreate()、_____和_____。

4．简述 Service 的生命周期。

5．如果针对同一个 Service 类，启动两次会怎么样？编写代码测试。

6．编写程序，测试表 5-1 列出的系统服务。

第6章　数据存储

📖 本章目标

- 了解 Android 系统中数据存储的方式。

- 熟悉 Preferences 的工作原理并会使用 Preferences 存储数据。

- 熟悉文件存储的工作原理并会使用文件存储数据。

- 熟悉 SQLite 的工作原理并会使用 SQLite 存储数据。

- 熟悉 ContentProvider 存储数据。

- 提高对车载终端设备中数据存储理论的理解，培养工程实践能力。

6.1 数据存储简介

程序可被理解为数据输入、输出以及数据处理的过程，程序执行中通常需读取处理数据并且将处理后的结果存放起来。存放数据需要使用数据存储机制，Android 提供了四种数据存储方式：

✧ 使用 Preference 存储数据：Preference 采用"key-value"(键-值)对方式组织和管理数据，其数据存储在 XML 文件中。相对于其他方式，它是一个轻量级的存储机制。该方式实现比较简单，适合简单数据的存储。

✧ 使用 File 存储数据：文件存储的特点介于 Preference 与 SQLite 之间，比 Preference 方式更适合存储较大的数据；从存储结构化来看，这种方式不同于 SQLite，不适合结构化的数据存储。

✧ 使用 SQLite 存储数据：SQLite 相对于 MySQL 数据库来说，是一个轻量级的数据库，适合移动设备中复杂数据的存储。Android 已经集成了 SQLite 数据库，通过这种方式能够很容易地对数据进行增加、插入、删除、更新等操作。相比 Preference 和文件存储，使用 SQLite 较为复杂。

✧ 使用网络存储数据：将数据通过 java.net.*和 android.net.*包中的类存储于网络。该方式会在后续的网络通信中涉及。

在开发过程中，可以根据程序的实际需要选择合适的存取方式。另外，在 Android 中各个应用程序组件之间是相互独立的，彼此间的数据不能共享。为此，Android 提供了内容提供器(Content Provider)来达到应用程序之间数据共享的目的。Content Provider 可以使用数据库或者文件作为存储方式(通常使用 SQLite 数据库)。

6.2 Preference 存储数据

Preference 提供了一种轻量级的数据存储方式，主要应用在数据量比较少的情况下。它以"key-value"对方式将数据保存在一个 XML 文件中。

6.2.1 访问 Preference 的 API

使用 Preference 方式来存取数据时，需要用到 SharedPreferences 和 SharedPreferences.Editor 接口，这两个接口在 android.content 包中。SharedPreferences 提供了获得数据的方法，其常用的方法如表 6-1 所示。

表 6-1　SharedPreferences 常用方法

方　　法	功　能　描　述
contains (String key)	判断是否包含一个该键值
edit()	返回 SharedPreferencesEditor 对象
getAll ()	取得所有值 Map
getBoolean (String key, boolean defValue)	获取一个布尔值
getFloat (String key, float defValue)	获取一个 float 值

续表

方　法	功　能　描　述
getInt (String key, int defValue)	获取一个 int 值
getString (String key, String defValue)	获取一个 String 值
getLong (String key, long defValue)	获取一个 long 值
registerOnSharedPreferenceChangeListener()	注册 Preference 发生变化的监听函数
unregisterOnSharedPreferenceChangeListener()	注销一个之前注册的监听函数

SharedPreferences.Editor 编辑器提供保存数据的方法，如表 6-2 所示。

表 6-2　SharedPreferences.Editor 常用方法

方　法	功　能　描　述
clear()	清除所有值
commit()	保存
getAll()	返回所有值 Map
putBoolean(String key, boolean value)	保存一个布尔值
putFloat(String key, float value)	保存一个 float 值
putInt(String key,int value)	保存一个 int 值
putLong(String key, long value)	保存一个 long 值
putString(String key, String value)	保存一个 String 值
remove(String key)	删除 key 所对应的值

从 SharedPreferences 及其 Editor 提供的方法可以看到，SharedPreferences 只支持简单数据类型如 String、float、int 和 long 的存储操作。

 注 意　使用 SharedPreferences.Editor 的 putXXX()方法保存数据时，需要根据数据类型调用相应的 putXXX()方法。例如，调用 putString()方法为字符串建立"键-值"对。

使用 SharedPreferences 存储数据比较简单，步骤如下：

(1) 使用 getSharedPreferences() 生成 SharedPreferences 对象。在调用 getSharedPreferences()方法时，需要指定如下两个参数：

　　◇　存储数据的 XML 文件名。这个 XML 文件存储在 "/data/data/包名/shared_prefs/"目录下，其文件名由该参数指定。注意，文件名不需要指定后缀(.xml)，系统会在该文件名之后自动添加 xml 后缀并创建之。

　　◇　操作模式。其取值有三种：MODE_WORLD_READABLE(可读)、MODE_WORLD_WRITEABLE(可写)和 MODE_PRIVATE(私有)。

(2) 使用 SharedPreferences.Editor 的 putXXX()方法保存数据。

(3) 使用 SharedPreferences.Editor 的 commit()方法将上一步保存的数据写到 XML 文件中。

(4) 使用 SharedPreferences 的 getXXX()方法获取相应数据。

6.2.2　Preference 应用

【示例 6.1】　使用 Preference 将修改的音量值存储到 XML 文件中，训练 Android 轻量级数据存储方式，培养工程实践能力。

PreferenceActivity 程序的代码如下：

```
public class PreferenceActivity extends Activity {
    //声明三个 Button 对象，这些对象用于调节音量
    private Button add_voice;
    private Button sub_voice;
    private Button mute_voice;
    //声明一个 SharedPreferences 对象
    private SharedPreferences sharedPreferences;
    /* 定义音量参数：cur_voice、MIN_VOICE 以及 MAX_VOICE */
    //cur_voice 记录了当前音量大小，初始设置为 0
    private static int cur_voice = 0;
    //MIN_VOICE 定义了最小音量值为 0
    private final static int MIN_VOICE = 0;
    //MAX_VOICE 定义了最大音量值为 8
    private final static int MAX_VOICE = 8;
    public void onCreate(Bundle savedInstanceState) {
        super.onCreate(savedInstanceState);
        setContentView(R.layout.main);
        /*getSharedPreferences()生成 SharedPreferences 对象，
        数据存储到名为 preferences.xml 的文件中，操作模式是私有的*/
        sharedPreferences = getSharedPreferences("preferences",
                    Context.MODE_PRIVATE);
        //根据 XML 定义生成 Button 对象
        add_voice = (Button) findViewById(R.id.add_voice);
        sub_voice = (Button) findViewById(R.id.sub_voice);
        mute_voice = (Button) findViewById(R.id.mute_voice);
        //通过 getVoicevalue()方法获取 SharedPreferences 中存储的音量值，
        //即最近一次设置的音量值
        cur_voice = getVoicevalue(sharedPreferences);
        //使用 Toast 显示上次音量值
        Toast.makeText(PreferenceActivity.this, "上次设置音量："
                + cur_voice, 1).show();
        /* 注册 add_voice 单击事件监听器。当单击该按钮时，当前音量值被增加并且使用 Toast
            显示增加后的音量 */
        add_voice.setOnClickListener(new View.OnClickListener() {
            public void onClick(View v) {
                //若音量值未达到最大值，则增加当前的音量值；若当前音量已为最大，
                //音量值不变
```

```
                    if (cur_voice < MAX_VOICE)
                            cur_voice = cur_voice + 1;
                    //根据音量值构造音量显示文本，即每个"|"代表一个音量
                    String voicetext = (String) generateVoice(cur_voice);
                    //根据音量值显示一个 Toast 消息
                    Toast.makeText(PreferenceActivity.this,
                            "音量" + cur_voice + "\n" + voicetext,
                                Toast.LENGTH_LONG)
                                .show();
                    //将音量存储到 SharedPreferences 对象指定的 XML 文件中
                    saveVoicevalue(cur_voice, sharedPreferences);
                }
        });
        /* 注册 sub_voice 单击事件监听器。当单击该按钮时，当前音量值被减少并且使用 Toast
            显示减少后的音量 */
        sub_voice.setOnClickListener(new View.OnClickListener() {
                public void onClick(View v) {
                    //若音量值未达到最小值，则减小当前的音量值；若当前音量已为最小，
                    //音量值不变
                    if (cur_voice > MIN_VOICE)
                            cur_voice = cur_voice - 1;
                    //根据音量值构造音量显示文本，即每个"|"代表一个音量
                    String voicetext = (String) generateVoice(cur_voice);
                    Toast.makeText(PreferenceActivity.this,"音量" +
                            cur_voice + "\n" + voicetext, Toast.LENGTH_LONG)
                                .show();
                    //将音量存储到 SharedPreferences 对象指定的 XML 文件中
                    saveVoicevalue(cur_voice, sharedPreferences);
                }
        });
        /* 注册 mute_voice 单击事件监听器。当单击该按钮时，当前音量值被置为 0 并且使用
            Toast 显示音量为 0 */
        mute_voice.setOnClickListener(new View.OnClickListener() {
                public void onClick(View v) {
                    //置音量值为 0
                    cur_voice = 0;
                    String voicetext = (String) generateVoice(cur_voice);
                    Toast.makeText(PreferenceActivity.this,"音量" +
                            cur_voice + "\n" + voicetext, Toast.LENGTH_LONG)
```

```
                                    .show();
                    //将音量存储到 SharedPreferences 对象指定的 XML 文件中
                    saveVoicevalue(cur_voice, sharedPreferences);
            }
        });
}
/* generateVoice()方法根据音量值返回音量文本, 该文本的 "|" 的个数等于音量值。如音量值为 3,
   则返回"|||" */
private CharSequence generateVoice(int voice) {
        //声明并初始化 CharSequence 对象
        CharSequence str = "";
        /* 根据音量值构造 Toast 显示的文本 */
        while (voice > 0) {
                str = str + "|";
                voice--;
        }
        //返回 str
        return str;
}
/* saveVoicevalue()方法用于将当前的音量值存储到 SharedPreferences 中 */
void saveVoicevalue(int voicevalue, SharedPreferences
sharedPreferences) {
        //生成 SharedPreferences 编辑对象, 通过该对象将数据放入到 SharedPreferences 中
        Editor editor = sharedPreferences.edit();
        /* 指定 XML 中存储 voicevalue 值的标签为 key, 即 SharedPreferences 中包含以下信息:
           <string name="key">$voicevalue</string> */
        //将音量值放入到 SharedPreferences 中, 该值通过 key 引用
        editor.putInt("key", voicevalue);
        //提交数据, 将数据保存到 XML 文件中
        boolean ret = editor.commit();
        //使用 Toast 显示保存成功或失败的提示信息
        if (ret == true)
                Toast.makeText(PreferenceActivity.this, "保存成功",
                        1).show();
        else
                Toast.makeText(PreferenceActivity.this, "保存失败",
                        1).show();
}
/* getVoicevalue()方法用于获取当前的音量值 */
```

```
    int getVoicevalue(SharedPreferences sharedPreferences) {
            //通过调用 SharedPreferences 对象的 getXXX 方法获取
            //SharedPreferences 中存储的值
            int ret = sharedPreferences.getInt("key", 0);
            //返回结果
            return ret;
    }
}
```

　　上述代码声明了三个按钮并注册了单击事件监听器，分别用于实现音量的增加、减少以及静音功能。同时提供 saveVoicevalue()方法将当前的音量值存储到 SharedPreferences 中，getVoicevalue()方法用于获取当前的音量值。generateVoice()方法可以将数字的音量值转换成相应的音量文本，以便显示时不直接使用数字，而是使用相应的音量字符串进行提示。

　　在布局文件 main.xml 中添加三个按钮，代码如下：

```
<?xml version="1.0" encoding="utf-8"?>
<LinearLayout xmlns:android="http://schemas.android.com/apk/res/android"
    android:layout_width="fill_parent"
    android:layout_height="fill_parent"
    android:background="#000"
    android:orientation="vertical" >
    <!--音量增加按钮 -->
    <Button
        android:id="@+id/add_voice"
        android:layout_width="wrap_content"
        android:layout_height="wrap_content"
        android:layout_gravity="center"
        android:layout_x="0px"
        android:layout_y="20px"
        android:background="#fff"
        android:text="增加" />
<!--音量降低按钮 -->
<Button
        android:id="@+id/sub_voice"
        android:layout_width="wrap_content"
        android:layout_height="wrap_content"
        android:layout_gravity="center"
        android:layout_marginBottom="5dp"
        android:layout_marginTop="5dp"
        android:background="#fff"
```

```
        android:text="减少" />
<!--静音按钮 -->
<Button
        android:id="@+id/mute_voice"
        android:layout_width="wrap_content"
        android:layout_height="wrap_content"
        android:layout_gravity="center"
        android:background="#fff"
        android:text="静音" />
</LinearLayout>
```

Preference 应用

运行程序，连续单击两次"增加"按钮，运行结果如图 6-1 所示。

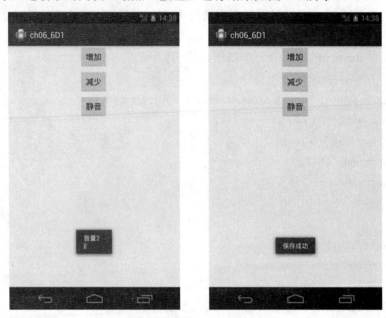

图 6-1　增加音量运行结果

单击"减少"按钮，音量会减少，单击"静音"按钮，音量会变为 0，此处不再演示。

getSharedPreferences()方法第一个参数指定的名为"preferences"的 XML 文件，可通过 Android DDMS 查看。在 DDMS 的"File Explorer"选项卡下，展开"/data/data/com.dh/shared_prefs"目录，可看到在该目录下有一个 preferences.xml 文件，如图 6-2 所示。

图 6-2　通过 DDMS 查看 preferences.xml 文件

单击 按钮可以将"preferences.xml"文件从模拟器中保存到指定计算机路径下，打开后内容如下：

```
<?xml version='1.0' encoding='utf-8' standalone='yes' ?>
<map>
<int name="key" value="2" />
</map>
```

重新启动该应用，程序获取最近一次保存的数据，图 6-3 展示了程序重启后的界面。

图 6-3　编辑用户的 Preferences 数据

6.3　File 存储数据

不同于 Preference 存储，文件存储方式不受类型限制，可以将一些数据直接以文件的形式保存在设备中，如文本文件、PDF、音频、图片等。如果需要存储复杂数据，可以使用文件进行存储。Android 提供了读/写文件的方法。

6.3.1　文件操作

和传统的 Java 中实现 I/O 的程序类似，通过 Context.openFileInput()方法可以获取标准的文件输入流(FileInputStream)，读取设备上的文件；通过 Context.openFileOuput()方法可以获取标准的文件输出流(FileOutputStream)，将数据写到设备上的文件中。

读取文件的代码如下：

```
String file = "dh.txt";//定义文件名
//获取指定文件的文件输入流
FileInputStream fileInputStream = openFileInput(file);
```

```
//定义一个字节缓存数组
byte[] buffer=new byte[fileInputStream.available()];
//将数据读到缓存区
fileInputStream.read(buffer);
//关闭文件输入流
fileInputStream.close();
```

保存文件的代码如下：

```
//获取文件输出流，操作模式是私有模式
FileOutputStream fileOutputStream = openFileOutput(file,Context.MODE_PRIVATE);
//将内容写入文件
fileOutputStream.write(fileContent.getBytes());
```

openFileOutput()方法的第二个参数用于指定输出流的模式，Android 提供了四种输出模式，如表 6-3 所示。

表 6-3　四种文件读/写模式

模　式	功　能　描　述
Context.MODE_PRIVATE	私有模式，这种模式创建的文件是私有文件，因而创建的文件只能被应用本身访问。在该模式下，写入的内容会覆盖原文件的内容
Context.MODE_APPEND	附加模式，该模式会首先检查文件是否存在，若文件不存在则创建新文件，否则在原文件中追加内容
Context.MODE_WORLD_WRITABLE	可写模式，该模式的文件可以被其他应用修改
Context.MODE_WORLD_READABLE	可读模式，该模式的文件可以被其他应用读取

6.3.2　File 应用

【示例 6.2】　使用文件存储实现简单的文本编辑器，提高对 File 应用理论的认识，以培养解决现实需求问题的能力。TextEditorActivity 的代码如下：

```
public class TextEditorActivity extends Activity {
        private EditText file_name;        //输入文件名的文本框
        private EditText file_content;    //输入文件内容的文本框
        private Button read_button;        //读取文件的按钮
        private Button save_button;        //保存文件的按钮
        //定义 Toast 消息显示的时间
        public static int LONGTIME = Toast.LENGTH_LONG;
        public void onCreate(Bundle savedInstanceState) {
                super.onCreate(savedInstanceState);
                setContentView(R.layout.main);
                read_button = (Button) findViewById(R.id.read_file);
                save_button = (Button) findViewById(R.id.save_file);
```

```
file_name = (EditText) findViewById(R.id.file_name);
file_content = (EditText) findViewById(R.id.file_content);
/* 注册 save_button 单击事件监听器。当单击该按钮时，保存当前编辑的文件 */
save_button.setOnClickListener(new View.OnClickListener() {
        public void onClick(View view) {
                //获取保存的文件名
                String str_file_name = file_name.getText().toString();
                if (str_file_name == "")
                        Toast.makeText(TextEditorActivity.this,
                        "文件名为空", LONGTIME).show();
                else {
                        //获取 file_content 的内容
                        String str_file_content = file_content.getText()
                                .toString();
                        try {
                                //调用 save()方法保存文件
                                save(str_file_name, str_file_content);
                                //使用 Toast 显示保存成功
                                Toast.makeText(TextEditorActivity.this,
                                        "保存成功",LONGTIME).show();
                        } catch (Exception e) {
                                //产生异常，使用 Toast 显示保存失败
                                Toast.makeText(TextEditorActivity.this,
                                        "保存失败",LONGTIME).show();
                        }
                }
        }
});

/* 注册 read_button 单击事件监听器。当单击该按钮时，根据文件名读取内容 */
read_button.setOnClickListener(new View.OnClickListener() {
        public void onClick(View view) {
                String str_file_name = file_name.getText().toString();
                if (str_file_name == "")
                        Toast.makeText(TextEditorActivity.this,
                                "文件名为空", LONGTIME).show();
                else {
                        try {
                                String str_fiel_content =
```

```
                                    read(str_file_name);
                    file_content.setText(str_fiel_content);
                } catch (Exception e) {
                    Toast.makeText(TextEditorActivity.this,
                        R.string.file_read_failed,
                            LONGTIME).show();
                }
            }
        }
    });
}


/* 方法 save()负责将指定的内容（fileContent）写入到（file） */
public void save(String file, String fileContent) throws Exception {
    //获取文件输出流，操作模式是私有模式
    FileOutputStream fileOutputStream =
            openFileOutput(file,Context.MODE_PRIVATE);
    //将内容写入文件
    fileOutputStream.write(fileContent.getBytes());
    //关闭文件输出流
    fileOutputStream.close();
}


/* 方法 read 负责读取指定的文件（file） */
public String read(String file) throws Exception {
    //获取指定文件的文件输入流
    FileInputStream fileInputStream = openFileInput(file);
    //定义一个字节缓存数组
    byte[] buffer=new byte[fileInputStream.available()];
    //将数据读到缓存区
    fileInputStream.read(buffer);
    //关闭文件输入流
    fileInputStream.close();
    //将缓冲区中的数据转换成字符串并返回
    return new String(buffer);
}
```

File 应用

}

　　上述代码基于文件存储方式实现了简单的文本编辑器。对于文本编辑器，主要的核心操作是保存和读取文件。save(String file, String fileContent)方法实现保存操作，read(String file)方法实现读取文件的操作。

　　运行程序，输入文件名和内容，并单击"保存数据"按钮，显示结果如图 6-4 所示，清除内容文本后，单击"读取数据"按钮，文件中保存的信息会显示到内容文本框中。

图 6-4　简单的文本编辑器界面

　　在 DDMS 的"File Explorer"选项卡下，展开"/data/data/com.dh.ch06_6d2/files"目录，在该目录下可以看到保存数据的文件，如图 6-5 所示。

Name	Size	Date	Time	Permissions	Info
▷ 📁 com.android.webview	4096	2017-06-23	02:47	drwxr-xr-x	
▷ 📁 com.android.widgetpreview	4096	2016-11-09	06:15	drwxr-xr-x	
▷ 📁 com.dh.ch06_6d1	4096	2017-06-23	02:48	drwxr-xr-x	
◢ 📁 com.dh.ch06_6d2	4096	2017-06-23	03:08	drwxr-xr-x	
▷ 📁 cache	4096	2017-06-23	03:08	drwxr-xr-x	
◢ 📁 files	4096	2017-06-23	03:08	drwxr-xr-x	
📄 my.txt	8	2017-06-23	03:09	-rwxr-xr-x	
▷ 📁 com.dh.ch06_6d3	4096	2017-06-23	03:18	drwxr-xr-x	

图 6-5　通过 DDMS 查看文件

6.4　SQLite 存储数据

　　Android 中通过 SQLite 数据库实现结构化数据存储。SQLite 是一个嵌入式数据库引擎，目的在于为内存等资源有限的设备，如手机、车载终端等移动设备，在数据的增、删、改、查等操作上提供一种高效的方法。

6.4.1　SQLite 简介

　　Android 使用 SQLite 作为存储数据库，SQLite 数据库是一种免费开源的且底层无关的数据库。SQLite 是基于 C 语言设计开发的开源数据库，最大支持 2048 GB 数据。它具有如下特征：

◇ 轻量级：大多数据库的读写模型是基于 C/S 架构设计的，该架构下的数据库分为客户端和服务器端。C/S 架构数据库是重量型的数据库，系统功能复杂且尺寸较大。SQLite 和 C/S 模式的数据库软件不同，它不使用分布式架构作为数据引擎。SQLite 数据库功能简单且尺寸较小，一般只需要带上一个 DDL 就可使用 SQLite 数据库。

◇ 独立：SQLite 与底层操作系统无关，其核心引擎既不需要安装，也不依赖任何第三方软件，SQLite 几乎能在所有的操作系统上运行，具有较高的独立性。

◇ 便于管理和维护：SQLite 数据库具有较强的数据隔离性。SQLite 的一个文件包含了数据库的所有信息(比如表、视图、触发器)，有利于数据的管理和维护。

◇ 可移植性：SQLite 数据库应用可快速无缝移植到大部分操作系统，如 Android、IOS、Linux 和 VxWorks 等。

◇ 语言无关：SQLite 数据库与语言无关，支持很多语言，比如 Python、.Net、C/C++、Java、Ruby、Perl 等。

◇ 事务性：SQLite 数据库采用独立事务处理机制，遵守 ACID(Atomicity、Consistency、Isolation、Durability)原则，使用数据库的独占性和共享锁处理事务。这种方式规定必须获得该共享锁后，才能执行写操作。因而，SQLite 既允许数据库被多个进程并发读取，又保证最多只有一个进程写数据。这种方式可有效防止读脏数据、不可重复读、丢失修改等异常。

SQLite 不需要系统提供太大的资源，占用不到 1 MB 的内存空间就可运行，因此被广泛应用于小型的嵌入式设备中。SQLite 操作简单，且数据库功能强大，提供了基本数据库、表以及记录的操作，包括数据库创建、数据库删除、表创建、表删除、记录插入、记录删除、记录更新、记录查询。

6.4.2 SQLite 数据库操作

Android 提供了创建和使用 SQLite 数据库的 API。SQLiteDatabase 是操作 SQLite 数据库的类，该类提供了操作数据库的一些方法，其常用的方法如表 6-4 所示。

表 6-4 SQLiteDatabase 常用的方法

方 法	方 法 描 述
openOrCreateDatabase(String path,SQLiteDatabase.CursorFactory factory)	打开或创建数据库
openDatabase(String path, SQLiteDatabase.CursorFactory factory, int flags)	打开指定的数据库
close()	关闭数据库
insert(String table,String nullColumnHack,ContentValues values)	插入一条记录
delete(String table,String whereClause,String[] whereArgs)	删除一条记录
query (boolean distinct, String table, String[] columns, String selection, String[] selectionArgs, String groupBy, String having, String orderBy, String limit)	查询记录
update(String table,ContentValues value,String whereClause, String[] whereArgs)	修改记录
execSQL(String sql)	执行一条 SQL 语句

1. **数据库操作**

1) 创建或打开数据库

openDatabase()方法用于打开指定的数据库，该方法有三个参数，其中：

✧ path：用于指定数据库的路径，若指定数据库不存在，则抛出 FileNotFoundException 异常。

✧ factory：用于构造查询时的游标，若 factory 为 null，则表示使用默认的 factory 构造游标。

✧ flags：用于指定数据库的打开模式。SQLite 定义了四种数据库打开模式。这四种模式分别如下：

　　➤ OPEN_READONLY：以只读的方式打开数据库。

　　➤ OPEN_READWRITE：以可读可写的方式打开数据库。

　　➤ CREATE_IF_NECESSARY：检查数据库是否存在，若不存在则创建数据库。

　　➤ NO_LOCALIZED_COLLATORS：打开数据库时，不按照本地化语言对数据进行排序。

数据库打开模式可以同时指定多个，中间使用"|"进行分隔即可。

使用 openOrCreateDatabase()创建或打开数据库时，数据库默认不按照本地化语言对数据进行排序，其作用与 openDatabase(path,factory,CREATE_IF_NECESSARY)一样。因为创建 SQLite 数据库也就是在文件系统中创建一个 SQLite 数据库的文件，所以应用程序必须对创建数据库的目录有可写的权限，否则会抛出 SQLiteException 异常。

使用 openDatabase()方法打开指定的数据库，代码如下：

```
SQLiteDatabase sqliteDatabase = SQLiteDatabase
        .openDatabase("qdu_Student.db", null, NO_LOCALIZED_COLLATORS);
```

使用 openOrCreateDatabase()方法打开或创建指定的数据库，代码如下：

```
SQLiteDatabase sqliteDatabase = SQLiteDatabase
        .openOrCreateDatabase ("qdu_Student.db", null);
```

2) 删除数据库

android.content.Context.deleteDatabase()方法用于删除指定的数据库，例如在 Activity 中可使用下列代码删除数据库：

```
deleteDatabase("qdu_Student.db");  //删除数据库 qdu_Student.db
```

3) 关闭数据库

关闭数据库的代码如下：

```
sqliteDatabase.close(); //关闭数据库
```

2. **表操作**

1) 创建表

数据库包含多个表，每个表可存储多条记录。创建数据库后，下一步需要创建表。SQLite 没有提供专门的方法创建表，可通过 execSQL()方法并指定 SQL 语句来创建表：

```
String SQL_CT = "CREATE TABLE student (ID INTEGER PRIMARY KEY, "
    + "age INTEGER,name TEXT)";//创建表的 SQL 语句
```

```
sqliteDatabase.execSQL(SQL_CT);//执行该 SQL 语句创建表
```

2) 删除表

通过 execSQL()方法并指定 SQL 语句删除表:

```
String SQL_DROP_TABLE= "DROP TABLE student";//删除表的 SQL 语句
sqliteDatabase.execSQL(SQL_DROP_TABLE); //删除表 student
```

3. 记录操作

1) 插入记录

向表中插入记录有两种实现方式: insert()方法和 execSQL()方法。

◇ insert()方法。可使用 SQLiteDatabase 的 insert()方法向 SQLite 数据库的表中
插入数据,格式如下:

```
insert(String table,String nullColumnHack,ContentValues values)
```

其中:

➢ 第 1 个参数是要插入数据的表的名称。

➢ 第 2 个参数是空列的默认值。

➢ 第 3 个参数是 android.content.ContentValues 类型的对象,它是一个封装了列名
称和列值的 Map,代表一条记录信息。

使用 insert()方法插入记录的代码如下:

```
ContentValues contentValues = new ContentValues();//创建 ContentValues 对象
contentValues.put("ID", 1);//将 ID、age 和 name 放入 contentValues
contentValues.put("age", 26);
contentValues.put("name", "StudentA");
//调用 insert()方法将 contentValues 对象封装的数据插入到 student 表中
sqliteDatabase.insert("student" , null, contentValues);
```

◇ execSQL()方法。使用 execSQL()方法向数据库中插入数据时,需要先编写插
入数据的 SQL 语句,然后再执行 execSQL()方法,代码如下:

```
String SQL_INSERT= "INSERT INTO student (ID,age,name) "
    + "values (1, 26, 'StudentA')";//定义插入 SQL 语句
//调用 execSQL()方法执行 SQL 语句,将数据插入到 student 表中
sqliteDatabase.execSQL(SQL_INSERT);
```

2) 更新记录

与插入记录类似,更新记录也有两种实现方式: update()方法和 execSQL()方法。

◇ update()方法。可使用 SQLiteDatabase 的 update()方法对数据库表中的数据进
行更新,格式如下:

```
update(String table,ContentValues value,String whereClause,
    String[] whereArgs)
```

其中:

➢ 第 1 个参数是要更新数据的表的名称。

➢ 第 2 个参数是更新的记录信息 ContentValues 对象。

➢ 第 3 个参数是更新条件(where 子句)。

➢ 第 4 个参数是更新条件值数组。

以修改 StudentA 的年龄为例，使用 update()更新记录的代码如下：

```
ContentValues contentValues = new ContentValues();//创建 ContentValues 对象
contentValues.put("ID", 1);
contentValues.put("age", 25);
contentValues.put("name", "StudentA");
//调用 update()方法更新 student 表中名为 StudentA 的记录数据
sqliteDatabase.update("student", contentValues, "name=StudentA", null);
```

❖ execSQL()方法。使用 execSQL()方法更新数据时，需先编写更新数据的 SQL 语句，然后执行 execSQL()方法来更新一条记录，代码如下：

```
//定义更新 SQL 语句
String  SQL_UPDATE= "UPDATE student SET age=25 where name='StudentA'";
//调用 execSQL()方法执行 SQL 语句来更新 student 表中的记录
sqliteDatabase.execSQL(SQL_UPDATE);
```

3) 查询记录

使用 SQLiteDatabase 的 query()方法可以查询记录。SQLiteDatabase 提供了 6 种 query()方法用于不同方式的查询，其中常用的 query()方法是：

```
public Cursor query (boolean distinct, String table, String[] columns, String selection, String[] selectionArgs,
String groupBy, String having, String orderBy, String limit);
```

该方法的参数说明如下：

❖ distinct：一个可选的布尔值，用来说明返回的值是否只包含唯一的值。

❖ table：表名称。

❖ columns：列名称数组。

❖ selection：条件 where 子句，可以包含 "?" 通配符，将被参数数组中的值替换。

❖ selectionArgs：参数数组，替换 where 子句中的 "?"。

❖ groupBy：分组列。

❖ having：分组条件。

❖ orderBy：排序类。

❖ limit：一个可选的字符串，用来定义返回的行数的限制，即分页查询限制。

query()方法的返回值是一个 Cursor 游标对象，相当于结果集 ResultSet。游标提供了一种对从表中检索出的数据进行操作的灵活手段，它实际上是一种能从包括多条数据记录的结果集中每次提取一条记录的机制。游标总是与一条 SQL 选择语句相关联，因为游标由结果集(可以是零条、一条或由相关的选择语句检索出的多条记录)和结果集中指向特定记录的游标位置组成。当决定对结果集进行处理时，必须声明一个指向该结果集的游标。Cursor 游标常用的方法如表 6-5 所示。

表 6-5　Cursor 游标常用的方法

方　　法	功　能　描　述
move(int offset)	以当前的位置为基准，将 Cursor 移动到偏移量为 offset 的位置。若移动成功则返回 true，若失败则返回 false。注意 offset 为正值时，游标向前移动；offset 为负值时，游标向后移动
moveToPosition(int position)	将 Cursor 移动到绝对位置 position 位置，若移动成功则返回 true，若失败则返回 false。注意 moveToPosition 移动到一个绝对位置，而 move 移动以当前位置为基准
moveToNext()	将 Cursor 向前移动一个位置，若成功则返回 true，若失败则返回 false。其功能等同于 move (1)
moveToLast()	将 Cursor 移动到最后一条记录，若成功则返回 true，若失败则返回 false。若当前记录数为 count，则其功能等同于 moveToPosition (count)
moveToFisrt()	将 Cursor 移动到第一条记录，若成功则返回 true，若失败则返回 false。其功能等同于 moveToPosition (1)
isBeforeFirst()	判断 Cursor 是否指向第一项数据之前。若指向第一项数据之前，则返回 true；否则返回 false
isAfterLast()	判断 Cursor 是否指向最后一项数据之后。若指向最后一项数据之后，则返回 true；否则返回 false
isClosed()	判断 Cursor 是否关闭。若 Cursor 关闭，则返回 true；否则返回 false
isFirst()	判断 Cursor 是否指向第一项记录
isLast()	判断 Cursor 是否指向最后一项记录
isNull(int columnIndex)	判断指定的位置 columnIndex 的记录是否存在
getCount()	获取当前表的行数即记录总数
getInt(int columnIndex)	获取指定列索引的 int 类型值
getString(int columnIndex)	获取指定列索引的 String 类型值

以查询 StudentA 的记录为例，使用 query()方法查询记录的代码如下：

```
//查询数据，获得游标
Cursor cursor=sqliteDatabase.query(true, "student", null, "name=StudentA", null, null, null,null,null);
    //将游标移动到第一条记录，并判断
    if(cursor.moveToFirst()){
            int id=cursor.getInt(0);//获得列信息
        int age=cursor.getInt(1);
        String name=cursor.getString(3);
        System.out.println(id+":"+age+":"+name);//输出
}
```

4）删除记录

与插入、修改记录相同，删除记录也有如下两种实现方式：

◇　delete()方法。可使用 SQLiteDatabase 的 delete()方法删除数据库表中的表数据，格式如下：

```
delete(String table,String whereClause,String[] whereArgs)
```

其中:

> ➢ 第 1 个参数是要删除的表的名称。
> ➢ 第 2 个参数是删除条件。
> ➢ 第 3 个参数是删除条件参数数组。

以删除 StudentA 的记录为例,使用 delete()方法的代码如下:

```
sqliteDatabase.delete("student","name=?",new String[]{"StudentA"});
```

✧ execSQL()方法。使用 execSQL()方法删除表数据需要先编写删除 SQL 语句,然后再执行 execSQL()方法来完成操作,代码如下:

```
//定义更新 SQL 语句
String SQL_DELETE= "DELETE FORM student where name='StudentA'";
//调用 execSQL()方法执行 SQL 语句来更新 student 表中的记录
sqliteDatabase.execSQL(SQL_DELETE);
```

6.4.3 SQLiteOpenHelper

SQLiteOpenHelper 是 SQLiteDatabase 的一个帮助类,用来管理数据库的创建和版本更新。通过实现 SQLiteOpenHelper,可以隐藏那些用于决定一个数据库在被打开之前是否需要被创建或者升级的逻辑。一般用法是定义一个类继承 SQLiteOpenHelper,并实现 onCreate()和 onUpgrade()两个方法。SQLiteOpenHelper 类的常用方法如表 6-6 所示。

表 6-6 SQLiteOpenHelper 类的常用方法

方 法	功 能 描 述
SQLiteOpenHelper(Context context,String name, SQLiteDatabase.CursorFactory,int version)	构造函数,第二个参数是数据库名称
onCreate(SQLiteDatabase db)	创建数据库时调用
onUpgrade(SQLiteDatabase db,int oldVersion,int newVersion)	更新版本时调用
getReadableDatabase()	创建或打开一个只读数据库
getWritableDatabase()	创建或打开一个读写数据库

【示例 6.3】 使用 SQLiteOpenHelper 实现音乐播放列表的添加、删除和查询功能,训练对数据库的认知和运用,培养工程实践能力。

(1) 创建一个数据库工具类 DBHelper,该类继承 SQLiteOpenHelper,重写 onCreate()和 onUpgrade()方法,并添加 insert()、delete()、query()方法,分别实现数据的添加、删除和查询。DBHelper 类的代码如下:

```
public class DBHelper extends SQLiteOpenHelper {
    private static final String DB_NAME = "music.db";//数据库名称
    private static final String TBL_NAME = "MusicTbl";//表名
    private SQLiteDatabase db;//声明 SQLiteDatabase 对象
    //构造函数
    DBHelper(Context c) {
        super(c, DB_NAME, null, 2);
```

```
        }
        @Override
        public void onCreate(SQLiteDatabase db) {
                //获取 SQLiteDatabase 对象
                this.db = db;
                //创建表
        String CREATE_TBL = "create table MusicTbl(_id integer primary " +
"key autoincrement,name text,singer text) ";
                db.execSQL(CREATE_TBL);
        }
        //插入
        public void insert(ContentValues values) {
                SQLiteDatabase db = getWritableDatabase();
                db.insert(TBL_NAME, null, values);
                db.close();
        }
        //查询
        public Cursor query() {
                SQLiteDatabase db = getWritableDatabase();
                Cursor c = db.query(TBL_NAME, null, null, null, null, null,null);
                return c;
        }
        //删除
        public void del(int id) {
                if (db == null)
                        db = getWritableDatabase();
                db.delete(TBL_NAME, "_id=?",new String[]{ String.valueOf(id) });
        }
        //关闭数据库
        public void close() {
                if (db != null)
                        db.close();
        }
        @Override
        public void onUpgrade(SQLiteDatabase db, int oldVersion,
                int newVersion) {

        }
}
```

(2) 创建添加音乐的 AddMusicActivity，该类的界面中提供了两个文本框和一个按钮，用于输入音乐名和歌手名，当单击"添加"按钮时，将数据插入到表中，具体代码如下：

```
public class AddActivity extends Activity {
    private EditText et1, et2;
    private Button b1;
    @Override
    public void onCreate(Bundle savedInstanceState) {
        super.onCreate(savedInstanceState);
        setContentView(R.layout.add);
        this.setTitle("添加收藏信息");
        et1 = (EditText) findViewById(R.id.EditTextName);
        et2 = (EditText) findViewById(R.id.EditTextSinger);
        b1 = (Button) findViewById(R.id.ButtonAdd);
        b1.setOnClickListener(new OnClickListener() {
            public void onClick(View v) {
                //获取用户输入的文本信息
                String name = et1.getText().toString();
                String singer = et2.getText().toString();
                //创建 ContentValues 对象，封装记录信息
                ContentValues values = new ContentValues();
                values.put("name", name);
                values.put("singer", singer);

                //创建数据库工具类 DBHelper
                DBHelper helper = new
                        DBHelper(getApplicationContext());
                //调用 insert()方法插入数据
                helper.insert(values);
                //跳转到 QueryActivity，显示音乐列表
                Intent intent = new Intent(AddActivity.this,
                        QueryActivity.class);
                startActivity(intent);
            }
        });
    }
}
```

当单击"添加"按钮时，上述代码先将用户输入的音乐名和歌手信息封装到 ContentValues 对象中，再调用 DBHelper 的 insert()方法将记录插入到数据库中，然后跳转到 QueryActivity 来显示音乐列表。

(3) 创建显示音乐列表的 QueryActivity，具体代码如下：

```
public class QueryActivity extends ListActivity {
        //列表视图
        private ListView listView =null;
        @Override
        public void onCreate(Bundle savedInstanceState) {
                super.onCreate(savedInstanceState);
                this.setTitle("浏览音乐列信息");
                final DBHelper helpter = new DBHelper(this);
                //查询数据，获取游标
                Cursor c = helpter.query();
                //列表项数组
                String[] from = { "_id", "name", "singer" };
                //列表项 ID
                int[] to = { R.id.text0, R.id.text1, R.id.text2 };
                //适配器
                SimpleCursorAdapter adapter = new SimpleCursorAdapter(this,
                                R.layout.row, c, from, to);//为列表视图添加适配器
                listView.setAdapter(adapter);
                //提示对话框
                final AlertDialog.Builder builder=new AlertDialog.Builder(this);
                //设置 ListView 单击监听器
                listView.setOnItemClickListener(new OnItemClickListener() {
                        @Override
                        public void onItemClick(AdapterView<?> arg0,View arg1,int arg2,long arg3) {
                                final long temp = arg3;
                                builder.setMessage("真的要删除该记录吗？")
                                        .setPositiveButton("是",
                                                new DialogInterface.OnClickListener() {
                                                        public void onClick(DialogInterface
                                                dialog,int which) {
                                                                //删除数据
                                                                helpter.del((int) temp);
                                                                //重新查询数据
                                                                Cursor c = helpter.query();
                                                String[] from={"_id","name","singer"};
                                                int[] to={R.id.text0,R.id.text1,R.id.text2};
                                                SimpleCursorAdapter adapter
                                                = new SimpleCursorAdapter(
                                                        getApplicationContext(),R.layout.row,
```

```
                                         c, from, to);
                            listView.setAdapter(adapter);
                                         }
                            }).setNegativeButton("否",null);
                   AlertDialog ad = builder.create();
                   ad.show();

                   }
            });
            helpter.close();
      }
}
```

SQLiteOpenHelper

上述代码中，调用 DBHelper 的 query()方法查询数据库并返回一个 Cursor 游标，然后使用 SimpleCursorAdapter 适配器将数据绑定到 ListView 控件上，并在 ListView 控件上注册单击监听器。当单击一条记录时，显示一个警告对话框提示是否删除，单击"是"则调用 DBHelper 的 del()方法删除指定记录信息。

运行程序，添加音乐信息，如图 6-6 所示。

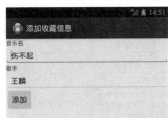
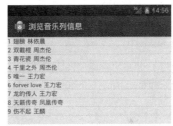

图 6-6　添加音乐记录

在音乐列表页面中单击一条记录，弹出警告对话框，删除一条记录，如图 6-7 所示。

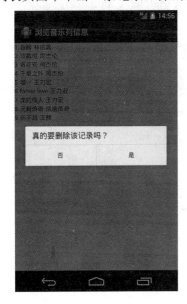

图 6-7　删除音乐记录

6.5　**数据共享** ContentProvider

ContentProvider(内容提供器)是所有应用程序之间数据存储和检索的一个桥梁，其作用是使各个应用程序之间实现数据共享。

6.5.1　ContentProvider

ContentProvider 是 Android 提供的应用组件，定义在 android.content 包下面，通过这个组件可访问 Android 提供的应用数据(如联系人列表)。作为应用程序之间唯一的共享数据的途径，ContentProvider 的主要功能是存储、检索数据并向应用程序提供访问数据的接口。Android 系统为一些常见的应用(如音乐、视频、图像、联系人列表等)定义了相应的ContentProvider，它们被定义在 android.provider 包下。需要特别指出的是，只有在AndroidManifest.xml 配置文件中添加许可，才能访问 ContentProvider 中的数据。ContentProvider 的常用方法如表 6-7 所示。

表 6-7　ContentProvider 的常用方法

方　　法	功　能　描　述
insert(Uri,ContentValues)	插入数据
delete(Uri,String,String[])	删除数据
update(Uri,ContentValues,String,String[])	更新数据
query(Uri,String[],String,String[],String)	查询数据
getType(Uri)	获得 MIME 数据类型
onCreate()	创建 ContentProvider 时调用
getContext()	获得 Context 对象

定义一个 ContentProvider 必须实现 insert()、delete()、update()、query()和 getType()这几个操作数据的抽象方法。

在 ContentProvider 中，数据模型和 URI 是两个重要概念，详细内容如下所述。

1. 数据模型

ContentProvider 将其存储的数据以数据表的形式提供给访问者。在数据表中每一行为一条记录，而每一列为具有特定类型和意义的字段。每一条数据记录都包括一个"_ID"数据列，该字段唯一标识一个记录。

2. URI

每一个 ContentProvider 都对外提供一个自身数据集的唯一标识，这个唯一标识就是URI。若一个 ContentProvider 管理多个数据集，则这个 ContentProvider 将会为每个数据集分配一个独立且唯一的 URI。所有的 ContentProvider 的 URI 都以"content://"开头，其中"content:"用来标识 ContentProvider 所管理的 schema。

URI 的一般格式如下：

content://数据路径/标识 ID(可选)

例如：

content://media/internal/images　（该 URI 返回设备上存储的所有图片）

content://contacts/people/5　　　（该 URI 返回 ID 为 5 的联系人信息）

Android 中使用 Uri 类来定义 URI，例如：

Uri uri = Uri.parse("content://media/internal/images");

Uri uri = Uri.parse("content://contacts/people/5");

URI 后面可以加上记录的 ID 值，Android 提供了以下两种方法用于在 URI 后扩展一个记录的 ID：

（1）withAppendedId()：该方法是 ContentUris 类的方法。除了 withAppendedId()方法之外，ContentUris 还提供了 parseId()方法用于从路径中获取 ID 部分。使用 ContentUris 的方法来添加和获取 ID 的代码如下：

Uri uri = Uri.parse("content://qdu.edu/student");

Uri resultUri = ContentUris.withAppendedId(uri, 3);

//生成后的 Uri 为 content://qdu.edu/student/3

Uri uri = Uri.parse("content:/qdu.edu/student/3") ;

long personid = ContentUris.parseId(uri); //获取的结果为 3

（2）withAppendedPath()：该方法是 URI 类的方法。通过该方法可以很简单地在 URI 后扩展一个 ID。比如要在联系人数据库中查找记录 41，代码如下：

Uri uri= Uri.withAppendedPath(Contacts.CONTENT_URI, 41);

几乎所有的 ContentProvider 的操作都会用到 URI，因此通常将 URI 定义为常量，例如 android.provider.ContactsContract.Contacts.CONTENT_URI 就是联系人列表的 CONTENT_URI 常量，这样在简化开发的同时也提高了代码的可维护性。

6.5.2　ContentResolver

应用程序不能直接访问 ContentProvider 中的数据，可通过 Android 系统提供的 ContentResolver(内容解析器)来间接访问。ContentResolver 提供了对 ContentProvider 的数据进行查询、插入、修改和删除等操作的方法，在开发过程中是间接地通过操作 ContentResolver 来操作 ContentProvider 的。通常 ContentProvider 是单实例的，但可以有多个 ContentResolver 在不同的应用程序和不同的进程之间与 ContentProvider 进行交互。

每个应用程序的上下文都有一个 ContentResolver 实例，可以使用 getContentResolver() 方法获取该实例对象，代码如下：

ContentResolver cr=getContentResolver();

1．查询

使用 ContentResolver 的 query()方法查询数据与 SQLite 查询一样，返回一个指向结果集的游标 Cursor，代码如下：

ContentResolver resolver = getContentResolver();//获取 ContentResolver 对象

Cursor cursor=resolver.query(Contacts.CONTENT_URI,null, null, null, null);

 使用 Activity 的 managedQuery()方法也可以查询 ContentProvider 中的数据，与 ContentResolver 的 query()方法类似，它们的第一个参数都是 ContentProvider 的 CONTENT_URI

常量。这个常量用来标识某个特定的 ContentProvider 和数据集。query()和 managedQuery()方法都返回一个 Cursor 对象。两者之间的唯一区别是：Activity 可使用 managedQuery()方法来管理 Cursor 的生命周期，然而 ContentResolver 无法通过 query() 方法来管理 Cursor 的生命周期。

2. 插入

使用 ContentResolver.insert()方法向 ContentProvider 中增加一个新的记录时，需要先将新记录的数据封装到 ContentValues 对象中，然后调用 ContentResolver.insert()方法。insert()方法将返回一个 URI，该 URI 的内容是由 ContentProvider 的 URI 加上该新记录的扩展 ID 得到的，可以通过该 URI 对该记录作进一步的操作，代码如下：

```
ContentValues contentValues = new ContentValues();
values.put(Contacts._ID, 1);//联系人 ID
contentValues .put(Contacts.DISPLAY_NAME, "zhangsan");//联系人名
//获取 ContentResolver 对象
ContentResolver resolver = getContentResolver();
Uri uri = resolver.insert(Contacts.CONTENT_URI, contentValues);//插入
```

3. 删除

如果要删除单个记录，可以调用 ContentResolver.delete()方法，通过给该方法传递一个特定行的 URI 参数来实现删除操作。如果要对多行记录执行删除操作，就需要给 delete()方法传递需要被删除的记录类型的 URI 以及一个 where 子句来实现多行删除，代码如下：

```
//获取 ContentResolver 对象
ContentResolver resolver = getContentResolver();
//删除单个记录
resolver.delete(Uri.withAppendedPath(Contacts.CONTENT_URI,41),null, null);
//删除前 5 行记录
resolver.delete(Contacts.CONTENT_URI,"_id<5", null);
```

4. 更新

使用 ContentResolver.update()方法实现记录的更新操作，代码如下：

```
ContentValues contentValues = new ContentValues();//创建一个新值
contentValues .put(Contacts.DISPLAY_NAME, "zhangsan");
//获取 ContentResolver 对象
ContentResolver resolver = getContentResolver();
//更新
resolver.update(Contacts.CONTENT_URI,contentValues, "_id=5",null);
```

6.5.3 ContentProvider 应用

【示例 6.4】 使用 ContentProvider 访问联系人信息，训练对 Android 系统数据库的访问和增、删、改、查操作，培养工程实践能力。

CPActivity 程序代码如下：

```
public class CPActivity extends Activity {
        Uri contact_uri = Contacts.CONTENT_URI;//联系人的 URI
        TextView textview; //声明 TextView 对象
        int textcolor = Color.BLACK; //定义文本颜色
        public void onCreate(Bundle savedInstanceState) {
                super.onCreate(savedInstanceState);
                //根据 main.xml 设置程序 UI
                setContentView(R.layout.main);
                textview = (TextView) findViewById(R.id.textview);
                //调用 getContactInfo()方法获取联系人的信息
                String result = getContactInfo();
                //设置文本框的颜色
                textview.setTextColor(textcolor);
                //定义字体大小
                textview.setTextSize(20.0f);
                //设置文本框的文本
                textview.setText("记录\t 名字\n" + result);
        }
        //getContactInfo()获取联系人列表的信息，返回 String 对象
        public String getContactInfo() {
                String result = "";
                ContentResolver resolver = getContentResolver();
                Cursor cursor = resolver.query(contact_uri,null,null,null,null);
                //获取_ID 字段的索引
                int idIndex = cursor.getColumnIndex(Contacts._ID);
                //获取 Name 字段的索引
                int nameIndex = cursor.getColumnIndex(Contacts.DISPLAY_NAME);
                cursor.moveToFirst();//遍历 Cursor 提取数据
                for(;!cursor.isAfterLast();cursor.moveToNext()){
                        result = result + cursor.getString(idIndex) + "\t\t\t";
                        result = result + cursor.getString(nameIndex) + "\t\n";
                }
                cursor.close();//使用 close 方法关闭游标
                return result; //返回结果
        }
}
```

ContentProvider 的应用

　　上述实例使用 ContentProvider 访问联系人信息。在 Android 中，用户可使用 Contacts 应用来添加、修改、编辑以及删除联系人。在桌面上有联系人应用图标，单击该应用程序则进入联系人列表页面，如图 6-8 所示。

在联系人中可以添加新联系人，如图 6-9 所示，添加了 3 个联系人信息。

图 6-8　Contacts 应用
图 6-9　联系人列表

Contacts 对应一个 SQLite 数据库，用于存放联系人信息。因而对 Contacts 的操作结果最终要存储到一个 SQLite 数据库中，其路径位于 "/data/data/com.android.provides.contacts/databases" 的目录下，如图 6-10 所示。

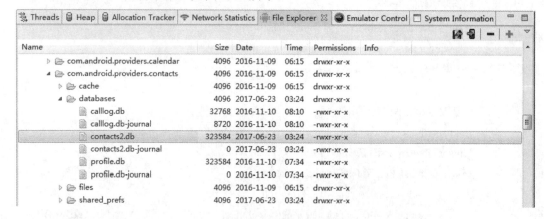

图 6-10　Contacts 数据库

本实例使用 ContentResolver 来实现联系人的查询，ContentResolver 提供了 query() 方法来查询 ContentProvider 中的数据。执行完 query() 方法后，会返回一个游标对象。可通过该对象获取表对应字段的索引，然后使用游标的 getXXX() 方法获取该索引对应的值。注意要让程序能够读取 Contacts 信息，必须在配置文件 AndroidManifest.xml 中添加如下权限：

```
<uses-permission android:name="android.permission.READ_CONTACTS" />
```

运行程序，屏幕上显示终端设备中所有联系人记录的 ID 以及名字，如图 6-11 所示。

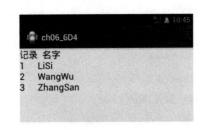

图 6-11 联系人记录

本 章 小 结

通过本章的学习，读者应该能够学会：

◇ Preference 提供了一种轻量级的数据存储方式，以"key-value"对方式将数据保存在一个 XML 配置文件中。

◇ 通 过 Context.openFileInput() 方 法 可 以 获 取 标 准 的 文 件 输 入 流 (FileInputStream)，读取设备上的文件；通过 Context.openFileOuput()方法可以获取标准的文件输出流(FileOutputStream)。

◇ Android 中通过 SQLite 数据库实现结构化数据存储。

◇ SQLiteOpenHelper 是 SQLiteDatabase 的一个帮助类，用来管理数据库的创建和版本更新。

◇ ContentProvider(内容提供器)是所有应用程序之间数据存储和检索的一个桥梁，其作用就是使得各个应用程序之间实现数据共享。

◇ Android 系统为一些常见的应用(如音乐、视频、图像、联系人列表等)定义了相应的 ContentProvider，它们都被定义在 android.provider 包下。

本 章 练 习

1. 适合结构化数据存储的是_____。

A．Preference

B．文件方式

C．SQLite

D．网络

2. 可以存储为 XML 文件的存储方式是_____。

A．Preference

B．文件方式

C．SQLite

D．网络

3. 关于 Android 数据存储的说法，不正确的是_____。

A．Preference 适合小数据量的存储

B．文件存储方式适合大文件存储

C．SQLite 适合嵌入式设备进行数据存储

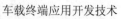

  D．Android 的文件存储无法使用标准 Java(Java SE)中的 IO 机制

4．关于 SQLite 的说法，不正确的是_____。

  A．SQLite 不支持事务

  B．SQLite 只能用于 Android 系统

  C．SQLite 不支持完整的 SQL 规范

  D．SQLite 允许网络访问

5．Android 的四种数据存储机制是_____、_____、_____、_____。

6．编写代码，读取所有的联系人信息，并存储在自定义的 SQLite 表中。

7．使用 SQLite 实现个人信息管理系统，个人信息包括姓名、年龄、性别以及学历。

第 7 章　通信开发

本章目标

- 了解 Android 中网络通信的方式。

- 理解 Socket、ServerSocket 的原理及常用方法。

- 掌握使用 Socket 和 ServerSocket 进行网络通信。

- 掌握 HttpURLConnection 的使用。

- 理解 Wi-Fi、Bluetooth 的概念及实现原理。

- 理解管理终端 Wi-Fi、Bluetooth 开关与配对。

- 理解通过 Bluetooth 进行设备终端间通信。

- 理解推进 5G、蓝牙等前沿无线通信技术与车载终端设备深度融合的必要性。

7.1　通信方式简介

移动无线网络技术为人们的通信提供了太多的方便，比如无线高速联网、视频通话、热点搜索、车载多媒体、移动社交等。无线网络的迅猛发展，使人们不必受时间和空间的限制，可以随时随地进行数据交换、获取服务等，以此来实现远程监管、遥控、数据处理等功能。"十四五"开局以来，在党中央持续强调推动制造业高端化、智能化，加快发展物联网的号召下，将 5G、蓝牙等前沿无线通信技术与车载终端设备深度融合，实现智慧城市基础设施与智能网联汽车协同发展，构建"车路一体"智能化交通，建设高效顺畅的流通体系，成为未来智能交通体系的建设方向。因此，网络通信功能日益成为车载终端系统中尤为重要的核心功能。

网络通信包含三部分内容：发送方、接收方以及协议栈。发送方和接收方是参与通信的主体，协议栈是发送方和接收方进行通信的规约。按照服务类型，网络通信可分为面向连接和无连接两种方式。面向连接是在通信前建立通信链路，而通信结束后释放该链路；无连接方式则不需要在通信前建立通信连接，这种方式不保证传输的质量。

Android 提供了多种网络通信方式，Java 中所提供的网络编程，在 Android 中都得到了支持。Android 中常用的通信方式如下：

◇　针对 TCP/IP 协议的 Socket 和 ServerSocket。
◇　针对 HTTP 协议的网络编程，如 HttpURLConnection 和 HttpClient。
◇　针对移动终端的通信技术，如 Wi-Fi 和 Bluetooth(蓝牙)。

7.2　Socket 通信

Socket 通信是指双方采用 Socket 机制交换数据。Socket 是比较底层的网络编程方式，其他的高级协议，如 HTTP 都是建立在此基础之上的，而且 Socket 是跨平台的编程，可以在异构语言之间进行通信，所以掌握 Socket 网络编程是掌握其他网络编程方式的基础。

7.2.1　Socket 和 ServerSocket

Socket 通常也称作套接字，用来描述通信链的句柄：IP 地址和端口。通过套接字，应用程序之间可传输信息。常见的网络通信协议有 TCP 和 UDP 两种。TCP 协议是可靠的、面向连接的协议，这种方式需要在通信前建立通信双方的连接链路，而通信结束后又释放该链路。而 UDP 数据报协议是不可靠的、无连接的协议，这种协议不需要在通信前建立通信双方的连接。因而 UDP 使用可靠性来换取传输开销，其传输开销比 TCP 小。

java.net 包中提供了两个 Socket 类：

◇　java.net.Socket 是客户端的 Socket 对应的类。
◇　java.net.ServerSocket 是服务器端的 Socket 对应的类，这个类表示一个等待客户端连接的服务器端套接字。

1．Socket 类

Socket 类常用的方法如表 7-1 所示。

表 7-1　Socket 常用方法

方　法	功　能　描　述
Socket(String host ,int port)	Socket 的构造方法。该构造方法带两个参数，用于创建一个到主机 host、端口号为 port 的套接字，并连接到远程主机
bind(SocketAddress localAddr)	将该 Socket 同参数 localAddr 指定的地址和端口绑定
InetAddress getInetAddress()	获取该 Socket 连接的目标主机的 IP 地址
synchronized int getReceiveBufferSize()	获取该 Socket 的接收缓冲区的尺寸
synchronized void close()	关闭 Socket
InputStream getInputStream()	获取该 Socket 的输入流，这个输入流用来读取数据
boolean isConnected()	判断该 Socket 是否连接
boolean isOutputShutdown()	判断该 Socket 的输出管道是否关闭
boolean isInputShutdown()	判断该 Socket 的输入管道是否关闭
SocketAddress getLocalSocketAddress()	获取此 Socket 的本地地址和端口
int getPort()	获取端口号

一般情况下，Socket 的工作步骤如下：

(1) 根据指定地址和端口创建一个 Socket 对象。

(2) 调用 getInputStream()方法或 getOutputStream()方法打开连接到 Socket 的输入/输出流。

(3) 客户端与服务器根据一定的协议交互，直到关闭连接。

(4) 关闭客户端的 Socket。

下述代码片段是一个典型的创建客户端 Socket 的过程。

```
try {
        Socket socket = new Socket("127.0.0.1", 4700);//端口号与服务器端对应
} catch (IOException ioe)
{

        System.out.println("Error:" + ioe);

} catch(UnknownHostException uhe)
{

        System.out.println("Error:" + uhe);

}
```

2．ServerSocket 类

ServerSocket 用于监听在特定端口的 TCP 连接，当客户端的 Socket 试图与服务器指定

端口建立连接时，服务器被激活，判定客户程序的连接，一旦客户端与服务器建立了连接，则两者之间就可以相互传送数据。

ServerSocket 常用方法如表 7-2 所示。

表 7-2　ServerSocket 常用方法

方　　法	功　能　描　述
ServerSocket(int port)	ServerSocket 构造方法
Socket accept()	等待客户端的连接，当客户端请求连接时，返回一个 Socket
void close()	关闭服务器 Socket
SocketAddress getLocalSocketAddress()	获取此 Socket 的本地地址和端口
int getLocalPort()	获取端口号
InetAddress getInetAddress()	获取该 Socket 的 IP 地址
boolean isClosed()	判断连接是否关闭
void setSoTimeout(int timeout)	设置 accept 的超时时间

在 Android Studio 环境下，搭建服务器端，即选择 File->New->New Project(选择 add no Activity)，然后右击创建 Java Class 文件并编写代码。服务端的运行方法是：在 Java 文件上右键选择 Run‘XXX.main()’。

一般情况下，ServerSocket 的工作步骤如下：

(1) 根据指定端口创建一个新的 ServerSocket 对象。

(2) 调用 ServerSocket 的 accept()方法，在指定的端口监听到来的连接。accept()一直处于阻塞状态，直到有客户端试图建立连接。这时 accept()方法返回连接客户端与服务器的 Socket 对象。

(3) 调用 getInputStream()方法或 getOutputStream()方法建立与客户端交互的输入/输出流。

(4) 服务器与客户端根据一定的协议交互，直到关闭连接。

(5) 关闭服务器端的 Socket。

(6) 回到第(2)步，继续监听下一次连接。

下述代码片段是一个典型的创建服务器端 ServerSocket 的过程。

```
ServerSocket server = null;
try {
        //创建一个 ServerSocket 在端口 4700 监听客户请求
        server = new ServerSocket(4700);
} catch (IOException e) {
        System.out.println("can not listen to :" + e);
}
Socket socket = null;
try {
        //accept()是一个阻塞方法，一旦有客户请求,
```

```
//它就会返回一个 Socket 对象用于同客户进行交互
        socket = server.accept();
} catch (IOException e) {
        System.out.println("Error:" + e);
}
```

7.2.2　Socket 应用

【示例 7.1】　使用 Socket 和 ServerSocket 实现一个简易聊天室。

使用 Socket 进行双方通信至少需要实现服务器端和客户端两部分。按照在 Android Studio 环境下搭建服务器端的步骤，编写以下代码：

```
public class Server {
        private int ServerPort = 9898; // 定义端口

        private ServerSocket serversocket = null; // 声明服务器套接字

        private OutputStream outputStream = null; // 声明输出流

        private InputStream inputStream = null; // 声明输入流

        // 声明 PrintWriter 对象，用于将数据发送给对方

        private PrintWriter printWriter = null;

        private Socket socket = null; // 声明套接字，注意同服务器套接字不同

        // 声明 BufferedReader 对象，用于读取接收的数据

        private BufferedReader reader = null;


        /* Server 类的构造方法 */

        public Server() {

                try {

                        // 根据指定的端口号，创建套接字

                        serversocket = new ServerSocket(ServerPort);

                        System.out.println("服务启动...");

                        // 用 accept 方法等待客户端的连接

                        socket = serversocket.accept();

                        System.out.println("客户已连接...\n");

                } catch (Exception ex) {

                        ex.printStackTrace(); // 打印异常信息

                }


                try {

                        // 获取套接字输出流

                        outputStream = socket.getOutputStream();

                        // 获取套接字输入流
```

```
                inputStream = socket.getInputStream();
        // 根据 outputStream 创建 PrintWriter 对象
        printWriter = new PrintWriter(outputStream, true);
        // 根据 inputStream 创建 BufferedReader 对象
        reader = new BufferedReader(new
                InputStreamReader(inputStream));
        // 根据 System.in 创建 BufferedReader 对象
        BufferedReader in = new BufferedReader(new
                        InputStreamReader(System.in));
        while (true) {
            // 读客户端的传输信息
            String message = reader.readLine();
            // 将接收的信息打印出来
            System.out.println("Client: " + message);
            // 若消息为 Bye 或者 bye，则结束通信
            if (message.equals("Bye") || message.equals("bye"))
                    break;
            System.out.print("Service：");
            message = in.readLine();// 接收键盘输入
            printWriter.println(message); // 将输入的信息向客户端输出
        }
        outputStream.close(); // 关闭输出流
        inputStream.close(); // 关闭输入流
        socket.close(); // 关闭套接字
        serversocket.close(); // 关闭服务器套接字
        System.out.println("Client is disconnected");
    } catch (Exception e) {
        e.printStackTrace(); // 打印异常信息
    } finally {


    }
}


/* 程序入口，程序从 main 方法开始执行 */
public static void main(String[] args) {
    new Server();
}
}
```

    上述代码作为服务器端等待客户端的连接，运行在 Windows 系统中，而不是在

Android 系统中。客户端 ClientActivity 的代码如下：

```java
public class ClientActivity extends Activity{
        // 声明文本视图 chatmessage，用于显示聊天记录
        private TextView chatmessage = null;
        // 声明编辑框 sendmessage，用于用户输入短信内容
        private EditText sendmessage = null;
        // 声明按钮 send_button，发送短信按钮
        private Button send_button = null;
        private static final String HOST = "192.168.1.108"; // 服务器的 IP 地址
        private static final int PORT = 9898; // 服务器端口号
        private Socket socket = null; // 声明套接字类，传输数据
        // 声明 BufferedReader 类，读取接收的数据
        private BufferedReader bufferedReader = null;
        // 声明 printWriter 类，用于将数据发送给对方
        private PrintWriter printWriter = null;
        private String string = ""; // 声明字符串变量

        public void onCreate(Bundle savedInstanceState) {
                super.onCreate(savedInstanceState);
                setContentView(R.layout.activity_main);
                chatmessage = (TextView) this.findViewById(R.id.chatmessage);
                sendmessage = (EditText) this.findViewById(R.id.sendmessage);
                send_button = (Button) this.findViewById(R.id.SendButton);

                initSocket();
                /* 注册 send_button 的鼠标单击监听器。当单击按钮时，发送指定的信息 */
                send_button.setOnClickListener(new Button.OnClickListener() {
                        public void onClick(View view) {
                                // 获取输入框的内容
                                String message = sendmessage.getText().toString();
                                // 清空 sendmessage 的内容以便下次输入
                                sendmessage.setText("");
                                chatmessage.setText(chatmessage.getText().toString()
+ "\n"+ "Client: " + message);
                                sendMsg(message);// 发送消息
                        }
                });

        }
```

```
/**
 * 发送消息
 *
 * @param message
 */
protected void sendMsg(final String message) {
        new Thread(new Runnable() {

                @Override
                public void run() {
                        // 判断 socket 是否连接
                        if (socket.isConnected()) {
                                if (!socket.isOutputShutdown()) {
                                        // 将输入框内容发送到服务器
                                        printWriter.println(message);
                                }
                        }
                }
        }).start();
}


/**
 * 初始化 Socket
 */
private void initSocket() {
        new Thread(new Runnable() {

                @Override
                public void run() {
                        try {
                                // 指定 IP 和端口号创建套接字
                                socket = new Socket(HOST, PORT);
                                // 使用套接字的输入流构造 BufferedReader 对象
                                bufferedReader = new BufferedReader(new
                                InputStreamReader(socket.getInputStream()));
                                // 使用套接字的输出流构造 PrintWriter 对象
                                printWriter = new PrintWriter(
                                        new BufferedWriter(
```

```
                                    new OutputStreamWriter(
                                        socket.getOutputStream())),true);
                    // 连接成功后，启动客户端监听
                    if (socket != null) {
                        while (true) {
                    // 若套接字同服务器的连接存在且输入流存在，则发送消息
                            if (socket.isConnected()) {
                            if (!socket.isInputShutdown()) {
                                    if ((string =
                                    bufferedReader.readLine()) != null) {
                                        Log.i("TAG", "++ " + string);
                                        string += " ";
                                        handler.sendEmptyMessage(1);
                                    } else {
                                        // TODO
                                    }
                                }
                            }
                        }
                    }


                    } catch (Exception e) {
                        e.printStackTrace(); // 打印异常
                        // 调用 CreateDialog()方法生成对话框
                        CreateDialog(e.getMessage());
                    }
                }
        }).start();

}

/* CreateDialog 产生对话框 */
public void CreateDialog(String msmessage) {
    android.app.AlertDialog.Builder builder =
        new AlertDialog.Builder(this);
    // 首先获取 AlertDialog 的 Builder 类，该 Builder 对象用于构造对话框
    builder.setTitle("异常"); // 指定对话框的标题
    builder.setMessage(msmessage); // 设置显示的信息
```

```
            builder.setPositiveButton("Yes",null);   // 设置 PositiveButton 的名称
            builder.setNegativeBntton{"No", null};  // 设置 NegativeButton 的名称
            builder.show(); // 显示对话框
        }

        public Handler handler = new Handler() {
            public void handleMessage(Message msg) {
                if (msg.what == 1) {
                    Log.i("TAG", "-- " + msg);
                    chatmessage.setText(chatmessage.getText().toString()
                        +"\n"+ "Server: " + string);
                }
            }
        };
}
```

Socket 应用

上述代码作为客户端运行在 Android 系统中，客户端通过套接字绑定服务器端的 IP 地址和端口号。注意：这里的 IP 地址是服务器端的 IP 地址，即使服务器端和 Android 的模拟器在同一机器上运行，也不能使用回环地址(127.0.0.1)作为服务器的 IP 地址，否则指定回环地址，程序会出现拒绝连接的错误。

对于服务器端的消息，使用 Handler 消息处理机制，这种处理机制是异步的。对于发送和接收信息，Handler 有不同的处理方式，向消息队列发送消息时会立即返回，而从消息队列中接收消息时会阻塞。其中读取消息时会执行 Handler 中的 handleMessage(Message msg)方法，因此在创建 Handler 时应该重写该方法，在该方法中写上读取到消息后的操作，使用 Handler 的 obtainMessage()来获得消息对象。

要让客户端能够访问服务器，必须在 AndroidManifest. xml 配置文件中增加如下权限：

```
<uses-permission  android:name="android.permission.INTERNET"
/>
```

先启动 Server 服务器，再运行客户端 ClientActivity 程序，在客户端界面的文本框中输入信息并单击"发送"按钮，信息会发送给服务器；在服务器端通过键盘输入返回信息，这样服务器与客户端就可以通信。客户端的显示结果如图 7-1 所示。

图 7-1　客户端显示结果

服务器端的输出内容如下：

```
服务启动...

客户已连接...


Client: 1111
```

Service：2222

Client：3333

Service：4444

 　　这里需要特别注意的是：① Android 中所有访问网络的操作必须在新的线程中执行，不能直接在主线程(UI 线程)中执行；② 不能在主线程之外的其他线程更新 UI，可以通过 Handler 来更新 UI。

7.3　HTTP 网络编程

HTTP 协议是互联网上使用最为广泛的通信协议，随着车载移动互联网时代的来临，基于 HTTP 的新兴移动终端的应用也更加广泛。在 Android 中针对 HTTP 进行网络通信有以下两种方式：

(1) HttpURLConnection。

(2) Apache HTTP 客户端组件 HttpClient。

谷歌的 Android 开发人员称，HttpURLConnection 是一种多用途、轻量级的 HTTP 客户端，使用它来进行 HTTP 操作适用于大多数的应用程序。虽然 HttpURLConnection 的 API 比较简单，但同时这也使得我们可以更加容易地去使用和扩展它。在 Android 2.2 版本之前，HttpClient 拥有较少的 bug；而在 Android2.3 版本及以后，HttpURLConnection 则是最佳的选择，它的 API 简单，体积较小，因而非常适用于 Android 项目。压缩和缓存机制可以有效地减少网络访问的流量，在提升速度和省电方面也起到了较大的作用。对于新的应用程序应该更加偏向于使用 HttpURLConnection，谷歌也将更多的时间放在优化 HttpURLConnection 上面。所以，本书选择介绍 HttpURLConnection 的使用方法。

如果网上某个资源 URL 是基于 HTTP 的，则可以使用 java.net.HttpURLConnection 进行请求和响应。每个 HttpURLConnection 实例都可用于生成单个请求，可以透明地共享连接到 HTTP 服务器的基础网络。HttpURLConnection 常用方法如表 7-3 所示。

表 7-3　HttpURLConnection 常用方法

方　法	功　能　描　述
InputStream getInputStream()	返回从此打开的连接读取的输入流
OutputStream getOutputStream()	返回写入到此连接的输出流
String getRequestMethod()	获取请求方法
int getResponseCode()	获取状态码，如 HTTP_OK、HTTP_UNAUTHORIZED
void setRequestMethod(Stringmethod)	设置 URL 请求的方法
void setDoInput(booleandoinput)	设置输入流，如果使用 URL 连接进行输入，则将 DoInput 标志设置为 true(默认值)；如果不打算使用，则设置为 false
void setDoOutput(booleandooutput)	设置输出流，如果使用 URL 连接进行输出，则将 DoOutput 标志设置为 true；如果不打算使用，则设置为 false(默认值)
void setUseCaches(booleanusecaches)	设置连接是否使用任何可用的缓存
void disconnect()	关闭连接

HttpURLConnection 是一个抽象类，无法直接实例化，其对象主要通过 URL 的 openConnection()方法获得。例如，下述代码用于获取一个 HttpURLConnection 连接：

```
//创建 URL
URL url=new URL("http://www.baidu.com/");
//获取 HttpURLConnection 连接
HttpURLConnection urlConn=(HttpURLConnection)url.openConnection();
```

在进行连接操作之前，可以对 HttpURLConnection 的一些属性进行设置，例如：

```
//设置输出、输入流
urlConn.setDoOutput(true);
urlConn.setDoInput(true);
//设置方式为 POST
urlConn.setRequestMethod("POST");
//请求不能使用缓存
urlConn.setUseCaches(false);
```

连接完成之后可以关闭连接，代码如下：

```
urlConn.disconnect();
```

【示例 7.2】 使用 HttpURLConnection 访问 Servlet，实现用户登录功能。

创建 Android 项目，设计登录界面布局并编写 LoginActivity。其中，LoginActivity 的代码如下：

```
public class LoginActivity extends Activity {
    /*
     * 声明使用到的 Button 和 EditText 视图组件
     */
    private Button cancelBtn, loginBtn;
    private EditText userEditText, pwdEditText;

    @Override
    public void onCreate(Bundle savedInstanceState) {
        super.onCreate(savedInstanceState);
        setContentView(R.layout.activity_main);
        /*
         * 实例化视图组件
         */
        cancelBtn = (Button) findViewById(R.id.cancelButton);
        loginBtn = (Button) findViewById(R.id.loginButton);

        userEditText = (EditText) findViewById(R.id.userEditText);
        pwdEditText = (EditText) findViewById(R.id.pwdEditText);
```

```
        /*
         * 设置登录按钮监听器
         */
        loginBtn.setOnClickListener(new OnClickListener() {
                @Override
                public void onClick(View v) {
                        String username = userEditText.getText().toString();
                        String pwd = pwdEditText.getText().toString();
                        login(username, pwd);
                }
        });

        /*
         * 设置取消按钮监听器
         */
        cancelBtn.setOnClickListener(new OnClickListener() {
                @Override
                public void onClick(View v) {
                        finish();
                }
        });

}

/*
 * 定义一个显示提示信息的对话框
 */
private void showDialog(String msg) {
        AlertDialog.Builder builder = new AlertDialog.Builder(this);
        builder.setMessage(msg).setCancelable(false)
                        .setPositiveButton("确定", null);
        AlertDialog alert = builder.create();
        alert.show();
}

/*
 * 通过用户名称和密码进行查询，发送请求，获得响应结果
 */
private void login(final String username, final String password) {
```

```java
new Thread(new Runnable() {

        @Override
        public void run() {
        // URL 地址，访问指定网站的 Servlet
        String urlStr =
        "http://192.168.1.93:8080/ improject/LoginServlet?";
        // 请求参数，传递用户名和密码值
        String queryString = "username=" + username +
                "&password="+ password;
        urlStr += queryString;
        try {
                // 根据地址创建 URL 对象
                URL url = new URL(urlStr);
                // 获取 HttpURLConnection 连接
                HttpURLConnection conn = (HttpURLConnection)
                        url.openConnection();

                // 获取状态码并判断其值是不是 HTTP_OK
                if (conn.getResponseCode() ==
                        HttpURLConnection.HTTP_OK) {
                        // 获取输入流
                        BufferedReader    reader    =    new    BufferedReader(new
InputStreamReader(conn.getInputStream()));
                        String str = reader.readLine();
                        Message msg=new Message();
                        msg.what=1;
                        msg.obj=str;
                        handler.sendMessage(msg);
                }
                // 关闭连接
                conn.disconnect();
        } catch (Exception e) {
                showDialog(e.getMessage());
        }
        }
}).start();
    }
```

```
Handler handler = new Handler() {
    @Override
    public void handleMessage(Message msg) {
        if (msg.what == 1) {
            String msgStr = (String) msg.obj;
            showDialog(msgStr);
        }
    }
};
}
```

上述代码中，在新创建的线程中执行网络操作，返回的登录结果通过 Handler 显示。Android 端访问的 Web 地址为"http://服务器 IP:端口号/Web 项目名称/Servlet 名称？+参数"，例如"http://192.168.1.93:8080/improject/LoginServlet?+参数"。

在 AndroidManifest.xml 配置文件中添加能够访问网络的权限：

```
<uses-permission android:name="android.permission.INTERNET" />
```

创建一个动态 Web 项目，作为 Http 服务器，让 Android 项目来访问，并添加一个名为 LoginServlet 的 Servlet。这里需要借助 Eclipse 来创建 Java 动态 Web 工程，新建 LoginServlet 的继承 HttpServlet，重写 doGet 和 doPost 方法，代码如下：

```
public class LoginServlet extends HttpServlet {
    protected void doGet(HttpServletRequest request,
            HttpServletResponse response) throws ServletException, IOException {
        String username = request.getParameter("username");
        String password = request.getParameter("password");
        System.out.println(username + ":" + password);
        response.setContentType("text/html");
        response.setCharacterEncoding("utf-8");
        PrintWriter out = response.getWriter();
        String msg = null;
        if (username != null && username.equals("admin") && password !=
                null&& password.equals("1")) {
            msg = "登录成功!";
        } else {
            msg = "登录失败!";
        }
        out.print(msg);
        out.flush();
        out.close();
    }
    protected void doPost(HttpServletRequest request,
```

HTTP 网络编程

```
            HttpServletResponse response) throws ServletException,
                IOException {
                doGet(request, response);
        }
}
```

上述代码中，在 doGet()方法中首先调用 request 请求对象的 getParameter()方法获取客户端传来的用户名和密码信息；然后调用 response 响应对象的 getWriter()方法获得打印输出流；再验证用户名和密码是否正确，并将验证结果通过打印输出流向客户端输出返回信息。

之后，将此项目部署到 Tomcat 服务器上，先启动 Tomcat 服务器，再运行 Android 客户端应用进行访问，运行结果如图 7-2 所示。

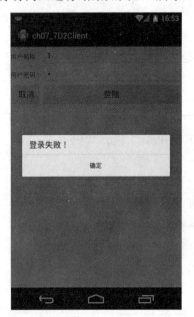

图 7-2　使用 HttpURLConnection 登录

7.4　Wi-Fi

下面两节主要讲解车载端应用通信开发常见的 Wi-Fi 和 Bluetooth(蓝牙)技术。目前这两种技术几乎是智能终端的标配，尤其是 Wi-Fi 无线网络技术，它能够提供高带宽、经济实惠的上网体验；蓝牙技术通常被用于蓝牙耳机、智能手环、车载语音等，也可用于设备间文件传输。目前，这两项短程无线传输配置，在主流的车载网联模块上都趋于标配，方便年轻用户对于网络的随车需求，所以不少基于 Android 开发的 APP 需要用到这两项基本通信功能的开发。下面首先介绍与 Wi-Fi 开发相关的基础内容。

Wi-Fi(Wireless Fidelity)又称为热点，是一项基于 IEEE 802.11 标准的无线网络连接技术，可以将带有无线网络连接模块的笔记本电脑、手持设备以及车载互联终端等电子设备，以无线方式连接到无线局域网(WLAN)的技术。

图 7-3 所示为 Wi-Fi 频段。从图 7-3 很容易看到，1、6、11 这三个信道之间是完全没有重叠的，也就是人们常说的三个互相不重叠的信道。每个信道有 20 MHz 带宽。图中也很容易看清楚其他各信道之间频谱重叠的情况。另外，如果设备支持，则除 1、6、11 三个一组互不干扰的信道外，还有 2、7、12，3、8、13，4、9、14 三组互不干扰的信道。图 7-4 介绍的是 Wi-Fi 演化过程。

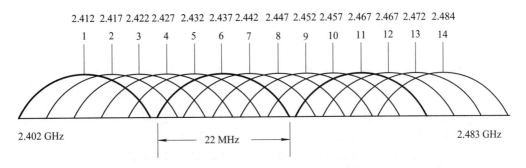

图 7-3　Wi-Fi 频段

标准号	IEEE 802.11B	IEEE 802.11a	IEEE 802.11g	IEEE 802.11n
标准发布时间	1999 年 9 月	1999 年 9 月	2003 年 6 月	2009 年 9 月
工作频率范围	2.4～2.4835 GHz	5.150～5.350 GHz 5.475～5.725 GHz 5.725～5.850 GHz	2.4～2.4835 GHz	2.4～2.4835 GHz 5.150～5.850 GHz
非重叠信道数	3	24	3	15
物理速率/(Mb/s)	11	54	54	600
实际吞吐量/(Mb/s)	6	24	24	100 以上
调制方式	CCK/DSSS	OFDM	CCK/DSSS/OFDM	MIMO-OFDM/DSSS/CCK
兼容性	802.11b	802.11a	802.11b/g	802.11a/b/g/n

图 7-4　Wi-Fi 演化

需要注意的是，Wi-Fi 是短程无线通信的一种，国外主推的 DSRC 技术被主要应用于 V2I 的场景中。我们日常办公和家用的 Wi-Fi 由于发射功率低于 100 mW，所以 Wi-Fi 上网相对是安全健康的。

7.4.1　Wi-Fi 开发概述

Android 提供了一套完整的 Wi-Fi 相关 API，使用这些 API 可以对附近的 Wi-Fi 热点进行扫描、连接等操作，同时也可以对本机的 Wi-Fi 模块进行打开、关闭等一系列配置。其中，主要的类有：

(1) ScanResult：用于描述已检测到的接入点信息，包括接入点的地址、加密方案、频率、信号强度以及网络别名等。ScanResult 类中用以下变量描述这些信息：

➢ BSSID：接入点的地址，可理解为路由器的 MAC 地址。

➢ capabilities：描述了身份验证、密钥管理和访问点支持的加密方案。

➢ frequency：频率，单位为 MHz。

➢ level：信号强度，单位为 dBm。

➢ SSID：网络别名。

(2) WifiConfiguration：用于配置无线网络，包括安全配置。

(3) WifiManager：用于管理 Wi-Fi 的连接或关闭，以及对 Wi-Fi 连接的变化进行监听等操作。可以通过 Context.getSystemService()方法获取 WifiManager 对象，具体代码如下：

```
WifiManager manager = (WifiManager)getSystemService(Context.WIFI_SERVICE);
```

该类定义了用于描述连接状态的一些常量，如表 7-4 所示。

表 7-4 WifiManager 类用于描述 Wi-Fi 状态的常量

常 量 名	描 述
WIFI_STATE_DISABLED	Wi-Fi 不可用
WIFI_STATE_DISABLING	Wi-Fi 正在关闭
WIFI_STATE_ENABLED	Wi-Fi 可用
WIFI_STATE_ENABLING	Wi-Fi 正在打开
WIFI_STATE_UNKNOWN	未知状态

WifiManager 类还提供了用于管理 Wi-Fi 设备操作的方法，常用方法如表 7-5 所示。

表 7-5 WifiManager 类常用方法

方 法 名	描 述
setWifiEnabled(boolean enabled)	启用或禁用 Wi-Fi 设备
startScan()	扫描 Wi-Fi 设备(热点)
getScanResults()	获取扫描结果，返回值是 List<ScanResult>
getConnectionInfo()	获取 Wi-Fi 连接信息，返回值是 WifiInfo 对象
getConfiguredNetworks()	获取连接过的 Wi-Fi 设备配置列表，返回值是 List<WifiConfiguration>
addNetwork(WifiConfiguration config)	添加一个配置好的 Wi-Fi 设备信息
enableNetwork(int netId, boolean disableOthers)	激活连接指定 Wi-Fi 热点，netId 表示 WifiConfiguration 对象的 id，disableOthers 表示是否禁用其他已连接的 Wi-Fi 热点
disableNetwork(int netId)	禁用指定 netId 的 Wi-Fi 热点

(4) WifiInfo：用于描述已经建立连接的 Wi-Fi 信息，如 IP 地址、MAC 地址、信号强

度等。该类常用的方法如表 7-6 所示。

表 7-6 WifiInfo 类常用方法

方　法　名	描　述
getBSSID()	获取接入点的地址
getHiddenSSID()	SSID 是否被隐藏
getIpAddress()	获取 IP 地址
getLinkSpeed()	获取连接速度
getMacAddress()	获取 Mac 地址
getRssi()	获取 802.11n 网络的信号
getSSID()	获取 SSID(网络别名)
getDetailedStateOf()	获取客户端的连通性

7.4.2 扫描周围的 Wi-Fi

当在 Android 系统的"设置"中打开"WLAN"设置页面后，若 WLAN 为开启状态，则页面下方的列表中会显示出当前扫描到的周围的可用热点。这里的"WLAN"指的就是"Wi-Fi"功能，"热点"指的是周围的"Wi-Fi"发射器，比如无线路由器、移动热点等设备。同样地，通过代码也可以实现这一功能。

下述示例用于实现：通过编写代码的方式扫描当前环境下的 Wi-Fi 设备，并显示这些设备的部分属性，在扫描之前需要对本机 Wi-Fi 的开启状态进行判断，如果没有开启，提示用户开启。

(1) 创建新项目(ch07_wifi_list)，编写布局文件"activity_main.xml"，代码如下：

```
<LinearLayout xmlns:android="http://schemas.android.com/apk/res/android"
    xmlns:tools="http://schemas.android.com/tools"
    android:layout_width="match_parent"
    android:layout_height="match_parent"
    android:background="#ededed"
    android:orientation="vertical"
    android:padding="10dp" >

<Button
        android:id="@+id/act_main_scan_btn"
        android:layout_width="fill_parent"
        android:layout_height="wrap_content"
        android:text="扫描 Wi-Fi" />

<ScrollView
        android:layout_width="fill_parent"
        android:layout_height="wrap_content" >
```

```
<TextView
            android:id="@+id/act_main_content_tv"
            android:layout_width="wrap_content"
            android:layout_height="wrap_content"
            android:layout_marginTop="10dp"
            android:textSize="20sp" />
</ScrollView>

</LinearLayout>
```

(2) 编写"MainActivity.java"类，代码如下：

```java
public class MainActivity extends Activity {

    private TextView contentTv = null;
    private Button scanBtn = null;
    private WifiManager wifiManager;

    @Override
    protected void onCreate(Bundle savedInstanceState) {
        super.onCreate(savedInstanceState);
        setContentView(R.layout.activity_main);

        contentTv = (TextView) findViewById(R.id.act_main_content_tv);
        scanBtn = (Button) findViewById(R.id.act_main_scan_btn);
        scanBtn.setOnClickListener(new OnClickListener() {

            @Override
            public void onClick(View v) {
                scanWifiList();
            }
        });
        wifiManager =
                (WifiManager) getSystemService(Context.WIFI_SERVICE);
    }

    /**
     * 扫描 Wi-Fi 设备
     *
     * @return
```

```
    */
public void scanWifiList() {
        // 如果本机 Wi-Fi 处于关闭状态，提示用户开启
        if (!wifiManager.isWifiEnabled()) {
                openWiFi();
                return;
        }
        wifiManager.startScan();// 开始扫描
        List<ScanResult> wifiList = wifiManager.getScanResults();

        contentTv.setText("共扫描到  " + wifiList.size()
                + "  个 Wi-Fi 热点：\n\n");

        StringBuffer sb = new StringBuffer();
        for (ScanResult sr : wifiList) {
                sb.append(" SSID: " + sr.SSID)
                        .append("\n BSSID: " + sr.BSSID)
                        .append("\n capabilities: " + sr.capabilities)
                        .append("\n frequency: " + sr.frequency)
                        .append("\n level: " + sr.level)
                        .append("\n------\n");
        }
        contentTv.append(sb);
}
/**
 * 打开本机 Wi-Fi
 */
private void openWiFi() {
        new AlertDialog.Builder(this)
                .setMessage("Wi-Fi 未开启，是否尝试开启？")
                .setPositiveButton("开启",
                        new DialogInterface.OnClickListener() {

                                @Override
                                public void onClick(DialogInterface dialog,
                                        int which) {
                                        // 打开本机 Wi-Fi
                                        wifiManager.setWifiEnabled(true);
                                }
```

扫描 Wi-Fi

```
            }).setNegativeButton("取消", null).show();
    }
}
```

上述代码中，主要代码位于 scanWifiList()方法内，用于扫描当前环境下所有 Wi-Fi 热点设备。需要注意的是，无法搜索到匿名的 Wi-Fi 热点；在扫描之前，可以通过 WifiManager.isWifiEnabled()方法获取本机 Wi-Fi 设备的开启状态，如果未开启，可通过调用 WifiManager.setWifiEnabled(true)方法尝试开启。

在"AndroidManifest.xml"文件中添加 Wi-Fi 相关网络权限：

```
<uses-permission android:name="android.permission.CHANGE_WIFI_STATE" />
<uses-permission android:name="android.permission.ACCESS_WIFI_STATE" />
```

运行程序后，观察扫描到的 Wi-Fi 热点信息。

 在编写 Wi-Fi 相关操作时，必须在"AndroidManifest.xml"文件中声明上述示例中的权限，后面小节中不再过多介绍。

7.4.3　连接到指定 Wi-Fi 网络

通常可以通过 Android 系统中的"设置"页面来连接或配置指定的 Wi-Fi 网络，但是在某些特定情况下，例如通过 Wi-Fi 网络进行通信，这便要求保证通信的设备连接到同一特定的 Wi-Fi 网络，此时如果能够通过程序内部的设置连接网络，则会大大提高用户体验与程序的可靠性。Android 提供了实现相关功能的 API。

连接指定 Wi-Fi 网络的方式通常分为两种：连接到历史保存过的 Wi-Fi 网络和连接到新的 Wi-Fi 网络。下面将通过示例来介绍具体操作方法，项目名称为"ch07_wifi_conn"。

1．连接到历史保存过的 Wi-Fi 网络

如果需要连接到历史保存过的 Wi-Fi 网络，首先要获取历史保存的 Wi-Fi 网络列表，然后获取指定网络的"networkId"进行网络连接，连接之前，通常需要把当前连接的网络断开。

下述示例用于实现：通过编写代码的方式获取历史保存的 Wi-Fi 网络列表。如果本机 Wi-Fi 设备处于关闭状态，则提醒用户开启，然后点击列表中的一个 Wi-Fi 网络，尝试连接。

(1) 创建新的 Layout 布局文件"activity_saved_wifi.xml"，代码如下：

```
<LinearLayout xmlns:android="http://schemas.android.com/apk/res/android"
    xmlns:tools="http://schemas.android.com/tools"
    android:layout_width="match_parent"
    android:layout_height="match_parent"
    android:background="#ededed"
    android:orientation="vertical"
    android:padding="10dp" >

<Button
        android:id="@+id/act_main_saved_wifi_btn"
```

```
            android:layout_width="fill_parent"
            android:layout_height="wrap_content"
            android:text="查看已保存的 Wi-Fi" />

    <ListView
            android:id="@+id/act_main_list"
            android:layout_width="fill_parent"
            android:layout_height="wrap_content"
            android:layout_marginTop="10dp" />

</LinearLayout>
```

(2) 创建新的 Activity 类 "ConnSavedWiFiActivity.java"，代码如下：

```java
public class ConnSavedWiFiActivity extends Activity {

    private Button getWiFiBtn = null;
    private WifiManager wifiManager;
    private List<WifiConfiguration> wifiConfigList = null;

    private ListView saveWifiLv = null;
    private List<String> saveWifiData = null;

    @Override
    protected void onCreate(Bundle savedInstanceState) {
        super.onCreate(savedInstanceState);
        setContentView(R.layout.activity_saved_wifi);

        wifiManager =
            (WifiManager) getSystemService(Context.WIFI_SERVICE);

        saveWifiLv = (ListView) findViewById(R.id.act_main_list);
        getWiFiBtn = (Button) findViewById(R.id.act_main_saved_wifi_btn);
        getWiFiBtn.setOnClickListener(new OnClickListener() {

            @Override
            public void onClick(View v) {
                showSaveWiFiList();
            }
        });
```

```
        saveWifiLv.setOnItemClickListener(new OnItemClickListener() {

            @Override
            public void onItemClick(AdapterView<?> parent, View view,
                    int position, long id) {
                // 首先关闭当前连接的 Wi-Fi
                WifiInfo crtWifi = wifiManager.getConnectionInfo();
                if (crtWifi != null) {
                wifiManager.disableNetwork(crtWifi.getNetworkId());
                }
                // 得到当前点击的 Wi-Fi
                WifiConfiguration cfg = wifiConfigList.get(position);
                // 连接当前 Wi-Fi
                wifiManager.enableNetwork(cfg.networkId, true);
                Toast.makeText(getApplicationContext(),
                "正在尝试连接 " + cfg.SSID, Toast.LENGTH_SHORT).show();

            }
        });
    }

    /**
     * 获取历史保存过的 Wi-Fi 列表
     */
    private void showSaveWiFiList() {
        // 如果本机 Wi-Fi 设备处于关闭状态，提示用户开启
        if (!wifiManager.isWifiEnabled()) {
            openWiFi();
            return;
        }
        saveWifiData = new ArrayList<String>();

        wifiConfigList = wifiManager.getConfiguredNetworks();

        for (WifiConfiguration cfg : wifiConfigList) {
            String networkId = " networkId: " + cfg.networkId;
            String ssid = "\n SSID: " + cfg.SSID;

            String status = "\n status: ";
            if (cfg.status == WifiConfiguration.Status.CURRENT) {
```

```
                    status += "当前网络";
            } else {
                    status += "点击以连接";
            }

            saveWifiData.add(networkId + ssid + status);
        }
        ArrayAdapter<String> adapter = new ArrayAdapter<String>(this,
                    android.R.layout.simple_list_item_1, saveWifiData);
        saveWifiLv.setAdapter(adapter);
    }


    /**
     * 打开本机 Wi-Fi 设备
     */
    private void openWiFi() {
        new AlertDialog.Builder(this)
        .setMessage("Wi-Fi 设备未开启，是否尝试开启？ ")
        .setPositiveButton("开启",
                new DialogInterface.OnClickListener() {
                @Override
                public void onClick(DialogInterface dialog, int which) {
                        // 打开本机 Wi-Fi 设备
                        wifiManager.setWifiEnabled(true);
                }
        }).setNegativeButton("取消", null).show();
    }
}
```

　　上述代码中，在获取已保存的 Wi-Fi 列表之前，首先判断本机 Wi-Fi 设备的开启状态，之后点击一个 Wi-Fi 网络并进行连接。运行项目可加以验证是否成功连接到指定网络，当然，不要忘记最后在"AndroidManifest.xml"中注册相应的权限以及 Activity，此处不再赘述。

　　2. 连接到新的 Wi-Fi 网络

　　相对于连接到历史保存过的 Wi-Fi 网络，连接新的 Wi-Fi 网络稍显复杂，因为这需要提供 SSID(网络别名)和连接密码。通常需要判断 SSID 之前是否连接过，如果连接过，需把之前的信息删除后再重新连接。为简单起见，本小节示例将直接进行连接而不对其进行判断。

　　(1) 创建新的 Layout 布局文件"activity_new_wifi.xml"，并编写代码如下：

```
<LinearLayout xmlns:android="http://schemas.android.com/apk/res/android"
    xmlns:tools="http://schemas.android.com/tools"
```

```
    android:layout_width="match_parent"

    android:layout_height="match_parent"

    android:background="#ededed"

    android:orientation="vertical"

    android:padding="10dp" >

<EditText

    android:id="@+id/act_main_ssid_et"

    android:layout_width="match_parent"

    android:layout_height="wrap_content"

    android:hint="请输入 SSID" />

<EditText

    android:id="@+id/act_main_pwd_et"

    android:layout_width="match_parent"

    android:layout_height="wrap_content"

    android:hint="请输入密码" />

<Button

    android:id="@+id/act_main_conn_new_wifi_btn"

    android:layout_width="fill_parent"

    android:layout_height="wrap_content"

    android:text="连接到 Wi-Fi" />

</LinearLayout>
```

（2）创建新的 Activity 类"ConnNewWiFiActivity.java"，并编写代码如下：

```
public class ConnNewWiFiActivity extends Activity {

    private Button connBtn = null;

    private EditText ssidEt = null;

    private EditText pwdEt = null;

    private WifiManager wifiManager;

    @Override

    protected void onCreate(Bundle savedInstanceState) {

        super.onCreate(savedInstanceState);

        setContentView(R.layout.activity_new_wifi);

        wifiManager=(WifiManager)getSystemService(Context.WIFI_SERVICE);

        connBtn = (Button) findViewById(R.id.act_main_conn_new_wifi_btn);
```

```java
        ssidEt = (EditText) findViewById(R.id.act_main_ssid_et);
        pwdEt = (EditText) findViewById(R.id.act_main_pwd_et);
        connBtn.setOnClickListener(new OnClickListener() {

            @Override
            public void onClick(View v) {
                if (!wifiManager.isWifiEnabled()) {
                    openWiFi();
                    return;
                }
                String ssid = ssidEt.getText().toString();
                String pwd = pwdEt.getText().toString();
                // 连接 Wi-Fi
                connNewWiFi(ssid, pwd);
            }
        });
    }

    /**
     * 连接到新的 Wi-Fi
     *
     * @param ssid
     * @param pwd
     */
    protected void connNewWiFi(String ssid, String pwd) {
        // 添加新的 Wi-Fi，获取返回的 networkId
        int networkId = addNewWifiConfig(ssid, pwd);
        if (networkId == -1) {
            Toast.makeText(this, "创建连接失败",
                Toast.LENGTH_SHORT).show();
        } else {
            Toast.makeText(this, "正在尝试连接",
                Toast.LENGTH_SHORT).show();
            // 通过 networkId 进行连接
            wifiManager.enableNetwork(networkId, true);
        }
    }

    /**
     * 添加一个新的 Wi-Fi 热点
```

```
     *
     * @param ssid
     * @param pwd
     * @return 返回 networkId
     */
    public int addNewWifiConfig(String ssid, String pwd) {
        WifiConfiguration wifiCfg = new WifiConfiguration();
        // SSID 和密码需要添加双引号
        wifiCfg.SSID = "\"" + ssid + "\"";
        if (pwd.isEmpty()) {
            wifiCfg.allowedKeyManagement.set(
                WifiConfiguration.KeyMgmt.NONE);
        } else {
            wifiCfg.preSharedKey = "\"" + pwd + "\"";
        }
        wifiCfg.hiddenSSID = false;
        wifiCfg.status = WifiConfiguration.Status.ENABLED;
        return wifiManager.addNetwork(wifiCfg);
    }


    /**
     * 打开本机 Wi-Fi 设备
     */
    private void openWiFi() {
        new AlertDialog.Builder(this)
        .setMessage("Wi-Fi 设备未开启，是否尝试开启？")
        .setPositiveButton("开启",
            new DialogInterface.OnClickListener() {
            @Override
            public void onClick(DialogInterface dialog, int which) {
                // 打开本机 Wi-Fi 设备
                wifiManager.setWifiEnabled(true);
            }
        }).setNegativeButton("取消", null).show();
    }
}
```

连接指定 Wi-Fi

　　在上述代码中，首先通过用户输入的 SSID 和连接密码创建一个新的 WifiConfiguration 对象，其次通过 WifiManager 类的 addNetwork()方法将其添加到网络配置列表中，并返回对应的"networkId"，最后通过"networkId"尝试连接网络。需要注意的是，如果连接的

Wi-Fi 设备不需要密码，则需要在创建 WifiConfiguration 对象时，把密码设置为空，代码如下：

```
wifiCfg.allowedKeyManagement.set(WifiConfiguration.KeyMgmt.NONE);
```

7.5　Bluetooth(蓝牙)

Android 从版本 4.3 开始支持 Bluetooth4.0(蓝牙)通信技术。该技术是一种无线技术标准，工作在 2.4～2.48 GHz 频段，能够实现设备间短距离、低带宽、低功耗、点对点的局域网通信功能。相对于蓝牙 3.0 版本，新的 4.0 版本具有更低功耗、更小延迟、更长连接距离等优点。随着移动物联网技术浪潮的到来，蓝牙通信技术已被广泛应用于物联网设备中，在车联网场景中，经常用于针对 OBD 设备的无线传输，本书在第 10 章中会利用蓝牙进行具体的案例开发。

蓝牙 4.0 有两个分支：传统蓝牙 4.0 和 BLE4.0。传统蓝牙 4.0 是从之前版本升级而来的，支持向下兼容；而 BLE4.0 是一项新的技术，不支持向下兼容。本节将介绍蓝牙通信的相关技术——传统蓝牙通信技术和 BLE 蓝牙通信技术。通过终端之间的蓝牙通信示例讲解传统蓝牙通信技术，通过手机与开发板之间的蓝牙通信示例讲解 BLE 蓝牙通信技术。

7.5.1　传统蓝牙概述

Android API 的"android.bluetooth"包中对蓝牙技术的实现提供了支持，接下来将对常用的类进行详细介绍。

1．BluetoothAdapter

通过 BluetoothAdapter(蓝牙适配器)类可以对当前设备的蓝牙进行基本的操作，包括打开或关闭蓝牙、启用设备发现以及检测蓝牙设备状态等。获取 BluetoothAdapter 对象的代码如下：

```
BluetoothAdapter adapter=BluetoothAdapter.getDefaultAdapter();
```

BluetoothAdapter 类中封装了用于描述本地蓝牙设备当前状态的相关常量，如表 7-7 所示。

表 7-7　BluetoothAdapter 类中状态相关常量

常　量　名	描　述
STATE_OFF	蓝牙设备处于关闭状态
STATE_TURNING_ON	蓝牙设备处于正在打开状态
STATE_ON	蓝牙设备处于开启状态
STATE_TURNING_OFF	蓝牙设备处于正在关闭状态
SCAN_MODE_NONE	无功能状态，蓝牙设备不能扫描其他设备，且处于不可见状态
SCAN_MODE_CONNECTABLE	蓝牙设备处于扫描状态，可以扫描其他设备，仅对已配对设备可见
SCAN_MODE_CONNECTABLE_DISCOVERABLE	蓝牙设备处于可见状态，既可以扫描其他设备，也可被其他设备发现

当本地蓝牙设备相关属性或状态发生变化时，系统将发送相应的广播通知所有已注册该广播的对象。这些广播的 Action 被定义到 BluetoothAdapter 类中。本地蓝牙相关广播的 Action 常量如表 7-8 所示。

表 7-8　本地蓝牙相关广播的 Action 常量

常 量 名	描 述
ACTION_LOCAL_NAME_CHANGED	当前设备的蓝牙适配器别名被改变。附加值为 EXTRA_LOCAL_NAME，表示当前名称
ACTION_SCAN_MODE_CHANGED	蓝牙扫描模式发生变化，包含两个附加值，分别为 EXTRA_SCAN_MODE(当前扫描模式)、EXTRA_PREVIOUS _SCAN_MODE(之前的扫描模式)
ACTION_STATE_CHANGED	蓝牙设备开关状态改变，包含两个附加值，分别为 EXTRA_STATE(当前开关状态)、EXTRA_PREVIOUS _STATE(之前的开关状态)
ACTION_DISCOVERY_STARTED	开始扫描周围蓝牙设备
ACTION_DISCOVERY_FINISHED	完成扫描周围设备操作

BluetoothAdapter 类中关于蓝牙相关操作的常用方法如表 7-9 所示。

表 7-9　BluetoothAdapter 类中的常用方法

方 法 名	描 述
getDefaultAdapter()	是一个静态方法，获取当前设备默认的蓝牙适配器对象
getState()	获取蓝牙设备的状态
enable()	强制打开蓝牙设备，返回 boolean 类型
disable()	关闭蓝牙设备，返回 boolean 类型
isEnable()	蓝牙设备是否可用，返回 boolean 类型
startDiscovery()	开始扫描周围设备，返回 boolean 类型
cancelDiscovery()	取消扫描周围设备，返回 boolean 类型
isDiscovering()	是否正在扫描，返回 boolean 类型
getScanMode()	获取当前扫描模式
getName()	获取当前设备蓝牙名称
getAddress()	获取当前设备蓝牙 MAC 地址
checkBluetoothAddress(String address)	检查蓝牙 MAC 地址是否合法
getBoundedDevices()	获取当前已配对的蓝牙设备集合，返回 Set<BluetoothDevice>集合对象
getRemoteDevice(String address)	根据 MAC 地址获取周围的蓝牙设备，返回 BluetoothDevice 对象
listenUsingRfcommWithServiceRecord(String name, UUID uuid)	通过服务器名称及 UUID 创建 Rfcommon 端口的蓝牙监听，返回 BluetoothServerSocket 对象

2. BluetoothDevice

BluetoothDevice 类用于描述远端的蓝牙设备，可以通过该类的对象创建一个连接，以及查询远端蓝牙设备的名称、地址和连接状态等。该类的属性无法被修改。可以通过 BluetoothAdapter 对象的 getRemoteDevice(String address)方法获取 BluetoothDevice 对象，参数"address"表示远端蓝牙设备的 MAC 地址；或者从获取的周围蓝牙设备列表 (Set<BluetoothDevice>集合对象)中得到。

BluetoothDevice 类中封装了用于描述远端蓝牙设备当前状态的相关常量，如表 7-10 所示。

表 7-10　BluetoothDevice 类中状态常量

常 量 名	描 述
BOND_BONDED	已经与远端蓝牙设备配对
BOND_BONDING	正在与远端蓝牙设备配对
BOND_NONE	远端蓝牙设备未配对

与本地蓝牙设备相同，当远端蓝牙设备相关属性或状态发生变化时，系统也会发送相应的广播。这些广播的 Action 被定义到 BluetoothDevice 类中。远端蓝牙相关广播的 Action 常量如表 7-11 所示。

表 7-11　远端蓝牙相关广播的 Action 常量

常 量 名	描 述
ACTION_ACL_CONNECTED	与远端设备建立低级别(ACL)连接成功，包含一个附加值，即 EXTRA_DEVICE(BluetoothDevice 远端蓝牙设备)
ACTION_ACL_DISCONNECTED	与远端设备建立低级别(ACL)连接断开，包含一个附加值，即 EXTRA_DEVICE
ACTION_ACL_DISCONNECT_REQUESTED	远端设备请求断开低级别(ACL)连接，并且即将断开，包含一个附加值，即 EXTRA_DEVICE
ACTION_BOND_STATE_CHANGED	远端设备连接状态已改变，包含三个附加值，分别是 EXTRA_DEVICE、EXTRA_BOND_STATE(当前状态)和 EXTRA_PREVIOUS_BOND_STATE(之前的状态)
ACTION_CLASS_CHANGED	一个已经改变的远端蓝牙设备类，包含两个附加值，分别是 EXTRA_DEVICE 和 EXTRA_BOND_STATE
ACTION_FOUND	发现远程设备，包含两个附加值，分别是 EXTRA_DEVICE 和 EXTRA_CLASS。如果该设备可用，可获取另外两个附加值，分别是 EXTRA_NAME 或 EXTRA_RSSI
ACTION_NAME_CHANGED	远端设备名称发生变化，或第一次获取到名称，包含两个附加值，分别是 EXTRA_DEVICE 和 EXTRA_NAME

BluetoothDevice 类中关于远端蓝牙相关操作的常用方法如表 7-12 所示。

表 7-12 　 BluetoothDevice 类中的常用方法

方 法 名	描 述
createRfcommSocketToServiceRecord(UUID uuid)	通过 UUID 创建一个 Rfcommon 端口，准备一个对远端设备安全的连接，返回值为 BluetoothSocket 对象
describeContents()	获取 Parcelable 中包含的特殊内容对象
getAddress()	获取该蓝牙设备的 MAC 地址
getBluetoothClass()	获取远端蓝牙设备的 BluetoothClass 对象
getBondState()	获取远端蓝牙设备的连接状态
getName()	获取远端蓝牙设备的名称
connectGatt(Context context, boolean autoConnect, BluetoothGattCallback callback)	连接到 GATT 协议设备

3. BluetoothSocket

BluetoothSocket 与 Java 的 Socket 类似，用于实现客户端之间的 Socket 通信。该类的常用方法如表 7-13 所示。

表 7-13 　 BluetoothSocket 类中的常用方法

方 法 名	描 述
connect()	与设备建立通信连接
close()	与设备断开连接
getInputStream()	获取输入流，即读取远端设备数据的流
getOutputStream()	获取输出流，即向远端设备发送数据的流
getRemoteDevice()	获取远端蓝牙设备对象(BluetoothDevice)

4. BluetoothServerSocket

BluetoothServerSocket 是服务器端 Socket 类，该类主要有三个方法，分别是 accept()、accept(int timeout)以及 close()方法。前两个方法为堵塞方法，作用是等待客户端的连接，一旦有客户端连接成功，该方法会返回 BluetoothSocket 对象，之后服务器与客户端的通信都是通过 BluetoothSocket 对象来实现的。

7.5.2　传统蓝牙通信

"传统蓝牙"之间通过 Socket 协议进行交换数据，本小节将介绍如何利用蓝牙通信技术实现终端设备间数据的传输。

1. 权限

操作蓝牙设备，必须在"AndroidManifest.xml"文件中注册相应的权限。和蓝牙相关的权限有两个：

◇ android.permission.BLUETOOTH：允许程序连接到已配对的蓝牙设备，用于连接或传输数据等配对后的操作。

◇ android.permission.BLUETOOTH_ADMIN：允许程序发现或配对蓝牙设备，针对的是配对前的操作。在注册"android.permission.BLUETOOTH"权限

后，该权限才有效。

2．开启蓝牙

在程序中开启蓝牙有两种方式：强制开启和请求开启。

◇　强制开启。

强制开启的代码如下：

```
BluetoothAdapter bluetoothAdapter = BluetoothAdapter.getDefaultAdapter();
bluetoothAdapter.enable();
```

强制开启，就是不经过用户同意，自动在后台开启蓝牙设备。

◇　请求开启。

请求开启的代码如下：

```
Intent intent = new Intent(BluetoothAdapter.ACTION_REQUEST_ENABLE);
startActivityForResult(intent, 1);
```

当用请求方式开启蓝牙设备时，系统会以对话框的形式提示用户是否开启蓝牙设备。重写 onActivityResult()方法可获取开启结果，代码如下：

```
@Override
protected void onActivityResult(int requestCode,
        int resultCode, Intent data) {
            super.onActivityResult(requestCode, resultCode, data);
            if (requestCode == 1) {
                if (resultCode == RESULT_OK) {
                    Toast.makeText(this, "蓝牙开启成功",
                    Toast.LENGTH_SHORT).show();
                } else {
                    Toast.makeText(this, "蓝牙开启失败",
                    Toast.LENGTH_SHORT).show();
                }
            }
}
```

3．使蓝牙设备可见

当本地蓝牙设备希望对远端蓝牙设备可见(能够扫描到本地设备)时，需要向用户发出可见性的请求，代码如下：

```
Intent intent = new Intent(BluetoothAdapter.ACTION_REQUEST_DISCOVERABLE);
intent.putExtra(BluetoothAdapter.EXTRA_DISCOVERABLE_DURATION, 300);
startActivityForResult(intent, 0);
```

在请求中，可以通过添加附加值"EXTRA_DISCOVERABLE_DURATION"修改可见时间，单位为"秒"，默认值为 120 秒；也可以通过重写 onActivityResult()方法获取请求结果。

下述示例用于实现：使用蓝牙通信技术完成设备之间的简单通信。要求：程序同时支持服务器和客户端(远端设备)的功能。程序首页可修改本地蓝牙设备名称，显示历史已配对的设备列表，扫描周围蓝牙设备。当用户点击远端设备列表时，以客户端的形式请求配对并连接远端设备；当用户以服务器方式启动时，开启"可发现模式"，时间为 300 秒；当客户端与服务器成功建立连接后，可进行简单的文本通信。

(1) 创建项目"ch07_bluetooth_chat"，首先编写服务器端的实现。为了提高程序的可读性，把客户端与服务器端通信页面分解为两个相同的页面，使用同一个布局资源。创建"act_bluetooth_chat.xml"布局文件，代码如下：

```
<RelativeLayout xmlns:android="http://schemas.android.com/apk/res/android"
    xmlns:tools="http://schemas.android.com/tools"
    android:layout_width="match_parent"
    android:layout_height="match_parent"
    android:background="#ededed"
    android:orientation="vertical"
    android:padding="10dp" >

    <ScrollView
        android:layout_width="fill_parent"
        android:layout_height="fill_parent"
        android:layout_above="@id/rl" >

    <TextView
        android:id="@+id/act_chat_content_tv"
        android:layout_width="fill_parent"
        android:layout_height="wrap_content"
        android:text="正在会话：\n"
        android:textSize="16sp" />
    </ScrollView>

    <RelativeLayout
        android:id="@+id/rl"
        android:layout_width="fill_parent"
        android:layout_height="wrap_content"
        android:layout_alignParentBottom="true" >

    <Button
        android:id="@+id/act_chat_close_btn"
        android:layout_width="wrap_content"
        android:layout_height="wrap_content"
        android:layout_centerVertical="true"
```

```xml
        android:text="关闭" />


    <EditText
        android:id="@+id/act_chat_msg_et"
        android:layout_width="fill_parent"
        android:layout_height="wrap_content"
        android:layout_centerVertical="true"
        android:layout_toLeftOf="@id/act_chat_send_btn"
        android:layout_toRightOf="@id/act_chat_close_btn"
        android:hint="输入内容" />


        <Button
        android:id="@+id/act_chat_send_btn"
        android:layout_width="wrap_content"
        android:layout_height="wrap_content"
        android:layout_alignParentRight="true"
        android:layout_centerVertical="true"
        android:text="发送" />
    </RelativeLayout>
</RelativeLayout>
```

此布局比较简单，主要分为内容显示区和控制区，控制区可以关闭会话、发送消息。

(2) 实现服务器端的代码编写，主要功能有：

◇　创建蓝牙通信通道的监听。

◇　等待客户端的连接。

◇　读取客户端发送的消息。

◇　发送消息到客户端。

创建"BluetoothServiceActivity.java"类，首先编写基本代码，包括布局文件中控件的引用等，代码如下：

```java
public class BluetoothServiceActivity extends Activity {
    /** 远端蓝牙设备名称 */
    private String remoteName = null;


    private BluetoothAdapter bluetoothAdapter = null;
    /** 服务器 Socket 对象 */
    private BluetoothServerSocket serverSocket = null;
    /** 与客户端通信的 Socket 对象*/
    private BluetoothSocket socket = null;
    /** 服务器线程 */
    private ServerThread serverThread = null;
```

```
        private TextView contentTv = null;
        private EditText msgEt = null;
        private Button closeBtn = null;
        private Button sendBtn = null;

        @Override
        protected void onCreate(Bundle savedInstanceState) {
            super.onCreate(savedInstanceState);
            setContentView(R.layout.act_bluetooth_chat);

            contentTv = (TextView) findViewById(R.id.act_chat_content_tv);
            msgEt = (EditText) findViewById(R.id.act_chat_msg_et);
            closeBtn = (Button) findViewById(R.id.act_chat_close_btn);
            sendBtn = (Button) findViewById(R.id.act_chat_send_btn);

            closeBtn.setOnClickListener(onBtnClickListener);
            sendBtn.setOnClickListener(onBtnClickListener);

            bluetoothAdapter = BluetoothAdapter.getDefaultAdapter();

            showDevice();
            //创建服务线程并启动
            serverThread = new ServerThread();
            serverThread.start();
        }

        private OnClickListener onBtnClickListener = new OnClickListener() {

            @Override
            public void onClick(View v) {
                if (v == closeBtn) {
                    finish();
                } else if (v == sendBtn) {
                    String msg = msgEt.getText().toString();
                    if (msg.isEmpty()) {
                        Toast.makeText(BluetoothServiceActivity.this,
                            "内容不能为空",Toast.LENGTH_SHORT).show();
                    } else {
```

```
                    sendMessageToRemote(msg);
                    msgEt.setText("");
                }
            }
        }
    };
}
```

打开服务器端的页面后，需要请求设备可见，以便客户端能够扫描到服务器端设备，接下来实现 showDevice()方法，代码如下：

```
/**
 * 设置设备可见
 */
private void showDevice() {
    // 向用户发出请求，使当前蓝牙设备可见
    Intent discoverableIntent = new Intent(
            BluetoothAdapter.ACTION_REQUEST_DISCOVERABLE);
    // 设置可见时间为 300 秒
    discoverableIntent.putExtra(
            BluetoothAdapter.EXTRA_DISCOVERABLE_DURATION, 300);
    startActivityForResult(discoverableIntent, 0);
}
```

在上述代码中，通过 startActivityForResult()方法向用户发出请求，使当前蓝牙设备可见，若需要得知是否成功打开可见状态，可以通过重写 onActivityResult()方法的响应码 (resultCode)进行判断，如果为 "RESULT_OK"，表示同意打开。

接下来需要编写将通信内容显示到页面的代码。考虑到监听客户端的操作是在子线程中进行的，由于子线程不能直接更新 UI 主线程，因此需要 Handler 机制进行处理，代码如下：

```
Handler handler = new Handler() {
    @Override
    public void handleMessage(Message msg) {
        contentTv.append((String) msg.obj + "\n");
    }
};

/**
 * 显示消息到页面
 *
 * @param what
 * @param msgStr
```

```
                                    */
public void showMessageToUI(final String msgStr) {
        Message msg = new Message();
        msg.obj = msgStr;
        handler.sendMessage(msg);
}
```

在上述代码中，创建了 Handler 类，用于将文本显示到通信界面上，在子线程中，只需调用 showMessageToUI()方法，传入要显示的文本即可。该方法会创建 Message 对象，用于封装文本数据，并将其发送到 Handler 中进行处理。

接下来编写服务端线程，用于启动服务器端 Socket 服务，监听客户端的连接请求，以及发送数据。该服务端线程是以内部类的形式编写的，代码如下：

```
/**
 * 服务端线程
 *
 */
private class ServerThread extends Thread {
        public void run() {
                InputStream in = null;
                try {
                        // 监听通信通道
                        serverSocket = bluetoothAdapter
                                .listenUsingRfcommWithServiceRecord("ServiceName",
                                UUID.fromString(MainActivity.BLUETOOTH_UUID));
                        showMessageToUI("系统：服务已启动");


                        /* 接收客户端的连接请求 */
                        socket = serverSocket.accept();
                        // 获取客户端设备的名称
                        BluetoothDevice clientDevice = socket.getRemoteDevice();
                        remoteName = clientDevice.getName();
                        showMessageToUI("系统：客户端(" + remoteName + ")已连接");
                        // 等待读取客户端发送的数据
                        byte[] buffer = new byte[512];
                        in = socket.getInputStream();
                        int c = 0;
                        while ((c = in.read(buffer)) > 0) {
                                String str = new String(buffer, 0, c, "gbk");
                                showMessageToUI(remoteName + ":   " + str);
                        }
```

```
        } catch (IOException e) {
                e.printStackTrace();
                showMessageToUI("系统：服务启动失败！");
        } finally {
                try {
                        if (in != null) {
                                in.close();
                        }
                } catch (IOException e) {
                        e.printStackTrace();
                }
        }
    }
};
```

该类主要实现以下内容：

✧　注册监听 Socket 通信通道。需要定义一个 UUID，客户端与服务器建立连接时必须使用相同的 UUID，这里使用的 UUID 以静态常量的方式定义到了 MainActivity 中。

✧　accept()方法会等待客户端的连接，一旦连接成功，会返回与客户端通信的 BluetoothSocket 对象。

✧　通过 BluetoothSocket 对象的 getInputStream()方法获取 InputStream 输入流。

✧　执行 InputStream 对象的 read()方法。该方法是阻塞的，会一直等待读取客户端发送的数据。

实现发送消息到客户端的功能，代码如下：

```
/**
 * 发送消息到远端设备
 * @param msg
 */
private void sendMessageToRemote(String msg) {
    if (socket == null) {
        Toast.makeText(this, "未连接远程设备", Toast.LENGTH_SHORT).show();
        return;
    }
    try {
        OutputStream os = socket.getOutputStream();
        os.write(msg.getBytes());
        contentTv.append("我：" + msg + "\n");
    } catch (IOException e) {
        e.printStackTrace();
```

```
        contentTv.append("我: 发送失败\n");
    }
}
```

在该方法中，通过 BluetoothSocket 对象获取 OutputStream 输出流，向远端设备发送文本消息，之后将发送的消息显示到界面上。

至此，服务器端的功能均已实现。当关闭服务器时，需要先关闭连接、释放资源。把这部分代码添加到 onDestroy()生命周期方法中，代码如下：

```
@Override
protected void onDestroy() {
    super.onDestroy();
    if (serverThread != null) {
        serverThread.interrupt();
        serverThread = null;
    }
    try {
        if (socket != null) {
            socket.close();
            socket = null;
        }
        if (serverSocket != null) {
            serverSocket.close();
            serverSocket = null;
        }
    } catch (IOException e) {
        e.printStackTrace();
    }
}
```

(3) 实现客户端的代码编写，主要功能有：

✧ 创建蓝牙通信通道，连接到服务端。

✧ 读取服务端发送的消息。

✧ 发送消息到服务端。

创建"BluetoothClientActivity.java"类，该类中的代码将分步骤实现，首先编写基本代码，包括布局文件中控件的引用等，代码如下：

```
public class BluetoothClientActivity extends Activity {
    /** 远端蓝牙设备名称 */
    private String remoteName = null;
    /** 远端蓝牙设备地址 */
    private String remoteAddress = null;
```

```java
/** 远端蓝牙设备 */
private BluetoothDevice remoteDevice = null;
private BluetoothAdapter bluetoothAdapter = null;

/** 客户端线程 */
private ClientThread clientThread = null;
private BluetoothSocket socket = null;

private TextView contentTv = null;
private EditText msgEt = null;
private Button closeBtn = null;
private Button sendBtn = null;

@Override
protected void onCreate(Bundle savedInstanceState) {
        super.onCreate(savedInstanceState);
        setContentView(R.layout.act_bluetooth_chat);

        contentTv = (TextView) findViewById(R.id.act_chat_content_tv);
        msgEt = (EditText) findViewById(R.id.act_chat_msg_et);
        closeBtn = (Button) findViewById(R.id.act_chat_close_btn);
        sendBtn = (Button) findViewById(R.id.act_chat_send_btn);

        closeBtn.setOnClickListener(onBtnClickListener);
        sendBtn.setOnClickListener(onBtnClickListener);

        bluetoothAdapter = BluetoothAdapter.getDefaultAdapter();
        // 获取主界面传递的数据
        Intent intent = getIntent();
        remoteAddress = intent.getStringExtra(
                MainActivity.TAG_REMOTE_ADDRESS);
        remoteName = intent.getStringExtra(MainActivity.TAG_REMOTE_NAME);

        initClient();
}
private OnClickListener onBtnClickListener = new OnClickListener() {

        @Override
        public void onClick(View v) {
```

```
            if (v == closeBtn) {
                finish();
            } else if (v == sendBtn) {
                String msg = msgEt.getText().toString();
                if (msg.isEmpty()) {
                    Toast.makeText(BluetoothClientActivity.this,
                        "请输入内容",Toast.LENGTH_SHORT).show();
                } else {
                    // 发送消息到远端设备
                    sendMessageToRemote(msg);
                    msgEt.setText("");
                }
            }
        }
    };
}
```

上述代码在 onCreate() 方法中，涉及两个常量：TAG_REMOTE_ADDRESS 和 TAG_REMOTE_NAME。这两个常量被定义到 MainActivity 类中，分别表示服务端的地址和名称。

接下来需要编写将通信内容显示到页面部分的代码，此部分代码与服务器端代码相同，直接复制即可，复制内容为创建 Handler 对象、showMessageToUI() 方法。

之后编写客户端线程，用于与服务端建立连接，监听服务端发送的数据。该客户端线程也是以内部类的形式编写的，代码如下：

```
/**
 * 初始化客户端，与服务器建立连接
 *
 */
private void initClient() {
    String str = "系统：正在连接  " + remoteName + "(" + remoteAddress + ")";
    contentTv.append(str + "\n");
    // 通过 MAC 地址获取远端蓝牙设备
    remoteDevice = bluetoothAdapter.getRemoteDevice(remoteAddress);
    // 创建客户端线程
    clientThread = new ClientThread();
    clientThread.start();
}
/**
 * 客户端线程
 *
```

```java
*/
private class ClientThread extends Thread {
    public void run() {
        InputStream in = null;
        try {
            // 创建通信通道
            socket = remoteDevice.createRfcommSocketToServiceRecord(
                    UUID.fromString(MainActivity.BLUETOOTH_UUID));
            // 连接远程设备
            socket.connect();
            showMessageToUI("系统：连接成功！");

            // 等待读取服务器发送的数据
            byte[] buffer = new byte[512];
            in = socket.getInputStream();
            int c = 0;
            while ((c = in.read(buffer)) > 0) {
                String str = new String(buffer, 0, c, "gbk");
                showMessageToUI(remoteName + "：  " + str);
            }
        } catch (IOException e) {
            showMessageToUI("系统：连接失败！");
            e.printStackTrace();
        } finally {
            try {
                if (in != null) {
                    in.close();
                }
            } catch (IOException e) {
                e.printStackTrace();
            }
        }
    }
};
```

在上述代码中，initClient()方法用于初始化客户端的相关信息，包括提示信息、通过服务端地址获取设备对象、创建并启动客户端线程等。ClientThread 类中通过与服务端相同的 UUID 创建 Socket 通信通道，与服务端进行连接，之后等待读取服务端发送的数据，该部分代码与服务端线程代码类似。

接下来实现发送消息到服务端的代码，该部分代码与服务端发送消息的代码相同，直

车载终端应用开发技术

接复制即可，相关方法为 sendMessageToRemote()。

至此，客户端的功能均已实现，当关闭界面时，需要先关闭连接、释放资源。onDestroy()生命周期方法中的代码如下：

```
@Override
protected void onDestroy() {
        super.onDestroy();
        // 断开客户端连接 ，关闭线程
        if (socket != null) {
                try {
                        socket.close();
                } catch (IOException e) {
                        e.printStackTrace();
                }
                socket = null;
        }
        if (clientThread != null) {
                clientThread.interrupt();
                clientThread = null;
        }
}
```

(4) 继续实现主界面的编程。修改 "activity_main.xml" 布局文件，代码如下：

```
<LinearLayout xmlns:android="http://schemas.android.com/apk/res/android"
    xmlns:tools="http://schemas.android.com/tools"
    android:layout_width="match_parent"
    android:layout_height="match_parent"
    android:background="#ededed"
    android:orientation="vertical"
    android:padding="10dp" >

<RelativeLayout
        android:layout_width="fill_parent"
        android:layout_height="wrap_content" >

<TextView
            android:id="@+id/tv_name"
            android:layout_width="wrap_content"
            android:layout_height="wrap_content"
            android:layout_centerVertical="true"
            android:text="蓝牙名称："
```

```
                android:textSize="16sp" />

    <EditText

                android:id="@+id/act_main_btname_et"
                android:layout_width="fill_parent"
                android:layout_height="wrap_content"
                android:layout_centerVertical="true"
                android:layout_toLeftOf="@id/act_main_change_name_btn"
                android:layout_toRightOf="@id/tv_name"
                android:hint="本地蓝牙名称" />


    <Button

                android:id="@+id/act_main_change_name_btn"
                android:layout_width="wrap_content"
                android:layout_height="wrap_content"
                android:layout_alignParentRight="true"
                android:layout_centerVertical="true"
                android:text="修改名称" />
    </RelativeLayout>


    <Button

                android:id="@+id/act_main_find_btn"
                android:layout_width="fill_parent"
                android:layout_height="wrap_content"
                android:text="扫描蓝牙设备" />


    <Button

                android:id="@+id/act_main_service_btn"
                android:layout_width="fill_parent"
                android:layout_height="wrap_content"
                android:text="作为服务器" />


    <TextView

                android:layout_width="fill_parent"
                android:layout_height="wrap_content"
                android:layout_marginTop="10dp"
                android:background="#dbadff"
                android:padding="5dp"
                android:text="已配对的设备："
```

```
        android:textSize="16sp" />

<ListView
        android:id="@+id/act_main_device_bonded_list"
        android:layout_width="fill_parent"
        android:layout_height="wrap_content"
        android:layout_marginTop="10dp" />

<TextView
        android:layout_width="fill_parent"
        android:layout_height="wrap_content"
        android:layout_marginTop="10dp"
        android:background="#dbadff"
        android:padding="5dp"
        android:text="查找到新的设备："
        android:textSize="16sp" />

<ListView
        android:id="@+id/act_main_device_new_list"
        android:layout_width="fill_parent"
        android:layout_height="wrap_content"
        android:layout_marginTop="10dp" />

</LinearLayout>
```

布局中主要有三部分：

❖ 第一部分为本地蓝牙设备名称的显示与修改。

❖ 第二部分有两个按钮，当点击"扫描蓝牙设备"按钮时，程序开始扫描周围可见的蓝牙设备；当点击"作为服务器"按钮时，可将当前设备作为 Socket 服务器。

❖ 第三部分是设备显示区域，列出的设备分为"已配对的设备"和"查找到新的设备"。

(5) 主页面中是用两个 ListView 控件分别列出不同状态的远端蓝牙设备，因此需要为 ListView 创 建 一 个 " 适 配 器 " 。 首 先 为 这 个 适 配 器 创 建 Item 布 局 文 件 "item_device_list.xml"，代码如下：

```
<LinearLayout xmlns:android="http://schemas.android.com/apk/res/android"
    xmlns:tools="http://schemas.android.com/tools"
    android:layout_width="match_parent"
    android:layout_height="match_parent"
    android:orientation="vertical"
```

```
        android:padding="10dp" >

<RelativeLayout
        android:layout_width="fill_parent"
        android:layout_height="wrap_content" >

<TextView
        android:id="@+id/item_device_name_tv"
        android:layout_width="wrap_content"
        android:layout_height="wrap_content"
        android:text="蓝牙名称"
        android:textSize="16sp" />

<TextView
        android:id="@+id/item_device_state_tv"
        android:layout_width="wrap_content"
        android:layout_height="wrap_content"
        android:layout_alignParentRight="true"
        android:text="状态"
        android:textSize="16sp" />
</RelativeLayout>

<TextView
        android:id="@+id/item_device_mac_tv"
        android:layout_width="wrap_content"
        android:layout_height="wrap_content"
        android:layout_marginLeft="10dp"
        android:text="MAC"
        android:textSize="16sp" />
</LinearLayout>
```

之后创建 "BluetoothListAdapter.java" 类，并继承 "BaseAdapter"，代码如下：

```
package com.yg.ch06_bluetooth_info;

public class BluetoothListAdapter extends BaseAdapter {
        private Context context = null;
        private List<BluetoothDevice> devices = null;

        public BluetoothListAdapter(Context context,
        List<BluetoothDevice> devices) {
```

```
        this.context = context;
        this.devices = devices;
}

@Override
public int getCount() {
        return devices.size();
}

@Override
public Object getItem(int position) {
        return devices.get(position);
}

@Override
public long getItemId(int position) {
        return 0;
}

@Override
public View getView(int position, View convertView, ViewGroup parent){

        BluetoothDevice device = devices.get(position);
        if (convertView == null) {
                convertView = LayoutInflater.from(context).inflate(
                                R.layout.item_device_list, null);
        }
        TextView nameTv = (TextView) convertView
                        .findViewById(R.id.item_device_name_tv);
        TextView macTv = (TextView) convertView
                        .findViewById(R.id.item_device_mac_tv);
        TextView stateTv = (TextView) convertView
                        .findViewById(R.id.item_device_state_tv);

        nameTv.setText(device.getName());
        macTv.setText(device.getAddress());
        stateTv.setText(convertState(device.getBondState()));
        return convertView;

}
```

```
/**
 * 将数字状态转换为文本
 *
 * @param bondState
 * @return
 */
private String convertState(int bondState) {
    switch (bondState) {
    case BluetoothDevice.BOND_BONDED:
        return "已配对";
    case BluetoothDevice.BOND_BONDING:
        return "配对中";
    case BluetoothDevice.BOND_NONE:
        return "未配对";
    }
    return "未知状态";
}
}
```

在上述代码中，通过继承 BaseAdapter 类实现了自定义适配器，主要用于解析 Activity 中传入的蓝牙设备列表(List<BluetoothDevice>devices)，然后把它显示到 ListView 控件中，显示的内容为蓝牙设备的名称、MAC 地址和状态。

(6) 之后实现主界面编程，该类主要实现如下功能：
- ✧ 获取本地蓝牙设备名称，并可修改。
- ✧ 显示已配对的设备列表。
- ✧ 查找并显示周围蓝牙设备。
- ✧ 点击列表中的设备进行连接。

修改"MainActivity.java"类，该类中的代码将分步骤实现，首先编写基本代码，包括布局文件中控件的引用等，代码如下：

```
public class MainActivity extends Activity {
    /** 客户端和服务器通信的 UUID */
    public static final String BLUETOOTH_UUID =
                "00001101-0000-1000-8000-00805F9B34FB";
    /** 远端设备地址-标签 */
    public static final String TAG_REMOTE_ADDRESS = "remote_address";
    /** 远端设备名称-标签 */
    public static final String TAG_REMOTE_NAME = "remote_name";
    /** 请求打开蓝牙设备 */
    private static final int BLUETOOTH_REQUEST_ENABLE = 1;
```

```java
/** 蓝牙适配器 */
private BluetoothAdapter bluetoothAdapter = null;

private EditText nameEt = null;
/** 修改蓝牙名称按钮 */
private Button changeNameBtn = null;
/** 查找远端蓝牙设备按钮 */
private Button findBtn = null;
/** 作为服务器按钮 */
private Button serviceBtn = null;
/** 已配对的蓝牙设备列表 */
private ListView bondedDeviceLv = null;
/** 新的蓝牙设备列表 */
private ListView newDeviceLv = null;

/** 进度框 */
private ProgressDialog pDialog = null;

/** 已配对蓝牙设备集合 */
private List<BluetoothDevice> bondedDevices =
        new ArrayList<BluetoothDevice>();
/** 新的蓝牙设备集合 */
private List<BluetoothDevice> newDevices =
        new ArrayList<BluetoothDevice>();

@Override
protected void onCreate(Bundle savedInstanceState) {
        super.onCreate(savedInstanceState);
        setContentView(R.layout.activity_main);

        // 创建 ProgressDialog 进度框，并定义其属性
        pDialog = new ProgressDialog(this);
        pDialog.setCancelable(false);
        pDialog.setMessage("正在扫描蓝牙设备");

        nameEt = (EditText) findViewById(R.id.act_main_btname_et);
        changeNameBtn=
                (Button) findViewById(R.id.act_main_change_name_btn);
        findBtn = (Button) findViewById(R.id.act_main_find_btn);
```

```
            serviceBtn = (Button) findViewById(R.id.act_main_service_btn);
            bondedDeviceLv =
                    (ListView)findViewById(R.id.act_main_device_bonded_list);
            newDeviceLv =
                    (ListView) findViewById(R.id.act_main_device_new_list);
            bondedDeviceLv.setOnItemClickListener(onListItemClickListener);
            newDeviceLv.setOnItemClickListener(onListItemClickListener);

            changeNameBtn.setOnClickListener(onBtnClickListener);
            findBtn.setOnClickListener(onBtnClickListener);
            serviceBtn.setOnClickListener(onBtnClickListener);

            bluetoothAdapter = BluetoothAdapter.getDefaultAdapter();
            // 检测蓝牙设备是否已开启
            if (bluetoothAdapter.isEnabled()) {
                    initBluetooth();
            } else {
                    openBluetooth();
            }
    }

    private OnClickListener onBtnClickListener = new OnClickListener() {
            @Override
            public void onClick(View v) {

                    if (v == changeNameBtn) {
                            // 修改本地蓝牙名称
                            String name = nameEt.getText().toString();
                            boolean rst = bluetoothAdapter.setName(name);
                            Toast.makeText(MainActivity.this, rst ?
                                    "名称已修改" : "修改失败",
                                            Toast.LENGTH_SHORT).show();
                    } else if (v == findBtn) {
                            findBluetooth();
                    } else if (v == serviceBtn) {
                            // 打开服务器通信页面
                            Intent intent = new Intent(getApplicationContext(),
                                    BluetoothServiceActivity.class);
                            startActivity(intent);
```

```
            }
         }
      };
}
```

上述代码对程序中用到的常量进行了定义，实现了按钮的监听事件。开启蓝牙设备，通过 openBluetooth()方法来实现。该方法通过向用户发出请求的方式开启蓝牙设备，重写 onActivityResult()方法监听蓝牙是否已启动，代码如下：

```
/**
 * 开启蓝牙
 */
protected void openBluetooth() {
      // 向用户发出请求，开启蓝牙设备
      Intent intent = new Intent(BluetoothAdapter.ACTION_REQUEST_ENABLE);
      startActivityForResult(intent, BLUETOOTH_REQUEST_ENABLE);
}
@Override
protected void onActivityResult(int requestCode, int resultCode,
   Intent data) {
      super.onActivityResult(requestCode, resultCode, data);
      if (requestCode == BLUETOOTH_REQUEST_ENABLE) {
            if (resultCode ==RESULT_OK) {
            Toast.makeText(this,"蓝牙开启成功",Toast.LENGTH_SHORT).show();
            initBluetooth();
            } else {
            Toast.makeText(this,"蓝牙开启失败",Toast.LENGTH_SHORT).show();
            }

      }
}
```

当蓝牙设备已开启后，调用 initBluetooth()方法显示蓝牙名称等信息，代码如下：

```
private void initBluetooth() {
      // 获取本机蓝牙设备名称，显示到 TextView
      String btName = bluetoothAdapter.getName();
      nameEt.setText(btName);
      // 显示历史配对的蓝牙设备
      showBondedBluetooth();
}
```

接下来完成查找远端蓝牙设备编码：首先创建 BroadcastReceiver 广播接收器，用于接收发现蓝牙设备和查找完成的广播；然后注册这个广播接收器；最后执行查找远端蓝牙设

备的请求。代码如下:

```
/**
 * 查找远端蓝牙设备
 */
protected void findBluetooth() {
    pDialog.show();
    registReceiver();
    // 开始查找蓝牙设备
    bluetoothAdapter.startDiscovery();
}

/**
 * 注册监听
 */
private void registReceiver() {
    IntentFilter fileter = new IntentFilter();
    fileter.addAction(BluetoothDevice.ACTION_FOUND);
    fileter.addAction(BluetoothAdapter.ACTION_DISCOVERY_FINISHED);
    registerReceiver(bluetoothReceiver, filter);
}
private final BroadcastReceiver bluetoothReceiver =
    new BroadcastReceiver() {
        @Override
        public void onReceive(Context context, Intent intent) {
            String action = intent.getAction();
            if (BluetoothDevice.ACTION_FOUND.equals(action)) {
                BluetoothDevice device =
                intent.getParcelableExtra(BluetoothDevice.EXTRA_DEVICE);
                if (device.getBondState()!= BluetoothDevice.BOND_BONDED) {
                    // 去除重复添加的设备
                    if (!newDevices.contains(device)) {
                        newDevices.add(device);
                    }
                }
            } else if (BluetoothAdapter.ACTION_DISCOVERY_FINISHED
                    .equals(action)) {
                pDialog.dismiss();
                unregisterReceiver(bluetoothReceiver);
                //扫描完毕，显示查找到的蓝牙设备
```

```
                showFoundDevices();
            }
        }
    };
```

当完成查找远端蓝牙设备操作后，通过 showFoundDevices()方法将查找到的蓝牙设备绑定到 ListView，代码如下：

```
/**
 * 显示已经找到的蓝牙设备
 */
protected void showFoundDevices() {
    BluetoothListAdapter bondedAdapter = new BluetoothListAdapter(this,
            newDevices);
    newDeviceLv.setAdapter(bondedAdapter);
}
```

至此，扫描远端蓝牙操作已经完成。接下来编写用于显示已配对设备列表的代码：

```
/**
 * 显示已配对蓝牙设备
 */
protected void showBondedBluetooth() {
    Set<BluetoothDevice> deviceSet = bluetoothAdapter.getBondedDevices();
    if (deviceSet.size() == 0) {
        Toast.makeText(this, "没有已配对设备", Toast.LENGTH_SHORT).show();
        return;
    }
    bondedDevices = new ArrayList<BluetoothDevice>(deviceSet);
    BluetoothListAdapter bondedAdapter = new BluetoothListAdapter(this,
            bondedDevices);
    bondedDeviceLv.setAdapter(bondedAdapter);
}
```

最后要实现点击列表中的设备，进行连接，对 ListView 添加 OnItemClickListener 监听器。本示例中有已配对设备列表和新的设备列表两个 ListView，使用同一个监听器即可，代码如下：

```
private OnItemClickListener onListItemClickListener =
    new OnItemClickListener() {
        @Override
        public void onItemClick(AdapterView<?> parent, View view,
        int position,long id) {
            BluetoothDevice device = null;
            // 判断点击的 ListView，获取相应的设备对象
```

```
        if (parent == bondedDeviceLv) {
                device = bondedDevices.get(position);
        } else if (parent == newDeviceLv) {
                device = newDevices.get(position);
        }
        // 打开客户端通信页面
        Intent intent = new Intent(getApplicationContext(),
                        BluetoothClientActivity.class);
        intent.putExtra(TAG_REMOTE_NAME, device.getName());
        intent.putExtra(TAG_REMOTE_ADDRESS, device.getAddress());
        startActivity(intent);
    }
};
```

传统蓝牙通信

在代码中，首先对点击了哪个 ListView 进行判断，之后获取相应的蓝牙设备对象，创建 Intent，并将设备的名称和地址添加到 Intent 中，最后启动客户端页面。

至此，"MainActivity.java"类中的代码已完成编写。

(7) 在"AndroidManifest.xml"文件中进行相关配置，注册 Activity 类的代码不再赘述。注册蓝牙操作相关权限，代码如下：

```
<uses-permission android:name="android.permission.BLUETOOTH" />
<uses-permission android:name="android.permission.BLUETOOTH_ADMIN" />
```

(8) 分别在两个终端中运行本程序，并进行通信，其中一个作服务端，另一个作客户端。扫描设备完成界面如图 7-5 所示，客户端与服务器通信界面如图 7-6 所示。

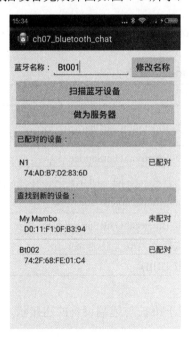

图 7-5　扫描设备完成界面

图 7-6　客户端与服务器通信界面

7.5.3 BLE 技术概述

BLE 是 "Bluetooth Low Energy" 的缩写，叫作低功耗蓝牙设备。相对于传统蓝牙技术，该技术具有更低的功耗，一节纽扣电池足可以使其工作数年之久，被广泛应用于蓝牙耳机、蓝牙音箱以及物联网的实现中。

本小节示例中用到的 BLE 技术有以下相关类。

1. BluetoothGattCharacteristic

该类是构造 BluetoothGattService 的基本元素，包含 1 个 Value 值和可选的多个描述信息，它的对象通过一个 UUID 唯一标识，常用方法如表 7-14 所示。

表 7-14　BluetoothGattCharacteristic 类常用方法

方　法　名	描　　述
addDescriptor(BluetoothGattDescriptor descriptor)	添加一个描述对象
getDescriptor(UUID uuid)	通过传入的 UUID 获取指定描述对象
getDescriptors()	获取描述对象列表
getService()	获取 characteristic 所属的服务对象
getPermissions()	获取 characteristic 的权限
getProperties()	获取 characteristic 的属性
getUuid()	获取 UUID
getValue()	获取 characteristic 存储的值
setValue(String value)	设置 characteristic 存储的值

2. BluetoothGattService

该类用于描述蓝牙 GATT 协议服务，是 BluetoothGattCharacteristic 的集合，该类对象通过一个 UUID 唯一标识，常用方法如表 7-15 所示。

表 7-15　BluetoothGattService 类常用方法

方　法　名	描　　述
addCharacteristic(BluetoothGattCharacteristic characteristic)	添加 BluetoothGattCharacteristic
addService(BluetoothGattService service)	添加 BluetoothGattService
getCharacteristic(UUID uuid)	通过传入的 UUID 获取指定的 BluetoothGattCharacteristic 对象
getCharacteristics()	获取 BluetoothGattCharacteristic 列表
getType()	获取服务类型(主/从设备)
getUuid()	获取 UUID

3. BluetoothGatt

BluetoothGatt 是蓝牙 GATT 协议的描述对象，用于维护与远端设备的连接状态、与远端设备的通信等，常用方法如表 7-16 所示。

表 7-16　BluetoothGatt 类常用方法

方　法　名	描　　述
connect()	连接到远端设备
close()	关闭蓝牙 GATT 协议客户端
disconnect()	断开建立的连接
discoverServices()	开启发现远端设备的服务以及特征和描述符等
getDevice()	获取远端蓝牙设备
getServices()	获取 GATT 远端设备提供的服务列表
setCharacteristicNotification(BluetoothGattCharacteristic characteristic, boolean enable)	设置当指定 characteristic 值发生变化时是否发出通知
writeCharacteristic(BluetoothGattCharacteristic characteristic)	写入一个 characteristic 到远端设备
readRemoteRssi()	获取远端设备的 RSSI

4．BluetoothManager

该类用于管理蓝牙的相关功能，例如获取蓝牙适配器、已连接的蓝牙列表、设备的连接状态等，常用方法如表 7-17 所示。

表 7-17　BluetoothManager 类常用方法

方　法　名	描　　述
getAdapter()	获取默认的蓝牙适配器
getConnectedDevices(int profile)	获取已连接的设备列表，参数"profile"表示设备类型： BluetoothGatt.GATT：从设备； BluetoothGatt.GATT_SERVER：主设备
getConnectionState(BluetoothDevice device, int profile)	获取设备的连接状态，返回的状态常量值被定义在 BluetoothGatt 类中，包括： STATE_CONNECTED：已连接； STATE_CONNECTING：正在连接； STATE_DISCONNECTED：已断开； STATE_DISCONNECTING：正在断开

5．BluetoothGattCallback

该类用于蓝牙 GATT 协议回调。创建 GATT 协议连接时，需要传入该对象，用于实现与通信相关的监听。该类常用回调方法如表 7-18 所示。

表 7-18　BluetoothGattCallback 类常用回调方法

方　法　名	描　　述
onConnectionStateChange(BluetoothGatt gatt, int status, int newState)	连接状态改变时发生回调
onServicesDiscovered(BluetoothGatt gatt, int status)	发现新的服务时发生回调
onCharacteristicChanged(BluetoothGatt gatt, BluetoothGattCharacteristic characteristic)	characteristic 发生变化时发生回调

7.5.4 通过 BLE 技术与设备通信

本小节将利用 BLE 技术与开发板(集成蓝牙)进行通信,模拟练习设备联网的应用。单体形式的串口蓝牙 4.0 模块如图 7-7 所示,开发时只要将此模块插入开发板相应接口,即可进行数据通信。示例中用的蓝牙设备是集成在核心板上的,详见开发板 V2X1.0。

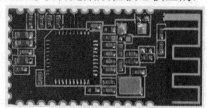

图 7-7 单体串口蓝牙 4.0 模块

需要注意的是,在使用 BLE 技术时,设备间的连接和通信必须具有相同的 UUID。因此,在开发应用程序之前,首先需要了解蓝牙模块的 UUID,不同的蓝牙模块生产厂商可能会设置不同的 UUID,这需要查阅模块对应的技术手册来获取。本示例蓝牙模块型号是"DX-BT05",支持的服务是"Central & Peripheral UUID FFE0,FFE1"。从支持的服务信息可得知:UUID 为"FFE0"和"FFE1"。通常第一个 UUID 指的是 BluetoothGattService 对象的 UUID。在该对象中,可以通过第二个 UUID 获取用于通信的 BluetoothGatt Characteristic 对象。本示例中的 UUID 为:

✧ BluetoothGattService UUID:0000ffe0-0000-1000-8000-00805f9b34fb。

✧ BluetoothGattCharacteristic UUID:0000ffe1-0000-1000-8000-00805f9b34fb。

1. 通信流程

本示例中,手机端与设备通信的主从关系为:手机端为"主",设备为"从"。主要通信流程如下:

(1) 扫描支持 BLE 技术的远端蓝牙设备,代码如下:

```
bluetoothAdapter.startLeScan(bleScanCallback);
```

"bleScanCallback"为回调对象,当扫描到远端设备时,会执行该对象中的 onLeScan()回调方法,将设备添加到列表中保存。

(2) 点击扫描结果列表,与相应的设备进行连接,代码如下:

```
BluetoothGattbluetoothGatt = device.connectGatt(this, false, bluetoothGattCallback);
```

当连接到设备后,会返回 BluetoothGatt 对象。"bluetoothGattCallback"为回调对象,当连接状态改变时,会执行该对象中的 onConnectionStateChange()回调方法,判断是否连接成功。

(3) 成功连接 BLE 设备后,开始获取(发现)该设备的所有 GATT 服务(Bluetooth GattService),代码如下:

```
bluetoothGatt.discoverServices();
```

(4) 当获取到新的 GATT 服务时,会调用"bluetoothGattCallback"回调对象中的 onServicesDiscovered()方法。在此方法中遍历发现的服务,通过指定的 BluetoothGattService 对象的 UUID 找到对应的服务,然后通过指定的 BluetoothGattCharacteristic 对象的

UUID，获取该服务中对应的 BluetoothGattCharacteristic 对象。

在 onServicesDiscovered()回调方法中获取服务列表的代码如下：

```
List<BluetoothGattService> gattServices = bluetoothGatt.getServices();
```

通过指定 UUID 获取服务中对应的 BluetoothGattCharacteristic 对象的代码如下：

```
UUID uuid = UUID.fromString(UUID_KEY_CHARACT);
BluetoothGattCharacteristicgattCharacteristic =
    gattService.getCharacteristic(uuid);
```

(5) 成功获取到所需要的 BluetoothGattCharacteristic 对象之后，通过该对象可以进行手机端与设备的通信。当设备向手机发送数据时，"bluetoothGattCallback"对象中的 onCharacteristicChanged()会被触发，可以通过该方法中的"characteristic"对象获取设备发送的数据，代码如下：

```
byte[] msgByte = characteristic.getValue();
String msgStr=new String(msg);
```

手机端向设备发送数据，代码如下：

```
gattCharacteristic.setValue("Hello!");
boolean rst = bluetoothGatt.writeCharacteristic(gattCharacteristic);
```

2．通信示例

下述示例用于实现：利用 BLE 技术实现与 7.5.2 小节相同的功能，以加深对车载终端中蓝牙通讯设备领域知识的理解。要求如下：

◇　能够扫描周围 BLE 蓝牙设备。

◇　单击设备打开设备控制界面进行通信。

◇　使用与 7.5.2 小节相同的通信协议。

(1) 创建项目"ch07_BLE_IoT"，首先创建主界面中用于显示设备列表的 Adapter 适配器。创建适配器用到的 Item 布局文件"item_device_list.xml"，代码如下：

```
<LinearLayout xmlns:android="http://schemas.android.com/apk/res/android"
    xmlns:tools="http://schemas.android.com/tools"
    android:layout_width="match_parent"
    android:layout_height="match_parent"
    android:orientation="vertical"
    android:padding="10dp" >
<TextView
    android:id="@+id/item_device_name_tv"
    android:layout_width="wrap_content"
    android:layout_height="wrap_content"
    android:text="蓝牙名称"
    android:textSize="16sp" />
<TextView
    android:id="@+id/item_device_mac_tv"
    android:layout_width="wrap_content"
```

```
            android:layout_height="wrap_content"
            android:layout_marginLeft="10dp"
            android:text="MAC"
            android:textSize="16sp" />
</LinearLayout>
```

(2) 创建适配器"LBEDeviceListAdapter.java"类，代码如下：

```
public class LBEDeviceListAdapter extends BaseAdapter {
        private Context context = null;
        private List<BluetoothDevice> devices = null;

        public LBEDeviceListAdapter(Context context,
        List<BluetoothDevice> devices) {
                this.context = context;
                this.devices = devices;
        }
        @Override
        public int getCount() {
                return devices.size();
        }
        @Override
        public Object getItem(int position) {
                return devices.get(position);
        }
        @Override
        public long getItemId(int position) {
                return position;
        }
        @Override
        public View getView(int position, View convertView,
        ViewGroup parent) {

                BluetoothDevice device = devices.get(position);
                if (convertView == null) {
                        convertView = LayoutInflater.from(context).inflate(
                                        R.layout.item_device_list, null);
                }
                TextView nameTv = (TextView) convertView
                                .findViewById(R.id.item_device_name_tv);
                TextView macTv = (TextView) convertView
```

```
                    .findViewById(R.id.item_device_mac_tv);

            nameTv.setText(device.getName());
            macTv.setText(device.getAddress());
            return convertView;
        }
}
```

（3）完成主界面的编写，主要功能是扫描周围的蓝牙设备。单击设备后，打开设备控制界面。修改"activity_main.xml"布局文件，代码如下：

```
<LinearLayout xmlns:android="http://schemas.android.com/apk/res/android"
    xmlns:tools="http://schemas.android.com/tools"
    android:layout_width="match_parent"
    android:layout_height="match_parent"
    android:background="#ededed"
    android:orientation="vertical"
    android:padding="10dp" >


<Button
        android:id="@+id/act_main_find_btn"
        android:layout_width="fill_parent"
        android:layout_height="wrap_content"
        android:text="扫描蓝牙设备" />


<ListView
        android:id="@+id/act_main_lv"
        android:layout_width="fill_parent"
        android:layout_height="wrap_content"
        android:layout_marginTop="10dp" />
</LinearLayout>
```

（4）修改"MainActivity.java"类，首先编写基础代码，包括控件引用、监听等，代码如下：

```
public class MainActivity extends Activity {

    private LBEDeviceListAdapter deviceListAdapter;
    private BluetoothAdapter bluetoothAdapter;
    private List<BluetoothDevice> devices =
            new ArrayList<BluetoothDevice>();

    private Button scanBtn = null;
```

```java
private ListView listView = null;

@Override
public void onCreate(Bundle savedInstanceState) {
        super.onCreate(savedInstanceState);
        setContentView(R.layout.activity_main);

        scanBtn = (Button) findViewById(R.id.act_main_find_btn);
        listView = (ListView) findViewById(R.id.act_main_lv);

        scanBtn.setOnClickListener(new OnClickListener() {
                @Override
                public void onClick(View arg0) {
                        scanLeDevice(true);
                }
        });

        // 初始化蓝牙相关操作
        initBlutooth();

        // 初始化设备列表
        initDeviceList();
}

/**
 * 初始化蓝牙相关操作
 */
private void initBlutooth() {
        final BluetoothManager bluetoothManager =
          (BluetoothManager) getSystemService(Context.BLUETOOTH_SERVICE);
        bluetoothAdapter = bluetoothManager.getAdapter();

        // 如果蓝牙不可用，强制开启
        if (!bluetoothAdapter.isEnabled()) {
                bluetoothAdapter.enable();
        }
}

/**
```

```
     * 初始化设备列表
     */
    private void initDeviceList() {
        deviceListAdapter = new LBEDeviceListAdapter(this, devices);
        listView.setAdapter(deviceListAdapter);
        listView.setOnItemClickListener(new OnItemClickListener() {
            @Override
            public void onItemClick(AdapterView<?> arg0, View arg1,
                        int position, long arg3) {
                final BluetoothDevice device = devices.get(position);
                Intent intent = new Intent(MainActivity.this,
                        ControlActivity.class);
                intent.putExtra("device_address",
                        device.getAddress());
                startActivity(intent);

            }
        });
    }
}
```

接下来添加扫描设备方法，代码如下：

```
private void scanLeDevice(final boolean enable) {
    bluetoothAdapter.startLeScan(bleScanCallback);
    // 10 秒后停止扫描
    new Handler().postDelayed(new Runnable() {
        @Override
        public void run() {
            bluetoothAdapter.stopLeScan(bleScanCallback);
        }
    }, 1000 * 10);
}
```

在上述代码中，执行扫描蓝牙操作，通过 Handler. postDelayed()方法控制在 10 秒后停止扫描。调用 startLeScan()方法需要传入回调对象，用于发现设备后进行回调操作，通常使用内部类的形式实现，回调类代码如下：

```
private BluetoothAdapter.LeScanCallback bleScanCallback = new
    BluetoothAdapter.LeScanCallback() {

    @Override
    public void onLeScan(final BluetoothDevice device, int rssi,
```

```
        byte[] scanRecord) {
            devices.add(device);
            deviceListAdapter.notifyDataSetChanged();
        }
};
```

上述代码将扫描到的蓝牙设备显示到列表中。至此，主界面功能已完成。

(5) 实现设备控制界面。首先创建布局文件"act_control_layout.xml"，代码如下：

```xml
<RelativeLayout xmlns:android="http://schemas.android.com/apk/res/android"
    xmlns:tools="http://schemas.android.com/tools"
    android:layout_width="match_parent"
    android:layout_height="match_parent"
    android:background="#ededed"
    android:padding="5dp" >

    <LinearLayout
        android:id="@+id/lltop"
        android:layout_width="wrap_content"
        android:layout_height="wrap_content"
        android:orientation="vertical" >

        <TextView
            android:layout_width="fill_parent"
            android:layout_height="wrap_content"
            android:text="环境参数"
            android:textSize="16sp" />

        <TextView
            android:id="@+id/act_ctr_envir_tv"
            android:layout_width="wrap_content"
            android:layout_height="wrap_content"
            android:text="温度：0℃ - 湿度：0% - 光照强度：0"
            android:textSize="16sp" />
    </LinearLayout>

    <LinearLayout
        android:id="@+id/llcenter"
        android:layout_width="fill_parent"
        android:layout_height="fill_parent"
        android:layout_above="@+id/llbottom"
        android:layout_below="@+id/lltop"
```

```
        android:orientation="vertical" >

    <TextView
        android:layout_width="fill_parent"
        android:layout_height="wrap_content"
        android:text="事件触发"
        android:textSize="16sp" />

    <ScrollView
        android:id="@+id/act_ctr_scroll"
        android:layout_width="fill_parent"
        android:layout_height="fill_parent" >

    <TextView
            android:id="@+id/act_ctr_event_tv"
            android:layout_width="fill_parent"
            android:layout_height="fill_parent"
            android:textSize="16sp" />
    </ScrollView>
</LinearLayout>

<LinearLayout
    android:id="@+id/llbottom"
    android:layout_width="fill_parent"
    android:layout_height="wrap_content"
    android:layout_alignParentBottom="true"
    android:orientation="vertical" >

    <Button
        android:id="@+id/act_ctr_screen_btn"
        android:layout_width="fill_parent"
        android:layout_height="wrap_content"
        android:text="发送屏显" />

    <Button
        android:id="@+id/act_ctr_buzz_btn"
        android:layout_width="fill_parent"
        android:layout_height="wrap_content"
        android:text="蜂鸣器报警" />
```

```xml
<TextView
    android:layout_width="fill_parent"
    android:layout_height="wrap_content"
    android:layout_marginTop="5dp"
    android:text="LED 灯控制"
    android:textSize="16sp" />

<LinearLayout
    android:layout_width="wrap_content"
    android:layout_height="wrap_content"
    android:layout_gravity="center_horizontal"
    android:orientation="horizontal" >

    <Switch
        android:id="@+id/act_ctr_led1_sw"
        android:layout_width="wrap_content"
        android:layout_height="wrap_content"
        android:layout_marginTop="15dp"
        android:layout_weight="1"
        android:switchMinWidth="2dp"
        android:switchPadding="2dp"
        android:text="1 号灯"
        android:textOff="关"
        android:textOn="开" />

    <Switch
        android:id="@+id/act_ctr_led2_sw"
        android:layout_width="wrap_content"
        android:layout_height="wrap_content"
        android:layout_marginLeft="20dp"
        android:layout_marginTop="15dp"
        android:layout_weight="1"
        android:switchMinWidth="0dp"
        android:switchPadding="2dp"
        android:text="2 号灯"
        android:textOff="关"
        android:textOn="开" />
</LinearLayout>

<LinearLayout
```

```
            android:layout_width="wrap_content"
            android:layout_height="wrap_content"
            android:layout_gravity="center_horizontal"
            android:orientation="horizontal" >

            <Switch
                android:id="@+id/act_ctr_led3_sw"
                android:layout_width="wrap_content"
                android:layout_height="wrap_content"
                android:layout_marginTop="15dp"
                android:layout_weight="1"
                android:switchMinWidth="2dp"
                android:switchPadding="2dp"
                android:text="3 号灯"
                android:textOff="关"
                android:textOn="开" />

            <Switch
                android:id="@+id/act_ctr_led4_sw"
                android:layout_width="wrap_content"
                android:layout_height="wrap_content"
                android:layout_marginLeft="20dp"
                android:layout_marginTop="15dp"
                android:layout_weight="1"
                android:switchMinWidth="2dp"
                android:switchPadding="2dp"
                android:text="4 号灯"
                android:textOff="关"
                android:textOn="开" />
        </LinearLayout>
    </LinearLayout>
</RelativeLayout>
```

　　该界面主要用于实现显示设备检测到的环境信息、事件触发记录，以及控制设备等功能。

　　(6) 创建 "ControlActivity.java" 类。该类为程序核心类，代码将分步骤实现。首先编写基本代码，包括布局文件中控件的引用等，代码如下：

```
public class ControlActivity extends Activity {
    /** 系统消息 */
    private final static int TAG_WHAT_SYS = 1;
    /** 设备发送来的消息 */
    private final static int TAG_WHAT_DEVICE = 2;
```

```java
/** Socket 通信对象 */
private Socket socket;
/** 手机端通信线程 */
private SocketThread socketThread;

private ScrollView scrollView = null;
/** 环境信息 */
private TextView envirInfoTv = null;
/** 事件信息 */
private TextView eventInfoTv = null;
/** 发送屏显 */
private Button screenBtn = null;
/** 蜂鸣器报警 */
private Button buzzBtn = null;
/** 控制四个 LED 灯 */
private Switch led1Sw = null;
private Switch led2Sw = null;
private Switch led3Sw = null;
private Switch led4Sw = null;

@Override
protected void onCreate(Bundle savedInstanceState) {
        super.onCreate(savedInstanceState);
        setContentView(R.layout.act_control_layout);

scrollView = (ScrollView) findViewById(R.id.act_ctr_scroll);
        envirInfoTv = (TextView) findViewById(R.id.act_ctr_envir_tv);
        eventInfoTv = (TextView) findViewById(R.id.act_ctr_event_tv);
        screenBtn = (Button) findViewById(R.id.act_ctr_screen_btn);
        buzzBtn = (Button) findViewById(R.id.act_ctr_buzz_btn);
        led1Sw = (Switch) findViewById(R.id.act_ctr_led1_sw);
        led2Sw = (Switch) findViewById(R.id.act_ctr_led2_sw);
        led3Sw = (Switch) findViewById(R.id.act_ctr_led3_sw);
        led4Sw = (Switch) findViewById(R.id.act_ctr_led4_sw);
        led1Sw.setTag("led1");
        led2Sw.setTag("led2");
        led3Sw.setTag("led3");
        led4Sw.setTag("led4");
```

```
            screenBtn.setOnClickListener(onBtnClickListener);
            buzzBtn.setOnClickListener(onBtnClickListener);
            led1Sw.setOnCheckedChangeListener(onSwitchChangeListener);
            led2Sw.setOnCheckedChangeListener(onSwitchChangeListener);
            led3Sw.setOnCheckedChangeListener(onSwitchChangeListener);
            led4Sw.setOnCheckedChangeListener(onSwitchChangeListener);
            // 初始化连接
            initConn();
    }
}
```

上述代码主要实现了对布局控件的引用。其中，4 个 Switch 开关控件用于控制设备中 4 个 LED 灯的开关，将指令名称以 Tag 属性的形式分别添加到这 4 个控件中；"eventInfoTv" 对象是事件信息文本框，用于显示事件的相关信息，被放置于 ScrollView 控件中，支持上下滑动。

接下来建立与设备通信的连接和连接用到的回调对象。回调对象是一个内部类对象，代码如下：

```
/**
 * 连接到设备
 */
private void initConn() {
        String str = "系统：正在尝试连接设备";
        eventInfoTv.append(str + "\n");

        String address = getIntent().getStringExtra("device_address");
        BluetoothManager bluetoothManager =
                (BluetoothManager) getSystemService(Context.BLUETOOTH_SERVICE);
        bluetoothAdapter = bluetoothManager.getAdapter();
        BluetoothDevice device = bluetoothAdapter.getRemoteDevice(address);
        bluetoothGatt = device.connectGatt(this, false,
                bluetoothGattCallback);
}
private final BluetoothGattCallback bluetoothGattCallback =
    new BluetoothGattCallback() {
    // 当连接状态发生改变
    @Override
    public void onConnectionStateChange(BluetoothGatt gatt, int status,
    int newState) {
            if (newState == BluetoothProfile.STATE_CONNECTED) {
                // 蓝牙设备已经连接
```

```
                sendMsgToHandler(TAG_WHAT_SYS, "系统：设备已连接");
                sendMsgToHandler(TAG_WHAT_SYS, "系统：正在查询可用通信服务");
                bluetoothGatt.discoverServices();
        } else if (newState == BluetoothProfile.STATE_DISCONNECTED) {
                sendMsgToHandler(TAG_WHAT_SYS, "系统：连接已断开");
        }
    }


// 发现服务端
@Override
public void onServicesDiscovered(BluetoothGatt gatt, int status) {
    if (status == BluetoothGatt.GATT_SUCCESS) {
        List<BluetoothGattService> gattServices = bluetoothGatt
                .getServices();
        for (BluetoothGattService gattService : gattServices) {
        // 找到 UUID 与 UUID_KEY_SERVER 匹配的 BluetoothGattService
        if (gattService.getUuid().toString()
                .equals(UUID_KEY_SERVER)) {
        // 通过 UUID_KEY_CHARACT 找到可以与蓝牙模块通信的 Characteristic
                UUID uuid = UUID.fromString(UUID_KEY_CHARACT);
                gattCharacteristic = gattService
                                .getCharacteristic(uuid);
                if (gattCharacteristic != null) {
                        bluetoothGatt.setCharacteristicNotification(
                        gattCharacteristic, true);
                        sendMsgToHandler(TAG_WHAT_SYS,
                                "系统：通信服务已建立");
                        return;
                }
                break;
            }
        }
        sendMsgToHandler(TAG_WHAT_SYS, "系统：无可用通信服务");
    }
}


// Characteristic 对象发生改变
@Override
public void onCharacteristicChanged(BluetoothGatt gatt,
```

```
                    BluetoothGattCharacteristic characteristic) {
            // 获取 Value 值，发送到 Handler 进行处理
            byte[] msg = characteristic.getValue();
            sendMsgToHandler(TAG_WHAT_DEVICE, new String(msg));
        }
};
```

在上述代码中，"bluetoothGattCallback"回调对象用于监听连接状态，发现新的服务端，监听 Characteristic 对象的改变，也是蓝牙 BLE 通信的核心。当监听到设备发来的数据时，通过 sendMsgToHandler(TAG_WHAT_DEVICE, msg)方法将数据发送到 Handler 进行处理。处理设备发来的数据流程代码如下：

```
/**
 * 发送消息到 Handler
 *
 * @param what
 * @param msgStr
 */
public void sendMsgToHandler(int what, final String msgStr) {
        //代码同 7.5.2 小节示例，此处略
}

Handler handler = new Handler() {
        @Override
        public void handleMessage(Message msg) {
                //代码同 7.5.2 小节示例，此处略
        }
};

/**
 * 处理设备发送的消息
 *
 * @param msg
 */
private void handleMsgForDevice(String msgStr) {
        //代码同 7.5.2 小节示例，此处略
        scrollToLast();
}
```

上述代码与 7.5.2 小节示例中对应的代码完全相同，此处不再赘述。添加 scrollToLast()方法，同样与 7.5.2 小节示例相同：

```
private void scrollToLast() {
```

```
        //代码同 7.5.2 小节示例，此处略
}
```

至此，单向监听设备发送信息的功能已实现，接下来实现向设备发送指令，控制设备模块的功能。

Button 按钮、Switch 开关控件的事件监听及相关方法的实现代码也与 7.5.2 小节示例代码相同，如下所示：

```
/** 按钮点击事件 */
private OnClickListener onBtnClickListener = new OnClickListener() {
        @Override
        public void onClick(View v) {
                //代码同 7.5.2 小节示例，此处略
        }
};
/** Switch 开关改变事件 */
private OnCheckedChangeListener onSwitchChangeListener =
        new OnCheckedChangeListener() {
        @Override
        public void onCheckedChanged(CompoundButton v, boolean checked) {
                //代码同 7.5.2 小节示例，此处略
        }
};
/**
 * 显示发送屏显消息对话框
 */
protected void showSendScreenMsgDialog() {
        //代码同 7.5.2 小节示例，此处略}

/**
 * 发送蜂鸣器报警
 */
protected void sendBuzzer() {
        //代码同 7.5.2 小节示例，此处略
}
```

与设备通信

接下来实现 buildCmdDataToDevice()方法，该方法在功能方面与 7.5.2 小节示例相应部分相同，但具体实现的代码不同，代码如下：

```
/**
 * 构建指令并发送指令到设备
 *
 * @param event
```

```
* @param param
*/
private void buildCmdDataToDevice(String event, String param) {
    String cmd = event + ":" + param;
    // 设置数据内容
    gattCharacteristic.setValue(cmd);
    // 往蓝牙模块写入数据
    boolean rst = bluetoothGatt.writeCharacteristic(gattCharacteristic);
    if (rst) {
        eventInfoTv.append("发送 " + event + " 指令成功\n");
    } else {
        eventInfoTv.append("发送 " + event + " 指令失败\n");
    }
    scrollToLast();
}
```

在上述代码中，通过 bluetoothGatt.writeCharacteristic()方法将指令发送到设备上。

最后，在关闭程序之前需要先断开与设备的连接，释放资源，代码如下：

```
@Override
protected void onDestroy() {
    if (bluetoothGatt != null) {
        if (bluetoothGatt.connect()) {
            bluetoothGatt.disconnect();
        }
    }
    super.onDestroy();
}
```

至此，设备控制界面已完成。

(7) 在"AndroidManifest.xml"配置文件中注册"ControlActivity.java"类，代码略。

(8) 在"AndroidManifest.xml"配置文件中声明必要的权限，代码如下：

```
<uses-permission android:name="android.permission.INTERNET" />
<uses-permission android:name="android.permission.ACCESS_WIFI_STATE" />
<uses-permission android:name="android.permission.ACCESS_NETWORK_STATE" />
```

(9) 运行程序进行测试，手机端效果与 7.5.2 小节示例的运行效果相同(见图 7-6)。

本 章 小 结

通过本章的学习，读者应该能够学会：

◇ Socket 通常也称作"套接字"，用来描述通信链的句柄：IP 地址和端口。

◇ ServerSocket 用于监听特定端口的 TCP 连接，其 accept()方法用于监听到来的连接，并返回一个 Socket。

❖ HttpURLConnection 用于连接基于 HTTP 协议的 URL 网络资源。

❖ HttpURLConnection 是一个抽象类，无法直接实例化，其对象主要通过 URL 的 openConnection()方法获得。

❖ Android 中所有访问网络的操作必须在新的线程中执行，不能直接在主线程 (UI 线程)中执行。

❖ 不能在主线程之外的其他线程更新 UI，可以通过 Handler 来更新 UI。

❖ Wi-Fi 是一项基于 IEEE 802.11 标准的无线网络连接技术。

❖ WifiManager 类用于管理终端中 Wi-Fi 设备的开/关、连接网络、配置信息等操作。

❖ Bluetooth 是一种无线技术标准，工作在 2.4 GHz 频段，理论传输距离为 10 m。

❖ 蓝牙 4.0 有两个分支：传统蓝牙 4.0 技术和 BLE4.0 技术。

❖ BluetoothDevice 类用于描述一个远端的蓝牙设备，该对象可以创建一个连接、获取基本信息和连接状态等。

❖ 设置蓝牙可见的默认时间为 120 s，可以通过添加附加值的方式改变可见时间，附加值是 BluetoothAdapter.EXTRA_DISCOVERABLE_DURATION。

❖ 两个设备之间建立连接时，UUID 必须相同。

本 章 练 习

1. 下列不属于 Android 内置网络支持的是_____。

A. Socket

B. HttpClient

C. HttpURLConnection

D. Firefox 浏览器

2. 关于使用 Socket 和 ServerSocket 进行网络通信的说法，不正确的是_____。

A. Socket 的 accept()方法用于接收客户端连接

B. ServerSocket 的 accept()方法用于接收客户端连接

C. 服务器端无需使用 Socket

D. 客户端无需使用 ServerSocket

3. 当系统监测到 Wi-Fi 设备状态发生变化后，会发送_____广播通知。

A. NETWORK_STATE_CHANGED_ACTION

B. RSSI_CHANGED_ACTION

C. SUPPLICANT_CONNECTION_CHANGE_ACTION

D. WIFI_STATE_CHANGED_ACTION

4. 开启设备蓝牙的方式有两种，分别是_____和_____。

5. 在 Android 中针对 HTTP 进行网络通信有_____和_____两种。

6. _____类用于管理本地蓝牙设备，例如打开或关闭蓝牙，启用设备发现以及获取蓝牙设备状态等。

7. 尝试通过蓝牙通信技术在两个终端设备之间传输图片。

8. 简述蓝牙 4.0 相对于之前蓝牙版本的优点。

第 8 章 行车记录仪开发

本章目标

- 理解 MediaPlayer 类的用法。

- 掌握音频视频文件的播放方法。

- 理解 VideoView 类的用法。

- 掌握音频视频文件的存取方法。

- 掌握简单的行车记录仪开发。

- 掌握随车的拍照功能开发。

- 理解行车记录仪在国家交通安全体系建设中的重要作用。

8.1 播放音频和视频

近年来，随着交通管理业务需求的发展，安装于特殊车辆上用于监控、记录车内外运行情况的车载视频记录设备——行车记录仪被广泛采用。

行车记录仪在国家交通安全体系建设中具有重要作用。一方面，行车记录仪在提升道路运输车辆安全管理、防范重点交通违法行为、保障大型客货运车辆的行车安全等方面作用显著；另一方面，行车记录仪录制的音视频在保证真实的前提下，可以帮助交警还原现场，或者作为证据链的一环和公安机关调查的其他证据相互印证，有助于交通事故的责任认定，为公安交通管理部门进行执法提供了技术保障，是实现国家治理体系和治理能力现代化的有力支撑。

为规范车载视频记录取证设备的技术要求，保证取证过程的完整性和规范性，公安部在 2016 年实施的行业标准《车载视频记录取证设备通用技术条件》(GA/T 1299-2016)的基础上，于 2022 年 11 月发布修订版《道路交通安全车载视频记录取证设备通用技术条件》(征求意见稿)，旨在完善行车记录仪的产品功能、明确违法取证要素、统一各项相关标准间的差异，进一步规范执法，为法治国家、法治政府、法治社会的建设提供助力。

本章将进行一个简单行车记录仪的项目开发。首先从实现简单的音频和视频播放、录制功能入手，然后结合车联网开发板集成的高清摄像头，实现当前时间同步显示、视频录制和自动保存、随车拍照功能，最终完成一个行车记录仪项目的开发。下面首先进行音频和视频播放功能的开发。

8.1.1 播放音频

通过使用 android.media.MediaPlayer 类可以实现音频、视频文件的播放和录制功能。播放的文件可以位于本地文件系统中或者项目资源目录下，也可以是网络上的文件流。我们当前的示例是播放存储在系统内存卡根目录中名为 fishzhang.mp3 的文件。

首先，编写布局文件，代码如下：

```xml
<?xml version="1.0" encoding="utf-8"?>
<LinearLayout xmlns:android="http://schemas.android.com/apk/res/android"
    xmlns:app="http://schemas.android.com/apk/res-auto"
    android:orientation="vertical"
    android:layout_width="match_parent"
    android:layout_height="match_parent">

    <Button
        android:id="@+id/play"
        android:layout_width="match_parent"
        android:layout_height="wrap_content"
        android:text="开始" />
```

```
<Button
    android:id="@+id/pause"
     android:layout_width="match_parent"
     android:layout_height="wrap_content"
    android:text="暂停" />

<Button
    android:id="@+id/stop"
     android:layout_width="match_parent"
     android:layout_height="wrap_content"
    android:text="停止" />

<ImageView
     android:layout_width="match_parent"
     android:layout_height="wrap_content"
    app:srcCompat="@drawable/zys"
    android:id="@+id/imageView" />

</LinearLayout>
```

上述代码中定义了开始、暂停、停止三个常用媒体播放按钮，界面布置如图 8-1 所示。

图 8-1 播放音频界面

其次，实现音频播放功能，代码如下：

```java
public class MainActivity extends AppCompatActivity implements View.OnClickListener{

    private MediaPlayer mediaPlayer = new MediaPlayer();

    @Override
    protected void onCreate(Bundle savedInstanceState) {
        super.onCreate(savedInstanceState);
        setContentView(R.layout.activity_main);
        Button play = (Button) findViewById(R.id.play);
        Button pause = (Button) findViewById(R.id.pause);
        Button stop = (Button) findViewById(R.id.stop);
        play.setOnClickListener(this);
        pause.setOnClickListener(this);
        stop.setOnClickListener(this);

        initMediaPlayer(); //初始化 MediaPlayer
    }

    private void initMediaPlayer() {
        try {
            File file = new File(Environment.getExternalStorageDirectory(), "fishzhang.mp3");
                                        //定位要播放文件在系统内存卡上的位置
            mediaPlayer.setDataSource(file.getPath()); //指定音频文件的路径
            mediaPlayer.prepare();                 //让 MediaPlayer 进入到准备状态
        } catch (Exception e) {
            e.printStackTrace();
        }
    }

    @Override
    public void onRequestPermissionsResult(int requestCode, String[] permissions, int[] grantResults) {
        switch (requestCode) {
            case 1:
                if (grantResults.length > 0 && grantResults[0] == PackageManager.PERMISSION_
GRANTED) {
                    initMediaPlayer();
                } else {
                    Toast.makeText(this, "拒绝权限将无法使用程序", Toast.LENGTH_SHORT).show();
                    finish();
```

```
                }
                break;
            default:
        }
    }

    @Override
    public void onClick(View v) {
        switch (v.getId()) {
            case R.id.play:
                if (!mediaPlayer.isPlaying()) {
                    mediaPlayer.start(); //开始播放
                }
                break;
            case R.id.pause:
                if (mediaPlayer.isPlaying()) {
                    mediaPlayer.pause(); //暂停播放
                }
                break;
            case R.id.stop:
                if (mediaPlayer.isPlaying()) {
                    mediaPlayer.reset(); //停止播放
                initMediaPlayer();
                }
                break;
            default:
                break;
        }
    }

    @Override
    protected void onDestroy() {
        super.onDestroy();
        if (mediaPlayer != null) {
            mediaPlayer.stop();
            mediaPlayer.release();
        }
    }
}
```

播放音频

上述程序代码中，通过 File 文件类的 file 对象实现了对播放文件的定位，播放文件是名为 fishzhang.mp3 的本地音频文件；Button 控件实现了父类 android.view.View 的 OnClickListener 接口，通过其下的 onClick()方法监听开始、暂停、停止三个按钮的单击事件。

此外，需要特别注意的是，如果要实现如上述例子中在设备内置 SD 卡上播放音乐文件的播放，还需要在 app 目录下的 AndroidManifest.xml 文件中设置如下权限：

```
<uses-permission android:name="android.permission.WRITE_EXTERNAL_STORAGE" />
```

8.1.2　播 放 视 频

本节通过使用 Android 提供的 android.widget.VideoView 类和相应的 VideoView 控件作为视频播放窗口，结合 File 文件类获取本地文件播放资源，以轻松地实现视频的播放功能。

首先，编写视频播放功能的布局文件，代码如下：

```xml
<?xml version="1.0" encoding="utf-8"?>
<LinearLayout xmlns:android="http://schemas.android.com/apk/res/android"
    android:orientation="vertical"
    android:layout_width="match_parent"
    android:layout_height="match_parent" >

    <LinearLayout
        android:layout_width="match_parent"
        android:layout_height="wrap_content" >
        <Button
            android:id="@+id/play"
            android:layout_width="0dp"
            android:layout_height="wrap_content"
            android:layout_weight="1"
            android:text="开始" />
        <Button
            android:id="@+id/pause"
            android:layout_width="0dp"
            android:layout_height="wrap_content"
            android:layout_weight="1"
            android:text="暂停" />
        <Button
            android:id="@+id/replay"
            android:layout_width="0dp"
            android:layout_height="wrap_content"
            android:layout_weight="1"
            android:text="重新播放" />
    </LinearLayout>
```

上述代码中，定义了一个 VideoView 控件。

其次，编写对应的 MainActivity 类，代码如下：

```java
public class MainActivity extends AppCompatActivity implements View.OnClickListener{

    private VideoView videoView;

    @Override
    protected void onCreate(Bundle savedInstanceState) {
        super.onCreate(savedInstanceState);
        setContentView(R.layout.activity_main);
        //初始化控件
        videoView = (VideoView) findViewById(R.id.video_view);
        Button play = (Button) findViewById(R.id.play);
        Button pause = (Button) findViewById(R.id.pause);
        Button replay = (Button) findViewById(R.id.replay);
        play.setOnClickListener(this);
        pause.setOnClickListener(this);
        replay.setOnClickListener(this);
        //关联播放控制区
        controller = new MediaController(this);
        controller.setMediaPlayer(videoView);
        videoView.setMediaController(controller);
        //全屏
        getWindow().setFlags(WindowManager.LayoutParams.FLAG_FULLSCREEN,WindowManager.Layo
utParams.FLAG_FULLSCREEN);
        //横屏
        setRequestedOrientation(ActivityInfo.SCREEN_ORIENTATION_LANDSCAPE);

        if (ContextCompat.checkSelfPermission(MainActivity.this, Manifest.permission.WRITE_EXTERNAL
_STORAGE) != PackageManager.PERMISSION_GRANTED) {
            ActivityCompat.requestPermissions(MainActivity.this,    new    String[]{    Manifest.permission.
WRITE_EXTERNAL_STORAGE }, 1);
        } else {
            initVideoPath(); //初始化 VideoPlayer
        }
    }

    private void initVideoPath() {
        Environment.getExternalStorageState().equals(
            android.os.Environment.MEDIA_MOUNTED);
```

```
        File file = new File(Environment.getExternalStorageDirectory(), "Blink.mp4");
                                        //定位要播放视频文件在系统内存卡上的位置
    videoView.setVideoPath(file.getPath()); //指定视频文件的路径
}

@Override
public void onRequestPermissionsResult(int requestCode, String[] permissions, int[] grantResults) {
    switch (requestCode) {
        case 1:
            if (grantResults.length > 0 && grantResults[0] == PackageManager.PERMISSION_ GRANTED)
{
                initVideoPath();
            } else {
                Toast.makeText(this, "拒绝权限将无法使用程序", Toast.LENGTH_SHORT).show();
                finish();
            }
            break;
        default:
    }
}

@Override
public void onClick(View v) {
    switch (v.getId()) {
        case R.id.play:
            if (!videoView.isPlaying()) {
                videoView.start(); //开始播放
            }
            break;
        case R.id.pause:
            if (videoView.isPlaying()) {
                videoView.pause(); //暂停播放
            }
            break;
        case R.id.replay:
            if (videoView.isPlaying()) {
                videoView.resume(); //重新播放
            }
            break;
```

```
        }
    }

    @Override
    protected void onDestroy() {
        super.onDestroy();
        if (videoView != null) {
            videoView.suspend();
        }
    }
}
```

播放视频

　　上述代码中，首先设置了全屏以及横屏显示，这样更有利于在配备横屏的车机上进行视频的播放显示；然后通过指定 File 的对象获取播放视频资源的位置，利用对象 VideoView 的 setVideoPath()方法取得资源路径，并将 MediaController 与 videoView 相关联以实现播放时的进度控制。

　　同样，在上述播放视频的例子中，播放的资源文件也可能存放在设备内置的 SD 卡上，那么也需要在项目的 AndroidManifest.xml 文件中设置同样的权限，设置方法请参照音频播放的代码配置。

　　运行上述项目程序代码，界面显示效果如图 8-2 所示。

图 8-2　视频播放界面

8.2　随车拍

　　实际上，目前高配版的行车记录仪除了具有实时录像的功能以外，还配有一键抓拍功能，通过方向盘上的按键控制拍照，方便车主抓拍行车时遇到的精彩瞬间，也便于车主发布和分享外出途中的收获。下面我们来学习如何完成一款简单的"随车拍"的开发。

　　首先，编写布局文件，代码如下：

```
<RelativeLayout xmlns:android="http://schemas.android.com/apk/res/android"
    xmlns:tools="http://schemas.android.com/tools" android:layout_width="match_parent"
```

```
        android:layout_height="match_parent"
        tools:context=".MainActivity">
        <ImageView
        android:layout_width="match_parent"
        android:layout_height="match_parent"
            android:id="@+id/imageView"
            android:scaleType="centerCrop"/>
        <LinearLayout
            android:orientation="horizontal"
            android:layout_width="match_parent"
            android:layout_height="wrap_content"
            android:layout_alignParentTop="true"
            android:layout_alignParentLeft="true"
            android:layout_alignParentStart="true">
            <Button
                android:layout_width="wrap_content"
                android:layout_height="wrap_content"
                android:text="抓拍"
                android:id="@+id/button"
                android:onClick="onGet" />
            <Button
                android:layout_width="wrap_content"
                android:layout_height="wrap_content"
                android:text="图库"
                android:id="@+id/button2"
                android:onClick="onPick" />
        </LinearLayout>
</RelativeLayout>
```

上述代码中，有一个 ImageView 控件，用于显示静态背景图片，在抓拍时取景，也可以显示当前镜头画面。

其次，编写 MainActivity 活动，代码如下：

```
public class MainActivity extends AppCompatActivity {
    Uri imgUri;     //用来引用拍照存盘的 Uri 对象
    ImageView imv; //用来引用 ImageView 对象

    @Override
    protected void onCreate(Bundle savedInstanceState) {
        super.onCreate(savedInstanceState);
        setContentView(R.layout.activity_main);
```

```
        //设置屏幕不随手机旋转
        setRequestedOrientation(ActivityInfo.SCREEN_ORIENTATION_NOSENSOR);

        //引用 Layout 中的 ImageView 组件
        imv = (ImageView)findViewById(R.id.imageView);
        //设置背景图片
        imv.setImageResource(R.drawable.chepai);
        //全屏 getWindow().setFlags(WindowManager.LayoutParams.FLAG_FULLSCREEN, WindowManager.
          LayoutParams.FLAG_FULLSCREEN);
        //横屏
        setRequestedOrientation(ActivityInfo.SCREEN_ORIENTATION_LANDSCAPE);
    }

    public void onGet(View v) {
        //获取系统的公用图像文件路径
        String      dir      =      Environment.getExternalStoragePublicDirectory(Environment.DIRECTORY
_PICTURES).toString();
        //利用当前时间组合出一个不会重复的文件名
        String photoname = System.currentTimeMillis() + ".jpg";
        //按照前面的路径和文件名创建 Uri 对象
        imgUri = Uri.parse("file://" + dir + "/" + photoname);
        //开启系统相机的 Action
        Intent it = new Intent("android.media.action.IMAGE_CAPTURE");
        //将 Uri 加到拍照 Intent 的额外数据中
        it.putExtra(MediaStore.EXTRA_OUTPUT, imgUri);
        startActivityForResult(it, 1);
    }

    public void onPick(View v) {
        //动作设为 "选取内容"
        Intent it = new Intent(Intent.ACTION_GET_CONTENT);
        it.setType("image/*");      //设置要选取的媒体类型为所有类型的图片
        startActivityForResult(it, 2);   //启动意图并要求返回选取的图像
    }

protected void onActivityResult (int requestCode, int resultCode, Intent data) {
        super.onActivityResult(requestCode, resultCode, data);
        if(resultCode == Activity.RESULT_OK) {    //要求的意图成功了
```

```
            switch(requestCode) {
                case 1: //抓拍
                        //设为系统共享媒体文件
                        Intent it = new Intent(Intent.ACTION_MEDIA_SCANNER_SCAN_FILE, imgUri);
                        sendBroadcast(it);
                        break;
                case 2: //选取相片
                        //获取相片的 Uri 并进行 Uri 格式转换
                        imgUri = convertUri(data.getData());
                        break;
            }
            showImg();  //显示 imgUri 所指明的相片
        }
        else {
            Toast.makeText(this, "没有拍到照片", Toast.LENGTH_LONG).show();
        }
    }
    Uri convertUri(Uri uri) {
        if(uri.toString().substring(0, 7).equals("content")) {  //如果是以 "content" 开头
            //声明要查询的字段
            String[] colName = { MediaStore.MediaColumns.DATA };

            //以 imgUri 进行查询
            Cursor cursor = getContentResolver().query(uri, colName,
                    null, null, null);
            cursor.moveToFirst();       //移到查询结果的第一个记录
            uri = Uri.parse("file://" + cursor.getString(0)); //将路径转为 Uri
            cursor.close();        //关闭查询结果
        }
        return uri;   //返回 Uri 对象
    }

void showImg() {
    int iw, ih, vw, vh;
    boolean needRotate; //用来存储是否需要旋转
    //创建选项对象
    BitmapFactory.Options option = new BitmapFactory.Options();
    //设置选项：只读取图像文件信息而不加载图像文件
    option.inJustDecodeBounds = true;
```

```
//读取图像文件信息存入 Option 中
BitmapFactory.decodeFile(imgUri.getPath(), option);
iw = option.outWidth;      //从 option 中读出图像宽度
ih = option.outHeight;   //从 option 中读出图像高度
vw = imv.getWidth();       //获取 ImageView 的宽度
vh = imv.getHeight();    //获取 ImageView 的高度

int scaleFactor;
if(ih<iw) {     //如果图片的高度小于宽度
    needRotate = false;               //不需要旋转
    scaleFactor = Math.min(iw/vw, ih/vh);    //计算缩小比率
}
else {
    needRotate = true;    //需要旋转
    //将 ImageView 的宽、高互换后计算缩小比率
    scaleFactor = Math.min(iw/vh, ih/vw);
}
option.inJustDecodeBounds = false;   //关闭只加载图像文件信息的选项
//设置缩小比例，例如 2，则长宽都将缩小为原来的 1/2
option.inSampleSize = scaleFactor;
//载入图像
Bitmap bmp = BitmapFactory.decodeFile(imgUri.getPath(), option);
if(needRotate) { //如果需要旋转
    Matrix matrix = new Matrix();  //创建 Matrix 对象
    matrix.postRotate(90);         //设置旋转角度              随车拍
    //用原来的 Bitmap 产生一个新的 Bitmap
    bmp =Bitmap.createBitmap(bmp,0,0,bmp.getWidth(),bmp.getHeight(), matrix, true);
}
imv.setImageBitmap(bmp);
}
}
```

上述代码中，定义了 ImageView 的对象 imv，通过 Intent 的 Action 实现了调用系统的相机功能，拍照完成后，照片文件会保存在"系统存储\Pictures"目录下，并将当前所拍照片显示在 imv 上，当单击"图库"按钮时，则直接进入系统最新图库，方便查看照片的拍摄效果，应用程序根据照片的实际拍摄尺寸，自动进行适当的旋转显示。因为在上述程序中使用了设备内置的 SD 卡，所以需要在项目的 AndroidManifest.xml 文件中添加相应权限：

```
<uses-permission android:name="android.permission.READ_EXTERNAL_STORAGE" />
```

该类项目的运行，需要用到硬件设备所搭载的摄像头传感器，所以请读者在相配套的

开发设备上运行。项目实际运行效果如图 8-3、图 8-4 所示。

图 8-3　随车拍背景界面

图 8-4　随车拍行车动态画面

8.3　简易行车记录仪

　　本节尝试基于 Android 系统开发一个简单的行车记录仪，要求：需按照最新颁布的车载端视频录制的技术条件，通过对录制视频的参数进行设置，体现出车载终端专用场景视频录制的特点。另外，在视频中还需同步记录北京时间和录制的时间长度，本案例旨在通过训练增强学生的整体项目实践能力和科技创新能力，增强学生以科技创新回馈社会的能力和信心。

　　首先，编写界面的布局文件，代码如下：

```
<?xml version="1.0" encoding="utf-8"?>
<RelativeLayout xmlns:android="http://schemas.android.com/apk/res/android"
        android:layout_width="match_parent"
        android:layout_height="match_parent">

    <SurfaceView
        android:id="@+id/surfaceview"
        android:layout_width="match_parent"
```

```
        android:layout_height="match_parent"/>

    <VideoView
        android:id="@+id/videoview"
        android:layout_width="match_parent"
        android:layout_height="match_parent"
        android:visibility="gone"/>

    <LinearLayout
        android:id="@+id/ll"
        android:layout_width="wrap_content"
        android:layout_height="match_parent"
        android:layout_alignParentRight="true"
        android:gravity="center"
        android:orientation="vertical">

        <Button
            android:id="@+id/video_start_btn"
            android:layout_width="wrap_content"
            android:layout_height="wrap_content"
            android:text="开始"/>

        <Button
            android:id="@+id/video_end_btn"
            android:layout_width="wrap_content"
            android:layout_height="wrap_content"
            android:layout_marginTop="20dp"
            android:enabled="false"
            android:text="停止"/>

        <Button
            android:id="@+id/video_play_btn"
            android:layout_width="wrap_content"
            android:layout_height="wrap_content"
            android:layout_marginTop="20dp"
            android:text="播放"/>
    </LinearLayout>

    <ListView
        android:id="@+id/listview"
        android:layout_width="300dp"
```

```
        android:layout_height="wrap_content"
        android:layout_centerVertical="true"
        android:layout_toLeftOf="@id/ll"
        android:visibility="gone"></ListView>

    <Button
        android:id="@+id/video_back_btn"
        android:layout_width="wrap_content"
        android:layout_height="wrap_content"
        android:layout_margin="20dp"
        android:text="返回"/>

    <LinearLayout
        android:layout_width="wrap_content"
        android:layout_height="wrap_content"
        android:layout_alignParentBottom="true"
        android:layout_margin="20dp"
        android:orientation="vertical">

    <Chronometer
        android:id="@+id/video_timer_cht"
        android:layout_width="wrap_content"
        android:layout_height="wrap_content"
        android:format="00:00:00"
        android:textColor="@color/white"
        android:textSize="20sp"/>

    <TextView
        android:id="@+id/video_current_time_tv"
        android:layout_width="wrap_content"
        android:layout_height="wrap_content"
        android:layout_alignParentBottom="true"
        android:text="当前时间"
        android:textColor="@color/white"
        android:textSize="20sp"/>
    </LinearLayout>
</RelativeLayout>
```

简易行车记录仪的界面布局效果如图 8-5 所示。

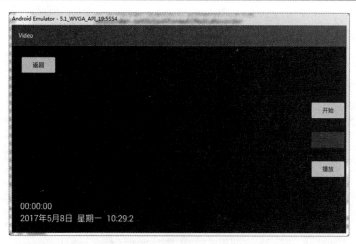

图 8-5　简易行车记录仪开启界面

　　针对视频录制的应用开发，Android 提供了关于音频、视频录制的支持，其主要依靠 MediaRecorder 类来实现。在示例中，界面上设计了开始、停止和播放按钮，并设置了一个 SurfaceView 控件，用于录像时输出预览效果，编写程序代码如下：

```java
public class VideoActivity extends AppCompatActivity implements View.OnClickListener {

    File videoFile;
    MediaRecorder mRecorder;
    private SurfaceView mSurfaceView;
    private Button mStartBtn;
    private Button mEndBtn;
    private List<File> mDateList = new ArrayList<>();

    //记录是否正在进行录制
    private boolean isRecording = false;
    private VideoView mVideoView;
    private Button mPlayBtn;
    private boolean mIsFinished = true;
    private ListView mListView;
    boolean isListShowed;
    private File mPath1;
    private TextView mCurrentTimeTv;
    private Chronometer mChronometerTv;

    @Override
    protected void onCreate(@Nullable Bundle savedInstanceState) {
        super.onCreate(savedInstanceState);
        //设置横屏显示
```

```
setRequestedOrientation(ActivityInfo.SCREEN_ORIENTATION_LANDSCAPE);
//设置全屏
getWindow().setFlags(WindowManager.LayoutParams.FLAG_FULLSCREEN,
        WindowManager.LayoutParams.FLAG_FULLSCREEN);
//选择支持半透明模式，在有 surfaceview 的 activity 中使用
getWindow().setFormat(PixelFormat.TRANSLUCENT);
setContentView(R.layout.act_video);

mPlayBtn = (Button) findViewById(R.id.video_play_btn);
mVideoView = (VideoView) findViewById(R.id.videoview);
mStartBtn = (Button) findViewById(R.id.video_start_btn);
mEndBtn = (Button) findViewById(R.id.video_end_btn);
Button backBtn = (Button) findViewById(R.id.video_back_btn);
mSurfaceView = (SurfaceView) findViewById(R.id.surfaceview);
mCurrentTimeTv = (TextView) findViewById(R.id.video_current_time_tv);
new TimeThread().start();
mChronometerTv = (Chronometer) findViewById(R.id.video_timer_cht);

mListView = (ListView) findViewById(R.id.listview);
mListView.setOnItemClickListener(new AdapterView.OnItemClickListener() {
    @Override
    public void onItemClick(AdapterView<?> parent, View view, int position, long id) {
        isListShowed = false;
        mListView.setVisibility(View.GONE);
        File file = mDateList.get(position);
        mSurfaceView.setVisibility(View.GONE);
        mVideoView.setVisibility(View.VISIBLE);
        MediaController mediaController = new MediaController(VideoActivity.this);
        mVideoView.setVideoPath(file.getAbsolutePath());
        mediaController.setMediaPlayer(mVideoView);
        mVideoView.setMediaController(mediaController);
        mVideoView.start();
    }
});

mStartBtn.setOnClickListener(this);
mEndBtn.setOnClickListener(this);
mPlayBtn.setOnClickListener(this);
backBtn.setOnClickListener(this);
//设置分辨率
```

```
        mSurfaceView.getHolder().setFixedSize(1080, 1920);
        //设置该组件让屏幕不会自动关闭
        mSurfaceView.getHolder().setKeepScreenOn(true);
}

//设置内存预留空间以自动更新最新视频文件
private void checkSDCard() {
    if (Environment.getExternalStorageState().equals(Environment.MEDIA_MOUNTED)) {
        //挂载好
        File directory = Environment.getExternalStorageDirectory();
        long totalSpace = directory.getTotalSpace();//字节单位
        long usableSpace = directory.getUsableSpace();//可用空间
        float usable = (float) (usableSpace * 100 / totalSpace);
        if (usable <= 0.10) {
            //空间不足
            //删除最下面的文件
            deleteAllFiles(mPath1);
        } else {
            //空间足够
        }
        String total = Formatter.formatFileSize(this, totalSpace);
        String useable = Formatter.formatFileSize(this, usableSpace);
        Log.d("useable", "总空间：" + total + "\n\n 可用空间：" + useable);

    } else {
        //没挂载好
        Toast.makeText(this, "sdcard 没有挂载好", Toast.LENGTH_SHORT).show();
    }
}

@Override
public void onClick(View v) {
    switch (v.getId()) {
        case R.id.video_start_btn:

            mVideoView.setVisibility(View.GONE);
            mSurfaceView.setVisibility(View.VISIBLE);
            if (Environment.MEDIA_MOUNTED.equals(Environment.getExternalStorageState())) {
                //创建一个文件夹对象，赋值为外部存储器的目录
                File sdcardDir = Environment.getExternalStorageDirectory();
```

```
                    //得到一个路径，内容是 sdcard 的文件夹路径和名字
                    String path = sdcardDir.getPath() + "/UgrowVideos";
                    mPath1 = new File(path);
                    if (!mPath1.exists()) {
                        //若不存在，则创建目录，可以在应用启动的时候创建
                        mPath1.mkdirs();
                    }
                } else {
                    Toast.makeText(VideoActivity.this, "SD 卡不存在，请插入 SD 卡！", Toast.LENGTH
_SHORT).show();
                    return;
                }
                checkSDCard();
                //创建保存录制视频的视频文件
                String date = new SimpleDateFormat("yyyyMMddHHmmss").format(new Date());
                try {
                    videoFile = new File(mPath1 + "/" + date + ".mp4");
                } catch (Exception e) {
                    e.printStackTrace();
                }
                //计时器清零后开始计时
                mChronometerTv.setBase(SystemClock.elapsedRealtime());//计时器清零
                int hour = (int) ((SystemClock.elapsedRealtime() - mChronometerTv.getBase()) / 1000 / 60);
                mChronometerTv.setFormat("0" + String.valueOf(hour) + ":%s");
                mChronometerTv.start();
                //创建 MediaPlayer 对象
                mRecorder = new MediaRecorder();
                mRecorder.reset();
                //设置从麦克风采集声音(或来自录像机的声音 AudioSource.CAMCORDER)
                mRecorder.setAudioSource(MediaRecorder
                        .AudioSource.MIC);
                //设置从摄像头采集图像
                mRecorder.setVideoSource(MediaRecorder
                        .VideoSource.CAMERA);
                //设置视频文件的输出格式
                //必须在设置声音编码格式、图像编码格式之前设置
                mRecorder.setOutputFormat(MediaRecorder
                        .OutputFormat.THREE_GPP);
                //设置声音编码的格式
```

```
    mRecorder.setAudioEncoder(MediaRecorder
            .AudioEncoder.AMR_NB);
    //设置图像编码的格式，按照最新行业标准要求设置
    mRecorder.setVideoEncoder(MediaRecorder
            .VideoEncoder.H264);
    mRecorder.setVideoSize(1280, 720);
    //每秒 4 帧
    mRecorder.setVideoFrameRate(20);
    //  指定输出保存位置
    mRecorder.setOutputFile(videoFile.getAbsolutePath());
    //指定使用 SurfaceView 来预览视频
    mRecorder.setPreviewDisplay(mSurfaceView
            .getHolder().getSurface());
    try {
        mRecorder.prepare();
    } catch (IOException e) {
        e.printStackTrace();
    }
    //开始录制
    mRecorder.start();
    //让 record 按钮不可用
    mStartBtn.setEnabled(false);
    //让 stop 按钮可用
    mEndBtn.setEnabled(true);
    isRecording = true;

    break;
case R.id.video_end_btn:
    checkSDCard();
    //计时器停止
    mChronometerTv.stop();
    //如果正在进行录制
    if (isRecording) {
        mIsFinished = true;
        //停止录制
        mRecorder.stop();
        //释放资源
        mRecorder.release();
        mRecorder = null;
```

```
                    //让 record 按钮可用
                    mStartBtn.setEnabled(true);
                    mStartBtn.setText("重录");
                    //让 stop 按钮不可用
                    mEndBtn.setEnabled(false);
                    mPlayBtn.setEnabled(true);
                }
                break;
            case R.id.video_play_btn:
                //找到 SD 卡中 UgrowVideos 文件夹
                String filePath = Environment.getExternalStorageDirectory().toString() + File.separator
                        + "UgrowVideos";
                File fileAll = new File(filePath);
                File[] files = fileAll.listFiles();
                mDateList.clear();
                //将视频文件添加到集合中
                for (int i = files.length - 1; i >= 0; i--) {
                    mDateList.add(files[i]);
                }
                if (mIsFinished) {
                if (!isListShowed) {
                        MyAdapter myAdapter = new MyAdapter(this, mDateList);
                        mListView.setAdapter(myAdapter);
                        mListView.setVisibility(View.VISIBLE);
                        isListShowed = true;
                    } else {
                        mListView.setVisibility(View.GONE);
                        isListShowed = false;
                    }
                }
                break;
            case R.id.video_back_btn:
                finish();
                break;
        }
    }

    private void deleteAllFiles(File root) {
        File files[] = root.listFiles();
```

```
        if (files != null) {
            //删除时间最早的那个文件
            File file = files[0];
            file.delete();
        } else {

        }
    }

    private static final int msgKey1 = 1;

    //自定义子线程，让 UI 线程一秒刷新一下时间信息
    public class TimeThread extends Thread {
        @Override
        public void run() {
            do {
                try {
                    Thread.sleep(1000);
                    Message msg = new Message();
                    msg.what = msgKey1;
                    mHandler.sendMessage(msg);
                } catch (InterruptedException e) {
                    e.printStackTrace();
                }
            } while (true);
        }
    }

    //子线程无法修改 UI，会造成线程阻塞，所以交给 handler 处理
    private Handler mHandler = new Handler() {
        @Override
        public void handleMessage(Message msg) {
            super.handleMessage(msg);
            switch (msg.what) {
                case msgKey1:
                    mCurrentTimeTv.setText(getTime());
                    break;
                default:
                    break;
            }
```

```
        }
    };

    //获得当前年月日时分秒星期
    public String getTime() {
        final Calendar c = Calendar.getInstance();
        c.setTimeZone(TimeZone.getTimeZone("GMT+8:00"));
        //获取当前年份
        String mYear = String.valueOf(c.get(Calendar.YEAR));
        //获取当前月份
        String mMonth = String.valueOf(c.get(Calendar.MONTH) + 1);
        //获取当前月份的日期号码
        String mDay = String.valueOf(c.get(Calendar.DAY_OF_MONTH));
        String mWay = String.valueOf(c.get(Calendar.DAY_OF_WEEK));
        String mHour = String.valueOf(c.get(Calendar.HOUR_OF_DAY));//时
        String mMinute = String.valueOf(c.get(Calendar.MINUTE));//分
        String mSecond = String.valueOf(c.get(Calendar.SECOND));//秒

        if ("1".equals(mWay)) {
            mWay = "天";
        } else if ("2".equals(mWay)) {
            mWay = "一";
        } else if ("3".equals(mWay)) {
            mWay = "二";
        } else if ("4".equals(mWay)) {
            mWay = "三";
        } else if ("5".equals(mWay)) {
            mWay = "四";
        } else if ("6".equals(mWay)) {
            mWay = "五";
        } else if ("7".equals(mWay)) {
            mWay = "六";
        }
        return mYear + "年" + mMonth + "月" + mDay + "日" + "   " + "星期" + mWay + "   " + mHour + ":"
+ mMinute + ":" + mSecond;
    }
}
```

简易行车记录仪

考虑到行车记录仪在车上的实际应用效果，我们在界面中配置了北京时间以及录制时长，将当前时间作为视频文件的保存名称，方便以后调取查看，并且开发了行车记录仪上视频文件的自动更新保存功能,即系统实时检查内存空间情况,当预留空间即将存满时,新产生的视频文件会覆盖最早的文件,以此保证所录视频为最新视频文件。

此外,程序中针对音频和视频录制,参照最新发布的视频录制技术要求,通过 MediaRecorder 类的对象 mRecorder 调用其相关方法,设置输出格式、编码格式、分辨率、视频帧率以及输出文件的路径位置等。

因为在程序中使用了摄像头、麦克风等传感器设备,所以需要在 AndroidManifest.xml 文件中添加相应的权限:

```
<!--获取系统外部内存使用权限-->
<uses-permission android:name="android.permission.WRITE_EXTERNAL_STORAGE"/>
<!--获取系统录音机使用权限-->
<uses-permission android:name="android.permission.RECORD_AUDIO"/>
<!--获取系统摄像头使用权限-->
<uses-permission android:name="android.permission.CAMERA" />
```

简易行车记录仪实时运用的效果如图 8-6、图 8-7 所示。

图 8-6　简易行车记录仪的运行效果　　　图 8-7　选择保存文件的播放列表

 Android Studio 开发环境自带的模拟器不支持真实的音频和视频采集捕捉,使得模拟器无法模拟出实际效果,因此上述代码只能在配套的开发设备硬件上运行。

8.4 车载摄像头

车载摄像头具有广泛的应用空间,按照应用场景可分为行车辅助(行车记录仪、ADAS 与主动安全系统)、驻车辅助(全车环视)与驾驶员监控(人脸识别技术)三种用途,这三项贯穿车辆行驶到泊车的全过程,因此对车用摄像头的工作时间与承载温度有较高的要求。另外,按照摄像头的安装位置又可分为前视、后视、侧视以及车内监控四种,可实现 360° 全景监控的功能。

既然汽车摄像头如此重要,它对车载专用的技术性能又会有什么要求呢?针对车载应用,汽车摄像头与手机摄像头有类似的地方,主要是使用 CMOS 而不是 CCD 作为光学传感器(也叫感光元件),其主要原因有以下三点:

首先,主动驾驶辅助系统所用传感器应具有的首要特性是速度快。特别是在高速行驶场合,系统必须能记录关键驾驶状况,评估这种状况并实时启动相应措施。本质上,

CMOS 是一种更快的影像采集技术，CMOS 传感器内的单元通常是由 3 个晶体管主动控制和读出的，这就显著加速了影像的采集过程。目前，基于 CMOS 的高性能相机能达到约 5000 帧/秒的水平。

其次，CMOS 传感器还具有数字图像处理方面的优势。CCD 传感器通常提供模拟 TSC/PAL 信号，必须采用额外的 A/D 转换器对其进行转换，或是 CCD 传感器要与带数字影像输出的逐行扫描设备一起工作。无论哪种方式，让采用 CCD 的照相机提供数字影像信号都显著增加了系统的复杂性；而 CMOS 传感器可直接提供 LVDS 或数字输出信号，主动驾驶辅助系统内的各组成部分可直接、无延迟地处理这些信号。

最后，为了达到这样的目标，车载摄像头厂家就必须考虑使用成本较低的 CMOS 传感器。并且，在有强光射入时，CMOS 传感器不会产生使用 CCD 时会出现的 Smear 噪声。这将会减少因操作失误所导致的调整时间。

出于车载工程研发以及未来发展趋势的考量，与本教材相配套的车联网实验平台搭载的摄像头也采用了 CMOS 感光元件，型号为 OV5648，具备 500 万像素，可以胜任现阶段的项目开发和案例教学。

本 章 小 结

通过本章的学习，读者应该能够学会：

◇ 使用 MediaPlayer 类来播放音乐时，首先创建该类对象，然后执行 setDataSource()方法来设置播放资源的地址，执行 prepare()方法进行播放前准备。最后，处理 3 个点击按钮事件：start()、pause()、stop()。

◇ 车载终端的界面通常是横屏固定的，这样我们在设置屏幕时，建议用全屏或横屏显示，且不随设备旋转，其对应的程序设置如下：

全屏：WindowManager.LayoutParams.FLAG_FULLSCREEN。

横屏：ActivityInfo.SCREEN_ORIENTATION_LANDSCAPE。

关闭旋转：ActivityInfo.SCREEN_ORIENTATION_NOSENSOR。

◇ 设备拍照时，或采用竖拍，或采用横拍，如果想要在车载端显示照片，那么需要对竖拍的照片进行旋转显示，则可用 Matrix 类搭配 Bitmap.createBitmap()来实现。

◇ 当用 VideoView 控件播放视频时，不仅要显示视频内容，而且为了操作方便，通常需要加入 MediaController 类的对象进行进度控制。

◇ 为了规范车载视频记录取证设备的技术要求，保证取证过程的完整性和规范性，公安部发布并正式实施公共安全行业标准《车载视频记录取证设备通用技术条件》。

本 章 练 习

1. 通用资源标志符 Uri 代表的是什么？一般由_____、_____、_____三部分组成。

2. 当需要播放音频和视频类的文件时分别需要用到开发环境中的什么功能类？对应的界面控件是什么？

3. 简易行车记录仪开发过程中都用到哪些流程方法？请列举出来。

4．如何通过点击按钮事件将已存的视频列表显示出来？

5．最新的车载视频记录设备的行业标准对视频都有哪些参数要求？

6．通过程序代码有哪几种方式可以调用系统的摄像头功能？

7．如何通过程序代码获得设备内存的剩余空间值？

8．如何将保存文件的名称设置为带有时间格式的名称？

第 9 章　车载地图开发

本章目标

- 掌握高德地图的接口。
- 掌握高德地图的导入。
- 掌握定位方法的使用。
- 掌握简单导航的开发。
- 掌握一种第三方语音交互接口的开发。
- 了解主流国产车载地图系统与语音识别导航系统。

9.1　高德地图配置

地图导航系统是智能车载终端系统必不可少的一部分，目前主流的车载地图导航系统一般搭载高德地图、百度地图、腾讯地图等 BAT 大厂地图导航方案。三家主流地图在 UI 设计、地图精度、路线推荐上都各有优势。

其中，高德地图近期上线了北斗卫星定位查询系统，用户在定位导航时可查看当前所调用的北斗卫星数量，以及具体编号、方位角、高度角、频点、信号强度相关详细信息。除此之外，在中国卫星导航系统管理办公室的指导和支持下，高德还全面推出了基于北斗系统的一系列大众出行服务，包括车道级导航、红绿灯倒计时、共享位置报平安等。在后疫情时代大国博弈加剧的大背景下，推进北斗导航这一国家自主高精尖科技在民用出行领域的普及，对于打破西方科技垄断，提升我国战略性资源供应保障能力，维护国家经济社会安全有着至关重要的意义。

当前，Android 系统和 Linux 系统是车载终端的两大主流系统，例如上汽和阿里巴巴合作开发的车载系统——斑马智行，就基于阿里巴巴的 YunOS 系统，而 YunOS 系统则是基于 Android 系统改进优化的。该系统运行时的屏幕背景是在高德地图提供的 Android SDK 接口的基础上开发而成的导航界面。下面我们就来学习如何通过高德地图提供的专用接口来进行车载端的移动定位和导航类的应用开发。

高德地图开发者选项中的 Android SDK 是一套地图开发调用接口，开发者可以轻松地在自己的 Android 系统中加入与地图相关的应用，包括地图显示、位置定位、语音识别、路径导航、兴趣点搜索等功能。

接下来首先完成地图开发前需要做的环境配置工作，即配置高德地图 Key 和添加开发包。

9.1.1　配置 Key 及开发权限

1. 获取 Key

开发者在使用高德地图 SDK 前，必须在高德开放平台上，通过提交个人安全码 SHA1，然后配合项目的包名，申请获得一个 Key 值。需要注意的是，Key 值与开发者电脑硬件是一一对应的，所以不能重复和传播利用。

2. 添加 Key

为了保证高德 Android SDK 功能的正常使用，需要将申请到的高德 Key 配置到项目中。在项目"AndroidManifest.xml"的文件中，添加如下代码：

```
<application
    android:icon="@drawable/ic_launcher"
    android:label="@string/demo_title"
    android:theme="@android:style/Theme.Light">
```

```
    <meta-data
        android:name="com.amap.api.v2.apikey"
        android:value="您的 key" />
    ...
</application>
```

在进行地图开发前，需要在项目的 AndroidManifest.xml 文件中配置一些基础权限：

```
//地图包、搜索包需要的基础权限
<!--用于进行网络基站定位-->
<uses-permission android:name="android.permission.ACCESS_COARSE_LOCATION"/>
<!--用于访问 GPS 定位-->
<uses-permission android:name="android.permission.ACCESS_FINE_LOCATION"/>
<!--用于获取运营商信息，用于支持提供运营商信息相关的接口-->
<uses-permission android:name="android.permission.ACCESS_NETWORK_STATE"/>
<!--用于访问 Wi-Fi 网络信息，Wi-Fi 信息会用于进行网络定位-->
<uses-permission android:name="android.permission.ACCESS_WIFI_STATE"/>
<!--用于获取 Wi-Fi 的权限，Wi-Fi 信息会用来进行网络定位-->
<uses-permission android:name="android.permission.CHANGE_WIFI_STATE"/>
<!--用于访问网络，网络定位需要上网-->
<uses-permission android:name="android.permission.INTERNET"/>
<!--用于读取手机当前的状态-->
<uses-permission android:name="android.permission.READ_PHONE_STATE"/>
<!--用于写入缓存数据到扩展存储卡-->
<uses-permission android:name="android.permission.WRITE_EXTERNAL_STORAGE"/>
<!--用于申请调用 A-GPS 模块-->
<uses-permission android:name="android.permission.ACCESS_LOCATION_EXTRA_COMMANDS"/>
<!--用于申请获取蓝牙信息进行室内定位-->
<uses-permission android:name="android.permission.BLUETOOTH"/>
<uses-permission android:name="android.permission.BLUETOOTH_ADMIN"/>
<!--获取手机录音机使用权限，听写、识别、语义理解需要用到此权限 -->
<uses-permission android:name="android.permission.RECORD_AUDIO"/>
```

9.1.2 工程配置(添加开发包)

开发包包括 jar 包和 so 包。

1. 添加 jar 包

将已下载好的高德地图 SDK 的 jar 包和科大讯飞语音识别的 jar 包复制到工程的 libs 目录下，如图 9-1 所示。

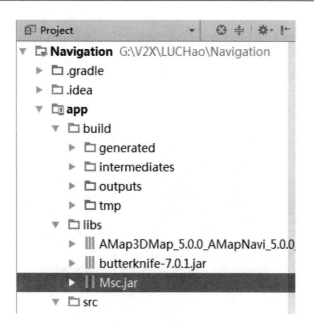

图 9-1　添加 jar 包

将所需的 jar 包导入工程的方式有以下三种：

❖ 当 jar 包放入 libs 目录下之后，对于每个 jar 文件，单击右键，选择 Add As Library，即可导入工程中。

❖ 使用菜单栏，选择 File ->Project Structure->Modules-> Dependencies。单击绿色的加号选择 File dependency，然后选择要添加的 jar 包，此时 build.gradle 中会自动生成如下信息：

```
dependencies {
compile files('AMap_Location_V3.2.0_20161205.jar')
compile files('AMap_Search_V3.6.1_20161122.jar')
}
```

❖直接使用引入 libs 下所有 jar 包的方式，代码如下：

```
dependencies {
compile fileTree(dir: 'libs', include: '*.jar')
}
```

2. 添加 so 包

通常 3D 地图才需要添加 so 库，2D 地图无需这一步骤。保持 project 查看方式，下面介绍两种导入 so 文件的方法。

❖ 使用默认配置，不需要修改 build.gradle。在 main 目录下创建文件夹 jniLibs (如果有就不需要创建了)，将下载文件中与导航相关的 so 文件复制到这个目录下，文件夹已经自动分配好。如果已经有这个目录，将下载的 so 库复制到这个目录即可，如图 9-2 所示。

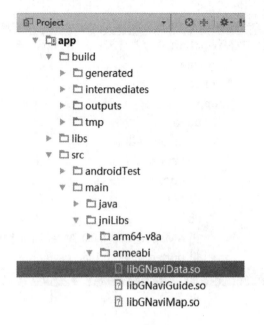

图 9-2　添加 so 包

✧　使用自定义配置，将下载的 so 文件复制到 jniLibs 目录下。如果已有这个目录，
　　则将下载的 so 库复制到这个目录中，然后打开 build.gradle，找到 sourceSets 标
　　签，在里面增加一项配置，代码如下：

```
sourceSets {
    main {
        jniLibs.srcDirs = ['libs']
    }
}
```

高德地图配置

9.2　显示地图

9.1 节已经完成了地图开发需要的环境配置，接下来就是逐步实现一个车载端导航的开发。本节内容是利用高德地图接口中的 MapView 类将地图在 APP 界面上显示出来。

MapView 类是 AndroidView 类的一个子类，用于在 Android View 中放置地图。MapView 是地图容器。MapView 类加载地图的调用方法与使用 Android 提供的其他 View 类一样，具体的使用方法如下：

首先，在布局 xml 文件中添加地图控件：

```
<com.amap.api.maps.MapView
    android:id="@+id/map"
    android:layout_width="match_parent"
    android:layout_height="match_parent"
    >
```

在项目中使用地图需要合理管理地图的生命周期，这是需要注意的地方。以下程序代码简述了地图生命周期的管理：

```
public class MainActivity extends Activity {
    MapView mMapView = null;

    @Override
    protected void onCreate(Bundle savedInstanceState) {
        super.onCreate(savedInstanceState);
        setContentView(R.layout.activity_main);
        //获取地图控件引用
        mMapView = (MapView) findViewById(R.id.map);
        //在 activity 执行 onCreate 时执行 mMapView.onCreate(savedInstanceState)，创建地图
            mMapView.onCreate(savedInstanceState);
    }
    @Override
    protected void onDestroy() {
        super.onDestroy();
        //在 activity 执行 onDestroy 时执行 mMapView.onDestroy()，销毁地图
        mMapView.onDestroy();
    }
    @Override
    protected void onResume() {
        super.onResume();
        //在 activity 执行 onResume 时执行 mMapView.onResume()，重新绘制加载地图
        mMapView.onResume();
    }
    @Override
    protected void onPause() {
        super.onPause();
        //在 activity 执行 onPause 时执行 mMapView.onPause()，暂停地图的绘制
        mMapView.onPause();
    }
    @Override
    protected void onSaveInstanceState(Bundle outState) {
        super.onSaveInstanceState(outState);
        //在 activity 执行 onSaveInstanceState 时执行 mMapView.onSaveInstanceState (outState)
        //保存地图当前的状态
        mMapView.onSaveInstanceState(outState);
    }
```

```
}
```

　　AMap 类是地图的控制器类，它的功能是操作地图。它所承载的工作包括：地图图层切换(如卫星图、黑夜地图)，改变地图状态(地图旋转角度、俯仰角、中心点坐标和缩放级别)。添加点标记(Marker)，绘制几何图形(Polyline、Polygon、Circle)，监听各类事件(点击、手势等)。AMap 类是地图 SDK 中最重要的核心类，诸多操作都必须依赖它才能完成。

　　其次，在 MapView 对象初始化完毕之后，构造 AMap 对象实现地图显示，代码如下：

```java
public class MainActivity extends AppCompatActivity {
    private MapView mapView;
    private AMap aMap;

    @Override
    protected void onCreate(Bundle savedInstanceState) {
        super.onCreate(savedInstanceState);
        setContentView(R.layout.activity_main);
        mapView = (MapView)findViewById(R.id.map);
        mapView.onCreate(savedInstanceState);
        init();
        ToggleButton tb = (ToggleButton)findViewById(R.id.tb);
        tb.setOnCheckedChangeListener(new CompoundButton.OnCheckedChangeListener(){
            @Override
            public void onCheckedChanged(CompoundButton buttonView,boolean isChecked) {
                if (isChecked) {
                    aMap.setMapType(AMap.MAP_TYPE_SATELLITE);
                } else {
                    aMap.setMapType(AMap.MAP_TYPE_NORMAL);
                }
            }
        });
    }

    private void init(){
        if (aMap == null) {
            aMap = mapView.getMap();
        }
    }
    @Override
    protected void onResume(){
        super.onResume();
        mapView.onResume();
```

```
    }
    @Override
    protected void onPause(){
        super.onPause();
        mapView.onPause();
    }
    @Override
    protected void onSaveInstanceState(Bundle outState){
        super.onSaveInstanceState(outState);
        mapView.onSaveInstanceState(outState);
    }
    @Override
    protected void onDestroy(){
        super.onDestroy();
        mapView.onDestroy();
    }
}
```

显示地图

　　运行上面的项目代码就可以在仿真器或开发设备上看到加载的高德地图。运行后的效果如图 9-3 所示，且可以进行缩放。

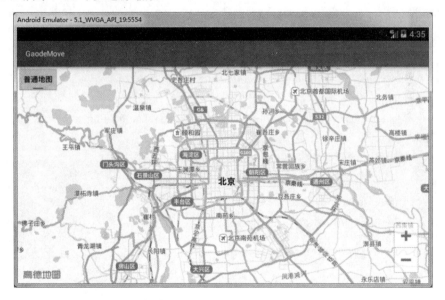

图 9-3　高德地图载入效果

9.3　显示定位结果

　　9.2 节介绍了如何实现地图显示，本节继续介绍如何将当前所在位置信息在地图上显示出来，即实现定位的功能，这也是车载导航开发的必备环节。实现定位有两种方法：一

车载终端应用开发技术

种是基于网络定位，另一种是基于 GPS 定位。本节将主要介绍实现这两种定位的方法。

获取定位数据之前，需要在 AndroidManifest.xml 文件中进行权限设置，以确保定位功能可以正常使用。

首先，配置 AndroidManifest.xml 文件，在 application 标签中声明 Service 组件，以确保每个 APP 都拥有自己单独定位用的 service。

```
<service android:name="com.amap.api.location.APSService" ></service>
```

关于实现定位相关的权限配置以及高德 Key 的配置，已经在 9.1.1 节中作过介绍，此处不再赘述。实现定位的完整代码如下：

```
public class Location_Activity extends CheckPermissionsActivity
            implements
                    OnCheckedChangeListener,
                    OnClickListener{
    private RadioGroup rgLocationMode;
    private EditText etInterval;
    private EditText etHttpTimeout;
    private CheckBox cbOnceLocation;
    private CheckBox cbAddress;
    private CheckBox cbGpsFirst;
    private CheckBox cbCacheAble;
    private CheckBox cbOnceLastest;
    private CheckBox cbSensorAble;
    private TextView tvResult;
    private Button btLocation;
    private AMapLocationClient locationClient = null;
    private AMapLocationClientOption locationOption = new AMapLocationClientOption();

    @Override
    protected void onCreate(Bundle savedInstanceState) {
        super.onCreate(savedInstanceState);
        setContentView(R.layout.activity_location);
        setTitle(R.string.title_location);
        initView();
        //初始化定位
        initLocation();
    }

    //初始化控件
    private void initView(){
        rgLocationMode = (RadioGroup) findViewById(R.id.rg_locationMode);
```

```java
        etInterval = (EditText) findViewById(R.id.et_interval);
        etHttpTimeout = (EditText) findViewById(R.id.et_httpTimeout);
        cbOnceLocation = (CheckBox)findViewById(R.id.cb_onceLocation);
        cbGpsFirst = (CheckBox) findViewById(R.id.cb_gpsFirst);
        cbAddress = (CheckBox) findViewById(R.id.cb_needAddress);
        cbCacheAble = (CheckBox) findViewById(R.id.cb_cacheAble);
        cbOnceLastest = (CheckBox) findViewById(R.id.cb_onceLastest);
        cbSensorAble = (CheckBox)findViewById(R.id.cb_sensorAble);
        tvResult = (TextView) findViewById(R.id.tv_result);
        btLocation = (Button) findViewById(R.id.bt_location);
        rgLocationMode.setOnCheckedChangeListener(this);
        btLocation.setOnClickListener(this);
    }

    @Override
    protected void onDestroy() {
        super.onDestroy();
        destroyLocation();
    }

    @Override
    public void onCheckedChanged(RadioGroup group, int checkedId) {
        if (null == locationOption) {
            locationOption = new AMapLocationClientOption();
        }
        switch (checkedId) {
            case R.id.rb_batterySaving :
        locationOption.setLocationMode(AMapLocationMode.Battery_Saving);
                break;
            case R.id.rb_deviceSensors :
        locationOption.setLocationMode(AMapLocationMode.Device_Sensors);
                break;
            case R.id.rb_hightAccuracy :
        locationOption.setLocationMode(AMapLocationMode.Hight_Accuracy);
                break;
            default :
                break;
        }
    }
```

```java
/**
 * 设置控件的可用状态
 */
private void setViewEnable(boolean isEnable) {
        for(int i=0; i<rgLocationMode.getChildCount(); i++){
                rgLocationMode.getChildAt(i).setEnabled(isEnable);
        }
        etInterval.setEnabled(isEnable);
        etHttpTimeout.setEnabled(isEnable);
        cbOnceLocation.setEnabled(isEnable);
        cbGpsFirst.setEnabled(isEnable);
        cbAddress.setEnabled(isEnable);
        cbCacheAble.setEnabled(isEnable);
        cbOnceLastest.setEnabled(isEnable);
        cbSensorAble.setEnabled(isEnable);
}


@Override
public void onClick(View v) {
        if (v.getId() == R.id.bt_location) {
                if (btLocation.getText().equals(
                        getResources().getString(R.string.startLocation))) {
                        setViewEnable(false);
                        btLocation.setText(getResources().getString(
                                        R.string.stopLocation));
                        tvResult.setText("正在定位...");
                        startLocation();
                } else {
                        setViewEnable(true);
                        btLocation.setText(getResources().getString(
                                        R.string.startLocation));
                        stopLocation();
                        tvResult.setText("定位停止");
                }
        }
}

/**
```

```
 *  初始化定位
 */
private void initLocation(){
        //初始化 client
        locationClient = new AMapLocationClient(this.getApplicationContext());
        //设置定位参数
        locationClient.setLocationOption(getDefaultOption());
        //设置定位监听
        locationClient.setLocationListener(locationListener);
}

/**
 *  默认的定位参数
 */
private AMapLocationClientOption getDefaultOption(){
        AMapLocationClientOption mOption = new AMapLocationClientOption();
    //可选，设置定位模式，可选的模式有高精度、仅设备(GPS)、仅网络，默认为高精度模式
        mOption.setLocationMode(AMapLocationMode.Hight_Accuracy);
    //可选，设置是否 GPS 优先，只在高精度模式下有效，默认关闭
        mOption.setGpsFirst(false);
    //可选，设置网络请求超时时间，默认为 30 秒，在仅设备模式下无效
        mOption.setHttpTimeOut(30000);
    //可选，设置定位间隔，默认为 2 秒
        mOption.setInterval(2000);
    //可选，设置是否返回逆地理地址信息，默认为 true
        mOption.setNeedAddress(true);
    //可选，设置是否单次定位，默认是 false
        mOption.setOnceLocation(false);
    //可选，设置是否等待 Wi-Fi 刷新，默认为 false，如果设置为 true，会自动变为单次定位，
    //持续定位时不要使用
        mOption.setOnceLocationLatest(false);
    //可选，设置网络请求的协议，可选 HTTP 或者 HTTPS，默认为 HTTP
    AMapLocationClientOption.setLocationProtocol(AMapLocationProtocol.HTTP);
    //可选，设置是否使用传感器，默认为 false
    mOption.setSensorEnable(false);
    //可选，设置是否开启 Wi-Fi 扫描，默认为 true，如果设置为 false，则会同时停止主动刷新，
    //停止以后完全依赖于系统刷新，定位位置可能存在误差
    mOption.setWifiScan(true);
    //可选，设置是否使用缓存定位，默认为 true
```

```
        mOption.setLocationCacheEnable(true);
        return mOption;
    }


    /**
     * 定位监听
     */
    AMapLocationListener locationListener = new AMapLocationListener() {
        @Override
        public void onLocationChanged(AMapLocation loc) {
            if (null != loc) {
                //解析定位结果
                String result = Utils.getLocationStr(loc);
                tvResult.setText(result);
            } else {
                tvResult.setText("定位失败，loc is null");
            }
        }
    };


    //根据控件的选择，重新设置定位参数
    private void resetOption() {
        //设置是否需要显示地址信息
        locationOption.setNeedAddress(cbAddress.isChecked());
        /**
         * 设置是否优先返回 GPS 定位结果，如果 30 秒内 GPS 没有返回定位结果，则进行网络定位
         * 注意：只有在高精度模式下的单次定位有效，其他方式无效
         */
        locationOption.setGpsFirst(cbGpsFirst.isChecked());
        //设置是否开启缓存
        locationOption.setLocationCacheEnable(cbCacheAble.isChecked());
        //设置是否单次定位
        locationOption.setOnceLocation(cbOnceLocation.isChecked());
        //设置是否等待设备 Wi-Fi 刷新，如果设置为 true，会自动变为单次定位，持续定位时不要
        //使用
        locationOption.setOnceLocationLatest(cbOnceLastest.isChecked());
        //设置是否使用传感器
        locationOption.setSensorEnable(cbSensorAble.isChecked());
        //设置是否开启 Wi-Fi 扫描，如果设置为 false，则同时会停止主动刷新，停止以后完全依
```

```
        //赖于系统刷新，定位位置可能存在误差
        String strInterval = etInterval.getText().toString();
        if (!TextUtils.isEmpty(strInterval)) {
                try{
        //设置发送定位请求的时间间隔，最小值为1000，如果小于1000，则按照1000算
                        locationOption.setInterval(Long.valueOf(strInterval));
                }catch(Throwable e){
                        e.printStackTrace();
                }
        }
        String strTimeout = etHttpTimeout.getText().toString();
        if(!TextUtils.isEmpty(strTimeout)){
                try{
                //设置网络请求超时时间
                locationOption.setHttpTimeOut(Long.valueOf(strTimeout));
                }catch(Throwable e){
                        e.printStackTrace();
                }
        }
}
/**
 * 开始定位
 */
private void startLocation(){
        //根据控件的选择，重新设置定位参数
        resetOption();
        //设置定位参数
        locationClient.setLocationOption(locationOption);
        //启动定位
        locationClient.startLocation();
}
/**
 * 停止定位
 */
private void stopLocation(){
        //停止定位
        locationClient.stopLocation();
}
/**
```

```
    * 销毁定位
    */
    private void destroyLocation(){
        if (null != locationClient) {
            /**
            * 如果 AMapLocationClient 是在当前 Activity 实例化的,
            * 在 Activity 的 onDestroy 中一定要执行 AMapLocationClient 的 onDestroy
            */
            locationClient.onDestroy();
            locationClient = null;
            locationOption = null;
        }
    }
}
```

显示定位结果

在上述的定位过程中，涉及一个地图开发的核心类 AMapLocationClientOption。表 9-1 是该类用于设置定位参数的核心方法，是对上述代码段中方法的详细解析，可在表 9-1 中查阅其他未展示的方法。

表 9-1　AMapLocationClientOption 类的常用方法

方法名	参数说明	返回值说明	方法效果	默认值
setLocationMode()	locationMode 是定位类型 AMapLocationMode 的对象，提供了三个枚举常量，分别代表三种定位模式：Hight_Accuracy：高精度定位模式；Device_Sensors：仅设备定位模式；Battery_Saving：低功耗定位模式	返回 AMap-LocationClient-Option 类对象	用于设置 SDK 定位模式	Hight_Accuracy 默认高精度模式
setLocationCacheEnable()	isLocationCacheEnable 是布尔型参数，true 表示使用定位缓存策略，false 表示不使用	void	启用缓存策略，SDK 将在设备位置未改变时返回之前相同位置的缓存结果	true 默认启用缓存策略
setInterval()	interval 是长整型参数，用于设定连续定位间隔，毫秒级参数	返回 AMap-LocationClient-Option 类对象	例如向方法传 1000，连续定位启动后会以 1 s 为间隔时间返回定位结果	2000

续表

方法名	参数说明	返回值说明	方法效果	默认值
setOnceLocation()	isOnceLocation 是布尔型参数，true 表示启动单次定位，false 表示使用默认的连续定位策略	返回 AMap-LocationClientOption 类对象	传入 true，启动定位，AMapLocation-Client 将会返回一次定位结果	false
setOnceLocationLatest()	isOnceLocationLatest 是布尔型参数，true 表示获取最近 3s 内精度最高的一次定位结果，false 表示使用默认的连续定位策略	返回 AMap-LocationClient-Option 类对象	传入 true，启动定位，AMapLocation-Client 将会获取最近 3s 内精度最高的一次定位结果	false
setNeedAddress()	isNeedAddress 是布尔型参数，true 表示定位返回经纬度的同时会返回地址描述(定位类型是网络定位的会返回)，false 表示不返回地址描述	返回 AMap-LocationClient-Option 类对象	传入 true，启动定位，AMapLocation-Client 返回经纬度的同时会返回地址描述。注意：在仅设备模式下无效	true
setMockEnable()	isMockEnable 是布尔型参数，true 表示允许外界在定位 SDK 通过 GPS 定位时模拟位置，false 表示不允许模拟 GPS 位置	void	传入 true，启动定位，可以通过外界第三方软件对 GPS 位置进行模拟。注意：在低功耗模式下无效	false
setWifiActiveScan()	isWifiActiveScan 是布尔型参数，true 表示会主动刷新设备 Wi-Fi 模块，获取到最新的 Wi-Fi 列表(Wi-Fi 刷新程度决定定位精度)，false 表示不主动刷新	void	传入 true，启动定位，AMapLocation-Client 会驱动设备扫描周边 Wi-Fi，获取最新的 Wi-Fi 列表(相比设备被动刷新会多消耗一些电量)，从而获取更精准的定位结果。注意：在仅设备模式下无效	false
setHttpTimeOut()	httpTimeOut 是长整型参数，用于设定通过网络定位获取结果的超时时间，为毫秒级	void	传入 20 000，代表网络定位超时时间为 20 s	30 000
setProtocol()	Protocol 是整型参数，用于设定网络定位时所采用的协议，提供 http/https 两种协议	void	AMapLocationProtocol.HTTP 代表 http；AMap LocationProtocol. HTTPS 代表 https	AMapLocationProtocol.HTTP

实现定位中涉及的另一个关键类 AMapLocation 的常用方法如表 9-2 所示。该表是对上述代码段中本类 loc 对象方法的详细展开，也可在表中查阅其他未展示的方法。

表 9-2　AMapLocation 类的常用方法

方法	返回值	返回值说明	方法效果
getLatitude()	double	纬度	获取纬度
getLongitude()	double	经度	获取经度
getAccuracy()	float	精度	获取定位精度，单位为米
getAltitude()	double	海拔	获取海拔高度信息
getSpeed()	float	速度	单位为米/秒
getBearing()	float	方向角	获取方向角信息
getBuildingId()	String	室内定位建筑物 Id	获取室内定位建筑物 Id
getFloor()	String	室内定位楼层	获取室内定位楼层
getAddress()	String	地址描述	获取地址描述
getCountry()	String	国家	获取国家名称
getProvince()	String	省	获取省名称
getCity()	String	城市	获取城市名称
getDistrict()	String	城区	获取城区名称
getStreet()	String	街道	获取街道名称
getStreetNum()	String	街道门牌号	获取街道门牌号信息
getCityCode()	String	城市编码	获取城市编码信息
getAdCode()	String	区域编码	获取区域编码信息
getPoiName()	String	当前位置的 POI 名称	获取当前位置的 POI 名称
getAoiName()	String	当前位置所处的 AOI 名称	获取当前位置所处的 AOI 名称
getGpsStatus()	int	设备当前 GPS 状态	获取 GPS 当前状态，返回值可参考 AMapLocation 类提供的常量
getLocationType()	int	定位来源	获取定位结果来源
getLocationDetail()	String	定位信息描述	定位信息描述
getErrorInfo()	String	定位错误信息描述	定位出现异常的描述
getErrorCode()	String	定位错误码	定位出现异常时的编码

9.4　显示定位蓝点

　　9.3 节已经实现了如何获得想要的定位数据，但是显示的方式是数字序列的形式。这种显示方式在行车时，人机交互体验并不友好，因此人们更希望在地图上直接显示出当前所在的相对位置。这就需要我们进行本节的显示定位蓝点的开发学习，具体代码如下：

```java
/**
 * 圆形蓝点
 */
public class Blue_Round_Activity extends CheckPermissionsActivity
            implements LocationSource,AMapLocationListener{

    private TextView tvResult;
    /**
     * 用于显示当前的位置
     */
    private AMapLocationClient mlocationClient;
    private OnLocationChangedListener mListener;
    private AMapLocationClientOption mLocationOption;
    private MapView mMapView;
    private AMap aMap;

    //中心点坐标
    private LatLng centerLatLng = null;
    //中心点 marker
    private Marker centerMarker;
    private MarkerOptions markerOption = null;
    private List<Marker> markerList = new ArrayList<Marker>();

    protected void onCreate(Bundle savedInstanceState) {
        super.onCreate(savedInstanceState);
        setContentView(R.layout.activity_geofence_new);

        tvResult = (TextView) findViewById(R.id.tv_result);
        tvResult.setVisibility(View.GONE);
        mMapView = (MapView) findViewById(R.id.map);
        mMapView.onCreate(savedInstanceState);
        markerOption = new MarkerOptions().draggable(true);
        init();
    }
    //载入地图
    void init() {
        if (aMap == null) {
            aMap = mMapView.getMap();
```

```
                aMap.getUiSettings().setRotateGesturesEnabled(false);
                aMap.moveCamera(CameraUpdateFactory.zoomBy(6));
                setUpMap();
        }
}
/**
 * 设置对象 aMap 的一些属性，包括圆形蓝点的设置
 */
private void setUpMap() {
        //设置定位监听
        aMap.setLocationSource(this);
        //设置默认定位按钮是否显示
        aMap.getUiSettings().setMyLocationButtonEnabled(true);
        //自定义系统定位蓝点
        MyLocationStyle myLocationStyle = new MyLocationStyle();
        //自定义定位蓝点图标
        myLocationStyle.myLocationIcon(
        BitmapDescriptorFactory.fromResource(R.drawable.gps_point));
        //自定义精度范围的圆形边框颜色
        myLocationStyle.strokeColor(Color.argb(0, 0, 0, 0));
        //自定义精度范围的圆形边框宽度
        myLocationStyle.strokeWidth(0);
        //设置圆形的填充颜色
        myLocationStyle.radiusFillColor(Color.argb(0, 0, 0, 0));
        //将自定义的 myLocationStyle 对象添加到地图上
        aMap.setMyLocationStyle(myLocationStyle);
        //设置为 true，表示显示定位层并可触发定位，false 表示隐藏定位层且不可触发定位，
        //默认是 false
        aMap.setMyLocationEnabled(true);
        //设置定位的类型为定位模式，定位类型有定位、跟随和地图根据面向方向旋转等
        aMap.setMyLocationType(AMap.LOCATION_TYPE_LOCATE);
}

/**
 * 定位成功后回调函数
 */
@Override
public void onLocationChanged(AMapLocation amapLocation) {
        if (mListener != null && amapLocation != null) {
```

```
                      if (amapLocation != null && amapLocation.getErrorCode() == 0) {
                          mListener.onLocationChanged(amapLocation);//显示系统小蓝点
                      } else {
                              String errText = "定位失败," + amapLocation.getErrorCode() + ": "
                                      + amapLocation.getErrorInfo();
                              Log.e("AmapErr", errText);
                              tvResult.setVisibility(View.VISIBLE);
                              tvResult.setText(errText);
                      }
              }
      }

      /**
       * 激活定位
       */
      @Override
      public void activate(OnLocationChangedListener listener) {
              mListener = listener;
              if (mlocationClient == null) {
                      mlocationClient = new AMapLocationClient(this);
                      mLocationOption = new AMapLocationClientOption();
                      //设置定位监听
                      mlocationClient.setLocationListener(this);
                      //设置为高精度定位模式
                      mLocationOption.setLocationMode(AMapLocationMode.Hight_Accuracy);
                      //只是为了获取当前位置，所以设置为单次定位
                      mLocationOption.setOnceLocation(true);
                      //设置定位参数
                      mlocationClient.setLocationOption(mLocationOption);
                      mlocationClient.startLocation();
              }
      }
      /**
       * 停止定位
       */
      @Override
      public void deactivate() {
              mListener = null;
              if (mlocationClient != null) {
```

```
                mlocationClient.stopLocation();
                mlocationClient.onDestroy();
        }
        mlocationClient = null;
    }
}
```

显示定位蓝点

上述程序运行后，定位蓝点的显示效果如图 9-4 所示。

图 9-4　显示定位蓝点

9.5　高德导航开发

国内中文车载语音交互市场，科大讯飞、微软、数据堂、亚马逊、百度等公司都在云服务和 NLP 技术领域拥有不俗的实力，讯飞语音识别系统具有很强的优势，其在深度(各种测评)和广度(不同业务场景)上都属一流水平。数据堂专注于 AI 数据服务，在语音识别数据领域，数据堂现有 20 万小时的成品语音数据集，覆盖多设备、多类型、多环境与多语种，可快速帮助企业快速提高语音模型识别准确率。本节主要学习如何基于高德地图接口进行简单的路径导航应用开发，以及如何使用第三方的语音交互接口——科大讯飞语音识别导航系统。

 导航运行时的语音提示是高德自带的语音接口实现的；而导航地址的输入则是通过加入科注意 大讯飞的语音识别开发包实现的。

首先，在布局文件 res/layout 中添加相关控件，生成主界面 activity_main.xml，对应的代码如下：

```
<LinearLayout
    xmlns:android="http://schemas.android.com/apk/res/android"
```

```xml
            android:layout_width="match_parent"
            android:layout_height="match_parent"
            android:orientation="vertical">

    <LinearLayout
        android:layout_width="match_parent"
        android:layout_height="50dp">

        <EditText
            android:id="@+id/act_main_et"
            android:layout_width="0dp"
            android:layout_height="50dp"
            android:layout_weight="1"
            android:hint="请输入目的地关键词"
            android:paddingLeft="10dp"/>

        <ImageView
            android:id="@+id/act_main_voice_iv"
            android:layout_width="wrap_content"
            android:layout_height="wrap_content"
            android:src="@drawable/voice"/>
    </LinearLayout>

    <ListView
        android:id="@+id/act_main_lv"
        android:layout_width="match_parent"
        android:layout_height="wrap_content"
        android:visibility="gone"></ListView>

        <com.amap.api.maps.MapView
            android:id="@+id/map"
            android:layout_width="match_parent"
            android:layout_height="match_parent"></com.amap.api.maps.MapView>
</LinearLayout>
```

其次，编写导航项目的主界面对应的 MainActivity，代码如下：

```java
public class MainActivity extends AppCompatActivity {

private ArrayList<Tip> mList = new ArrayList<>();

    private double mLongitude;//经度
```

```
private double mLatitude;//纬度
public AMapLocationListener mLocationListener = new AMapLocationListener() {
    @Override
    public void onLocationChanged(AMapLocation aMapLocation) {
        Log.d("gsda", "onLocationChanged: ");
        if (aMapLocation != null) {
            if (aMapLocation.getErrorCode() == 0) {
            //可在其中解析 amapLocation 获取相应内容
                //获取纬度
                mLatitude = aMapLocation.getLatitude();
                //获取经度
                mLongitude = aMapLocation.getLongitude();
                Log.d("haha", "lat:"+ mLatitude +"---lng:"+ mLongitude);
                mCityCode = aMapLocation.getCityCode();
            }else {
                //定位失败时，可通过 ErrCode（错误码）信息来确定失败的原因，errInfo 是错误信息，
详见错误码表
                Log.e("AmapError","location Error, ErrCode:"
                        + aMapLocation.getErrorCode() + ", errInfo:"
                        + aMapLocation.getErrorInfo());
            }
        }
    }
};
private String mCityCode;
private MapView mMapView;
private ListView mListView;
private EditText mEditText;
//用 HashMap 存储听写结果
private HashMap<String, String> mIatResults = new LinkedHashMap<String, String>();
//听写监听器
private RecognizerListener mRecoListener = new RecognizerListener() {
    @Override
    public void onVolumeChanged(int i, byte[] bytes) {
    }
    @Override
    public void onBeginOfSpeech() {
    }
    @Override
```

```java
    public void onEndOfSpeech() {
        String result = mResultBuffer.toString();
        mEditText.setText(result);
        //让光标在末尾
        mEditText.setSelection(mEditText.getText().length());
        mResultBuffer = null;
    }
    @Override
    public void onResult(com.iflytek.cloud.RecognizerResult results, boolean b) {
        String text = JsonParser.parseIatResult(results.getResultString());
//        Log.d("打印 text",text);
        String sn = null;
        //读取 json 结果中的 sn 字段
        try {
            JSONObject resultJson = new JSONObject(results.getResultString());
            sn = resultJson.optString("sn");
        } catch (JSONException e) {
            e.printStackTrace();
        }

        mIatResults.put(sn, text);
        mResultBuffer = new StringBuffer();
        for (String key : mIatResults.keySet()) {
            mResultBuffer.append(mIatResults.get(key));
        }
    }

    @Override
    public void onError(SpeechError speechError) {
    }
    @Override
    public void onEvent(int i, int i1, int i2, Bundle bundle) {
    }
};
private StringBuffer mResultBuffer;

//appid = 58dc5087
@Override
protected void onCreate(Bundle savedInstanceState) {
```

```
    super.onCreate(savedInstanceState);
    SpeechUtility.createUtility(this, SpeechConstant.APPID +"=58dc5087");
    setContentView(R.layout.activity_main);
    mEditText = (EditText) findViewById(R.id.act_main_et);
    ImageView voiceIv = (ImageView)findViewById(R.id.act_main_voice_iv);
    //1.创建 SpeechRecognizer 对象，对于第二个参数，本地听写时传 InitListener，否则传 null
    final SpeechRecognizer mIat= SpeechRecognizer.createRecognizer(this, null);
    //2.设置听写参数，详见《科大讯飞 MSC API 手册(Android)》SpeechConstant 类
    mIat.setParameter(SpeechConstant.DOMAIN, "iat");
    mIat.setParameter(SpeechConstant.LANGUAGE, "zh_cn");
    mIat.setParameter(SpeechConstant.ACCENT, "mandarin ");
    mIat.setParameter(SpeechConstant.ASR_PTT, "0");
        //3.设置语音开启监听
    voiceIv.setOnClickListener(new View.OnClickListener() {
        @Override
        public void onClick(View v) {
            //语音按钮单击之后开启语音识别
            Toast.makeText(MainActivity.this, "请说出目的地关键字", Toast.LENGTH_SHORT).show();
            //开始听写
            mIat.startListening(mRecoListener);
        }
    });
        InputMethodManager                          inputMethodManager          =
(InputMethodManager)this.getSystemService(Context.INPUT_METHOD_SERVICE);
inputMethodManager.hideSoftInputFromWindow(mEditText.getWindowToken(), 0);
        mListView = (ListView) findViewById(R.id.act_main_lv);
        mEditText.addTextChangedListener(new TextWatcher() {
            @Override
            public void beforeTextChanged(CharSequence s, int start, int count, int after) {
            }
            @Override
            public void onTextChanged(CharSequence s, int start, int before, int count) {
            initQuery(s.toString(),start);
            }

            @Override
            public void afterTextChanged(Editable s) {
            }
    });
```

```
        mListView.setOnItemClickListener(new AdapterView.OnItemClickListener() {
        @Override
        public void onItemClick(AdapterView<?> parent, View view, int position, long id) {
            Tip tip = mList.get(position);
            LatLonPoint point = tip.getPoint();
            Intent intent = new Intent(MainActivity.this, NaviActivity.class);
            Log.d("gaga", ""+mLongitude);
            intent.putExtra("lng", mLongitude);
            intent.putExtra("lat", mLatitude);
            intent.putExtra("point", point);
            startActivity(intent);
        }
    });
    mMapView = (MapView) findViewById(R.id.map);
    mMapView.onCreate(savedInstanceState);
    initLocation();
    initMap()
}

private void initQuery(String keyWord, final int start) {
    //第二个参数传入 null 或者" "，代表在全国进行检索，否则按照传入的 city 进行检索
    InputtipsQuery inputquery = new InputtipsQuery(keyWord, "青岛");
    inputquery.setCityLimit(true);//限制在当前城市
    Inputtips inputTips = new Inputtips(MainActivity.this, inputquery);
    inputTips.setInputtipsListener(new Inputtips.InputtipsListener() {
        @Override
        public void onGetInputtips(List<Tip> list, int i) {
            if (list != null) {
                mList = (ArrayList<Tip>) list;
                mListView.setVisibility(View.VISIBLE);
                ResultAdapter resultAdapter = new ResultAdapter(MainActivity.this, list);
                mListView.setAdapter(resultAdapter);
            } else {
                if (start == 0) {
                    mListView.setVisibility(View.GONE);
                    return;
                }
            }
        }
    }
```

```
        });
        inputTips.requestInputtipsAsyn();
    }

    //声明 AMapLocationClient 类对象
    public AMapLocationClient mLocationClient = null;
    //声明 AMapLocationClientOption 对象
    public AMapLocationClientOption mLocationOption = null;

    //初始化定位
    private void initMap() {
        AMap aMap = null;
        if (aMap == null) {
            aMap = mMapView.getMap();
        }
        //初始化定位蓝点样式类
        MyLocationStyle myLocationStyle;
        myLocationStyle = new MyLocationStyle();
        //连续定位，且将视角移动到地图中心点，定位点依照设备方向旋转，并且会跟随设备移动（1 秒
1 次定位）。如果不设置 myLocationType，也会默认执行此种模式
        myLocationStyle.myLocationType(MyLocationStyle.LOCATION_TYPE_LOCATION_ROTATE);
        //设置连续定位模式下的定位间隔，只在连续定位模式下生效，单次定位模式下不会生效，单位
为毫秒
        myLocationStyle.interval(2000);
        //设置定位蓝点的 Style
        aMap.setMyLocationStyle(myLocationStyle);
        aMap.getUiSettings().setMyLocationButtonEnabled(true);//设置默认定位按钮是否显示，非必需设置
        aMap.setMyLocationEnabled(true);//设置为 true 表示启动显示定位蓝点，false 表示隐藏定位蓝点，
并不进行定位，默认为 false
    }

    private void initLocation() {
        //初始化定位
        mLocationClient = new AMapLocationClient(getApplicationContext());
        //设置定位回调监听
        mLocationClient.setLocationListener(mLocationListener);
        //初始化 AMapLocationClientOption 对象
        mLocationOption = new AMapLocationClientOption();
        //设置定位模式为 AMapLocationMode.Hight_Accuracy，高精度模式
        mLocationOption.setLocationMode(AMapLocationClientOption.AMapLocationMode.Hight_Accuracy);
```

```
    //给定位客户端对象设置定位参数
    mLocationClient.setLocationOption(mLocationOption);
    //启动定位
    mLocationClient.startLocation();
}


@Override
protected void onDestroy() {
    super.onDestroy();
    //在 Activity 销毁时释放地图资源
    mMapView.onDestroy();
    mLocationClient.onDestroy();//销毁定位客户端，同时销毁本地定位服务
}
@Override
protected void onResume() {
    super.onResume();
    //在 activity 执行 onResume 时执行 mMapView.onResume()，重新绘制加载地图
    mMapView.onResume();
}
@Override
protected void onPause() {
    super.onPause();
    //在 activity 执行 onPause 时执行 mMapView.onPause()，暂停地图的绘制
    mMapView.onPause();
}
@Override
protected void onSaveInstanceState(Bundle outState) {
    super.onSaveInstanceState(outState);
    //在 activity 执行 onSaveInstanceState 时执行 mMapView.onSaveInstanceState
(outState)，保存地图当前的状态
    mMapView.onSaveInstanceState(outState);
}
}
```

高德导航开发

在上述 MainActivity 中，可以实现地图的载入和位置蓝点的显示。在点击红点控件后，就可以开启语音输入识别模式，看到语音输入提示后说出目的地，然后在目的地列表中选择想要的地点作为终点，此时活动页面跳转到 activity-Navi 的导航活动界面，在选择路径后，可选择"开始导航"或"模拟导航"，正式开启车辆导航。

在开发板上发布项目之后，需要打开设备的 Wi-Fi 或者去户外空旷地利用 GPS 传感器，才能实现地图载入和基础定位。程序在设备上运行后的实际效果如图 9-5、图 9-6 和

图 9-7 所示。

图 9-5 语音输入目的地

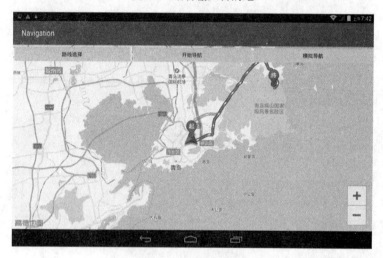

图 9-6 选择导航选项

图 9-7 开始模拟导航

本 章 小 结

通过本章的学习，读者应该能够学会：

◇　高德地图开发 Key 的获取和权限配置，以及相关 jar 包和 so 包的配置。

◇　显示地图需要用到 MapView、Amap 两个类。

◇　获得定位有两种方式，实现定位涉及两个核心类：AmapLocationClientOption
　　和 AmapLocation。

◇　显示定位蓝点对于车载导航的必要性。

◇　完成车载导航应用的实例。

◇　在导航开发中，通过集成科大讯飞的语音交互包实现简单的语音识别导航
　　功能。

本 章 练 习

1. 实现定位的常用方法有＿＿＿＿＿和＿＿＿＿＿。

2. 高德地图开发需要完成的权限配置有几项？

3. 定位中涉及的两个核心类是什么？都有哪些对应方法？

4. 语音交互或者语言识别除了有科大讯飞的 SDK，还有哪些公司可以提供？

第 10 章　OBD 开发

本章目标

- 了解车联网的 V2X 应用场景。
- 掌握 OBD 和 T-BOX 的作用。
- 掌握 OBD 获取的车内数据量。
- 掌握蓝牙传输的使用方法。
- 理解仪表控件的开发方法。
- 理解车内故障码的含义。
- 掌握 Android DI 框架的用法。
- 了解车联网等新一代信息技术与车载终端的融合情况，培养学生对故障检测与故障修复的能力。

10.1　车联网场景

车联网通过无线通信技术、传感器技术以及互联网技术实现人-车-路(交通环境)的交互，是实现智慧交通和自动驾驶的重要前提。

在车联网定义中，V2X(Vehicle to Everything)表示车联万物，目前涉及场景可分为 V2P(车与行人)、V2I(车与路侧)、V2V(车与车)、V2N(车与云)，如图 10-1 所示。本章内容主要与 V2P 场景的应用开发有关，V2P 可以理解为"车与人"互联，也可以理解为"车与手机互联"，因为就目前来说，人们还需要借助手机端的 APP 界面对车进行控制，与车进行沟通。

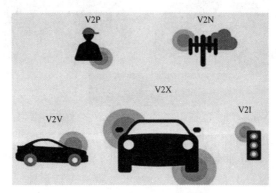

图 10-1　V2X 场景示意图

10.1.1　车载终端互联产品

汽车的普及以及购车人群的年轻化推动汽车的消费需求从硬件配置扩展到了出行服务。经过过去十年的野蛮式增长，我国存量车市场面临车龄上升、年轻车主使用汽车 APP 的习惯逐渐养成、汽车后市场的市场需求不断拓宽等挑战。埃森哲咨询认为，二手车业务、出行服务、独立后市场将是未来中国汽车市场的发展重点。80 后、90 后等青年群体逐渐成为购车主体，在新购车群体中所占的比例由 2010 年的 38%上升至 2016 年的 60%以上，这一代人对于网络服务最为依赖，有望成为众多车联网服务商的首要目标客户。所以从理论上讲，无论前装还是后装，潜力巨大的车联网市场发展正当时。

目前，汽车行业 70%的创新来自汽车电子，汽车注定将成为继笔记本、智能手机之后最重要的移动终端，汽车电子技术的发展重心也逐渐向车联网、自动驾驶、交通大数据、云平台服务等新兴方向转移。车载控制系统、车载网络和智能识别将汽车变为一个新的交互和通信终端，曾经独立封闭的车内信息亦将会转变为"出行生态"的一部分，这是汽车市场发展的必然结果。

一些著名的汽车厂商都将从传统的制造商向综合性的整车产品、大数据和出行服务提供商转型，已经明确提出转型方向的汽车公司有宝马、福特、奥迪。2016 年，宝马集团用"ACES"来概括未来交通出行的四个变革方向，也称"第一战略"，即自动化(Automated)、互联化(Connected)、电气化(Electrified)以及共享化(Shared)。此外，国内著名的互联网出行创新企业——滴滴, 从 2012 年到 2017 年, 至少已经完成 G 轮融资, 市场估值有望达到 500 亿美元。

事实证明, 汽车已经从传统的独立封闭终端开始向互联网大数据的一环过渡, 正在成为包括世界范围的互联网巨头在内的各大互联网公司争抢的移动入口终端, 同时也是前装车厂和各种后装市场用来收集各种车内、车外大数据的一个非常重要的数据源头。

汽车未来的发展趋势是智能化、电动化、互联化、共享化, 这在业内已经达成了共识。车载电子配置是近年来汽车技术的增长热点, 前装配置包括 T-BOX、360 度全景摄像系统、导航系统、汽车信息娱乐系统和 ADAS 等, 后装车联网入口包括智能车机、行车记录仪、OBD 设备、智能后视镜 (如图 10-2 所示)、抬头显示 (HUD) 等。

图 10-2　智能后视镜

近年来, 国产车载终端互联系统也在飞速发展, 各家车企都有自己的定制系统, 也有多家从事车载系统研发的厂商, 如百度推出的 Hi-Life, 腾讯推出的梧桐车联, YunOS 推出的 AliOS 等。与其相关的智能化建设也加速起步, 如百度 AIR 智能道路系统通过 5G、V2X、人工智能、云计算、大数据等一系列技术, 将汽车与道路、汽车与汽车、道路与汽车间的数据打通, 构建了一个互联协同的智能交通系统。国产车载终端互联系统的百花齐放, 进一步推进了制造业与人工智能、物联网的融合发展, 促进了数字经济和实体经济的深度融合。

10.1.2　T-BOX 与 OBD

车联网硬件的安装方式分为前装和后装, 前装车联网主要以 TCU 技术为主导, 而后装车联网大部分是通过 OBD 接口连接衍生设备的方式来实现的。在市场反应效率上, 后装企业拥有战略灵活、创新快的优点, 前装车厂的优势在于对汽车控制系统和新产品的深度把握, 以及与互联网企业的互补合作。

前装厂商占据车联网的硬件优势, 拥有最为丰富的原始数据, 便于挖掘客户的硬性需求。当前, 存量汽车的网络化比率不到 10%, 激活率更是低于 5%, 显然这个比率无法支撑精确的车联网大数据后市场营销。

前装车联网系统包含四部分: 主机、车载 T-BOX、手机 APP 及后台系统。

T-BOX(Telematics BOX) 又称 TCU(车联网控制单元), 指安装在汽车上用于控制跟踪汽车的嵌入式系统, 包括 GPS 单元、移动通信外部接口 (WCDMA、GPRS、Wi-Fi、Bluetooth、LTE-V)、电子处理单元 (ECU)、微控制器 (MCU)、移动通信单元以及存储器。车载 T-BOX 与主机通过 CAN 总线通信, 实现语音、短信、指令与信息的传递, 包括车辆状态信息、按键状态信息、控制指令等, 通过后台系统以数据链路的形式与手机 APP 实现双向通信。车载 T-BOX 主要用于和后台系统/手机 APP 通信, 实现手机 APP 的车辆信息显示与控制。当用户通过手机端 APP 发送控制命令后，TSP 后台会发出监控请求指令到车载 T-BOX，车辆在获取到控制命令后，通过 CAN 总线发送控制报文并实现对车辆的控制，最后操作结果被反馈到用户的手机 APP 上，甚至可以帮助用户远程启动车辆、打开空调、调整座椅至合适位置等。

车载 T-BOX 可深度读取汽车 CAN 总线数据和私有协议，分别采集与汽车总线 DCAN、KCAN、PTCAN 相关的总线数据和私有协议反向控制。T-BOX 终端集成了 OBD 模块，可输出采集到的 CAN 总线上的诊断数据。车规级的处理芯片，基于"汽车级"对可靠性、工作温度、抗干扰等方面的苛刻要求，主要通过后台云端 4G 远程无线通信、GPS 卫星定位、加速度传感和 CAN 通信功能，实现车辆远程监控、远程控制、安全监测和报警、远程诊断、安防服务功能(如路边救援协助、紧急救援求助、车辆异动自动报警、车辆异常信息远程自动上传)等多种后台应用。图 10-3 为市场上众多 T-BOX 的一款，目前已经搭载在东风风光 580 上，作为前装市场的车联网配置之一。

图 10-3　车载 T-BOX 终端

另一方面，后装车联网市场的大小与对应的 OBD 设备市场的大小成正比。原因很简单，后装车联网几乎都是通过 OBD 实现联网的，所以 OBD 设备的普及率远远高于 T-BOX，但缺点在于每个车企都有自己的私有协议，这些私有协议很难破解，故通过 OBD 获取 CAN 总线上数据的能力受限。

车企私有 CAN 总线协议保密的问题导致了 T-BOX 和 OBD 获取的车身信息差异巨大。区别二者的明显特征之一就是其实现功能是否参与车辆的功能控制，比如车身、空调、灯光等。凡是具备以上控制功能之一的通常被看作前装 T-BOX，而仅具备预警提示功能的则为后装 OBD 设备，因为 T-BOX 设备直接连在车身 CAN 总线上，无需网关转发，它的缺点是一旦从外部破解，车辆的安全问题难以保证。

OBD 设备安装便捷，但接口位置不统一，绝大部分车辆都有 OBD 接口，一般位于驾驶位下方。OBD 盒子直接插接汽车 OBD 接口，通过接口上的供电口供电，即插即用，设备读取车辆行驶信息，通过蓝牙或 Wi-Fi 把信息传递到车主手机 APP 上，图形化展示车辆行驶数据、故障信息等。

OBD 设备可实现汽车碰撞报警、精准位置监控、行程全记录、油耗分析、车况即时提醒、专业故障检测和车况信息远程读取等功能。OBD 设备还可以集成 GPS、G-Sensor，实现远程定位等功能。若要完成检修服务环节，这类市场化的 APP 由相应公司的专门的维修技师团队支持，提供线下的检修指导。

本书相配套的车联网实验平台采用的是 OBD 设备，ELM327 V1.5 蓝牙外设如图 10-4、图 10-5 所示。

图 10-4　OBD 接口设备 ELM327 的外观

图 10-5　ELM327 蓝牙模块

实际上，车联网市场围绕 OBD 接口可以获得大量车主的行驶数据，目前已经形成了以车机端应用开发(手机端应用开发)、汽车多功能后视镜开发、大数据云平台功能订制为主流的车联网产品。硬件方面，这类车载产品往往因车型不同带来的车内总线协议有所差异，使得车载硬件端需要匹配对应的协议(这样才能与 CAN 总线上的数据对话)，这会导致该类产品的型号繁多，所以选择 OBD 外设的时候，不仅要考虑车型品牌差异，而且同一品牌车还要考虑换代和年份差异。在软件方面，则不存在这种问题，基本上开发完成一套 APP，只要是搭载 Android 系统的终端设备都会支持运行。

另外，将 OBD 外设连上汽车 ECU 模拟器即可获取 ECU 数据，该模拟器能够发出 8 个发动机信号模拟量，每个按钮可以操控一个模拟量值的变化，如图 10-6 所示。

由于本书中使用的是由模拟器产生的发动机 ECU 信号，所以只有 8 个可调模拟量，设备上电后，屏幕显示为模拟量的英文缩写，其对应的中文含义如表 10-1 所示。

图 10-6　发动机 ECU 信号模拟器

表 10-1　发动机 ECU 模拟量中英文对照表

英　文	中　文
RPM/(r/min)	发动机转速(转/分)
VSS/(km/h)	车速传感器(千米/小时)
ECT/(℃)	发动机冷却液温度(摄氏度)
MAF/(g/s)	空气流量(克/秒)
MAP/(kPa)	进气歧管绝对压力(千帕)
TP/(%)	节气门位置(百分比)
O2B1S1/V	B1S1 位置氧传感器值(伏)
LOAD	负荷(百分比)

接下来主要介绍在车载终端上进行蓝牙无线接收、虚拟仪表板开发、故障码显示等应用的综合开发。通过对本章的学习，能够掌握车联网领域基于 OBD 数据终端设备应用开发的基础，并对其他无线技术开发有一定的启发作用。

10.2　OBD 简介

OBD(On-Board Diagnostics，车载诊断系统)早期主要用于提供与车辆"排放"和"故障"相关的信号，以通知 4S 店服务商或车主是否需要及时维护和维修，避免问题车辆在不知情的时候制造更多的污染和产生不必要的故障损失。

OBD 的概念起源于美国加州空气资源管理委员会(CARB)，目的是降低和控制汽车尾气对大气的污染。我国采用了与欧洲标准 EOBD 或 OBD-Ⅱ相同的要求，即 ISO15031-5(道路车辆—车辆与排放诊断相关装置通信标准—第 5 部分：排放有关的诊断服务)协议，对应新国标 GB18352.3—2013，所以只要该车支持 ISO15031-5 的 OBD-Ⅱ标准协议中的所有项，就可以通过 OBD 接口(如图 10-7 所示)读取出 ECU 中的所有信息；若该车支持标准协议中的部分项，则只能读取支持项信息。

OBD-Ⅱ是 On Board Diagnostics-Ⅱ 的缩写，即Ⅱ型车载诊断系统。为使汽车排放和动力传动相关故障的诊断标准化，从 1996 年开始，凡在美国销售的全部新车其诊断仪器、故障编码和检修步骤必须相似，即符合 OBD-Ⅱ程序的规定。随着经济全球化和汽车国际化的程度越来越高，作为动力传动和排放诊断基础，OBD-Ⅱ系统将得到越来越广泛的实施和应用。OBD-Ⅱ程序使得汽车故障诊断简单而统一，维修人员不需专门学习每一个厂家的新系统。

当前 OBD 接口基于 CAN 总线通信方式，CAN 总线也使用了基于 ISO 的协议，属于网络型分布，具有很强的可扩展性。国内在 2008 年 7 月份开始强制规定所有市场上出售的车辆都必须配备这个协议，这使得车辆检测工作得以简化，OBD 大行其道。

汽车上标准的 OBD 接口有 16 个针脚，其中 OBD-Ⅱ标准统一了其中 9 个针脚的功能，另外 7 个针脚由汽车厂商自行定义。OBD 接口针脚的位置如图 10-8 所示。

图 10-7　OBD 接口

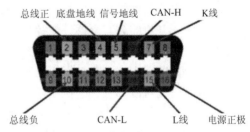

图 10-8　OBD 接口针脚位置

OBD 接口的 16 个针脚的常见定义如表 10-2 所示。当具体到某个车型时，不同针脚相应的含义可能有所出入，务必要注意区别鉴定。

表 10-2　OBD 接口 16 针脚定义

针脚序号	分 配 定 义
1	厂家定义
2	SAE-J1850 总线正
3	厂家定义
4	底盘接地或车身接地
5	信号接地
6	ISO15765-4 定义的 CAN 高
7	ISO9141-2 和 ISO14230-4 定义的 K 线

续表

针脚序号	分 配 定 义
8	厂家定义
9	厂家定义
10	SAE J1850 总线负
11	厂家定义
12	厂家定义
13	厂家定义
14	ISO15765-4 定义的 CAN 低
15	ISO9141-2 和 ISO14230-4 定义的 L 线
16	电源正极

CAN 总线上的数据非常丰富,包含车速、温度、轮速空调开度、故障码等。这些信号量的特点一般是:多个 ECU 控制模块都需要用到这些数据。由此可见,CAN 总线提供了一个数据流通的通道,通过这个通道,采集设备给相关的控制器发送指令,控制器返回相关数据。所有 OBD-II 装备的汽车都必须有:

◇ 标准化的数据诊断接口(SAE-J1962);

◇ 标准化的解码器(SAE-J1979、SAE-J3005);

◇ 标准化的电子通信协议(KWP2000、CAN、ISO9141 等);

◇ 标准化的诊断故障码(DTC、SAE-J2012);

◇ 标准化的维修服务情报(SAE-J2000)。

除了统一开放的公有协议外,各大汽车厂家还有自己的私有协议,私有协议需要厂家开放才能进行深度控制操作,私下破解私有协议是不被提倡的,因为这会带来车辆安全问题。实际上,随着主流汽车公司逐渐对基于车内、车外数据开发的车载端、手机端应用的大力认可,它们对汽车系统的控制权限也会以合作开发的方式逐步放开,使得一些面向油门、制动、转向等控制功能的开发被提上日程,如目前汽车行业最前沿的"先进辅助驾驶系统——ADAS"的研究,为日后的自动驾驶技术作好技术储备。

基于 OBD 模式的车联网系统主要由车内多个 ECU、OBD 采集端、后台系统、车机端或手机端应用等软、硬件模块组成。在逻辑上,它是一个典型的车联网系统结构,车内 ECU 数据通过 CAN 总线,首先经由网关转换和 OBD 接口,然后通过无线通信、数据分析,最终把数据结果展现给使用人员,如图 10-9 所示。

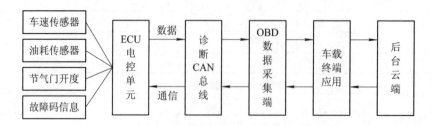

图 10-9 获取 OBD 数据的过程

10.3　蓝牙数据传输

本节获取数据时是通过 Android 系统调用蓝牙模块来实现无线传输的。关于蓝牙开发的基础知识，在第 7 章中已有详细讲解。由于模拟数据源的发送端设备已使用成熟的 OBD 接口专用蓝牙设备 ELM327 V1.5，因此本节重点介绍接收端蓝牙的开发，步骤如下：

（1）创建一个服务程序 ObdGatewayService，主要用于在应用中所运行设备与 OBD 接口蓝牙发送设备之间建立数据连接通道。其代码如下：

```java
public class ObdGatewayService extends AbstractGatewayService {

private static final String TAG = ObdGatewayService.class.getName();
    @Inject
    SharedPreferences prefs;
    private BluetoothDevice dev = null;
    private BluetoothSocket sock = null;

    public void startService() throws IOException {
        Log.d(TAG, "开始服务");
        //获取远程蓝牙设备
        final String remoteDevice = prefs.getString(ConfigActivity.BLUETOOTH_LIST_KEY, null);
        if (remoteDevice == null || "".equals(remoteDevice)) {
            Toast.makeText(ctx, getString(R.string.text_bluetooth_nodevice), Toast.LENGTH_LONG).show();
            // 错误日志
            Log.e(TAG, "还没有选择蓝牙设备");
            // 停止服务
            stopService();
            throw new IOException();
        } else {
            final BluetoothAdapter btAdapter = BluetoothAdapter.getDefaultAdapter();
            dev = btAdapter.getRemoteDevice(remoteDevice);

    /*
     * 建立蓝牙连接
     */
            Log.d(TAG, "停止蓝牙发现");
            btAdapter.cancelDiscovery();
            showNotification(getString(R.string.notification_action), getString(R.string.service_starting),
R.drawable.ic_btcar, true, true, false);
            try {
                startObdConnection();
```

```
        } catch (Exception e) {
            Log.e(
                    TAG,
                    "建立连接时有一个错误"
                            + e.getMessage()
            );
            //有错误时，停止服务
            stopService();
            throw new IOException();
        }
        showNotification(getString(R.string.notification_action), getString(R.string.service_started),
                R.drawable.ic_btcar, true, true, false);
    }
}

/**
 *启动并配置与 OBD 接口的连接
 */
private void startObdConnection() throws IOException {
    Log.d(TAG, "开始 OBD 连接");
    isRunning = true;
    try {
        sock = BluetoothManager.connect(dev);
    } catch (Exception e2) {
        Log.e(TAG, "建立蓝牙连接时有一个错误。停止 app.. . ", e2);
        stopService();
        throw new IOException();
    }

    //配置连接
    Log.d(TAG, "用来配置连接的排队作业");
    queueJob(new ObdCommandJob(new ObdResetCommand()));

      //下面在重新发送命令之前给适配器足够的时间来重置，否则第一次启动命令可能被忽略
    try { Thread.sleep(500); } catch (InterruptedException e) { e.printStackTrace(); }
    queueJob(new ObdCommandJob(new EchoOffCommand()));

/*
 *  将根据测试发送第二次
 */
```

```
queueJob(new ObdCommandJob(new EchoOffCommand()));
queueJob(new ObdCommandJob(new LineFeedOffCommand()));
queueJob(new ObdCommandJob(new TimeoutCommand(62)));
// 从 preferences 获取协议
final String protocol = prefs.getString(ConfigActivity.PROTOCOLS_LIST_KEY, "AUTO");
queueJob(new ObdCommandJob(new SelectProtocolCommand(ObdProtocols.valueOf(protocol))));
// 返回虚拟数据的 Job
queueJob(new ObdCommandJob(new AmbientAirTemperatureCommand()));
queueCounter = 0L;
Log.d(TAG, "初始化作业队列");
}

/**
*这个方法将添加一个任务到队列，同时设置其 Id 到队列计数器
 */
@Override
public void queueJob(ObdCommandJob job) {
    //此处执行英制单位选项
    job.getCommand().useImperialUnits(prefs.getBoolean(ConfigActivity.IMPERIAL_UNITS_KEY, false));

    //此时我们可以传递它
    super.queueJob(job);
}

/**
 *  运行队列直到服务停下
 */
protected void executeQueue() throws InterruptedException {
    Log.d(TAG, "执行队列..");
    while (!Thread.currentThread().isInterrupted()) {
        ObdCommandJob job = null;
        try {
            job = jobsQueue.take();

            // 记录作业
            Log.d(TAG, "获取作业[" + job.getId() + "] 从队列中..");

            if (job.getState().equals(ObdCommandJobState.NEW)) {
                Log.d(TAG, "作业状态为新，运行它..");
                job.setState(ObdCommandJobState.RUNNING);
                if (sock.isConnected()) {
```

```
                    job.getCommand().run(sock.getInputStream(), sock.getOutputStream());
                } else {
                    job.setState(ObdCommandJobState.EXECUTION_ERROR);
                    Log.e(TAG, "不能在已关闭的 socket 上运行命令");
                }
            } else
                //记录非新作业
                Log.e(TAG, "作业状态不是新的，所以它不应该在队列中。错误警报");
        } catch (InterruptedException i) {
                Thread.currentThread().interrupt();
        } catch (UnsupportedCommandException u) {
                if (job != null) {
                    job.setState(ObdCommandJobState.NOT_SUPPORTED);
                }
                Log.d(TAG, "命令不支持" + u.getMessage());
        } catch (IOException io) {
            if (job != null) {
                if(io.getMessage().contains("Broken pipe"))
                    job.setState(ObdCommandJobState.BROKEN_PIPE);
                else
                    job.setState(ObdCommandJobState.EXECUTION_ERROR);
            }
            Log.e(TAG, "IO 错误" + io.getMessage());
        } catch (Exception e) {
            if (job != null) {
                job.setState(ObdCommandJobState.EXECUTION_ERROR);
            }
            Log.e(TAG, "运行命令失败" + e.getMessage());
        }

        if (job != null) {
            final ObdCommandJob job2 = job;
            ((MainActivity) ctx).runOnUiThread(new Runnable() {
                @Override
                public void run() {
                    ((MainActivity) ctx).stateUpdate(job2);
                }
            });
        }
    }
```

```
    }

    /**
     *停止 OBD 连接和队列处理
     */
    public void stopService() {
    Log.d(TAG, "停止服务");
    notificationManager.cancel(NOTIFICATION_ID);
    jobsQueue.clear();
    isRunning = false;
    if (sock != null)
        // 关闭 socket
        try {
            sock.close();
        } catch (IOException e) {
        Log.e(TAG, e.getMessage());
        }
    // 停止 Service
    stopSelf();
    }
}
```

（2）创建接收端线程，编写蓝牙管理者 BluetoothManager，并创建 BluetoothSocket 通信通道。其代码如下：

```
public class BluetoothManager {
    private static final String TAG = BluetoothManager.class.getName();
    /*
     * 如果要连接到蓝牙串行板，请尝试使用下面周知的 SPP 协议 UUID，这里采用的是该类；如果是连
接到 Android 设备端，请生成自己独有的 UUID
     */
    private static final UUID MY_UUID = UUID.fromString("00001101-0000-1000-8000-00805F9B34FB");

    /**
     *实例化一个 BluetoothSocket 用于远程设备的连接
     */
    public static BluetoothSocket connect(BluetoothDevice dev) throws IOException {
    BluetoothSocket sock = null;
    BluetoothSocket sockFallback = null;

    Log.d(TAG, "开始蓝牙连接");
    try {
```

```
            sock = dev.createRfcommSocketToServiceRecord(MY_UUID);
            sock.connect();
    } catch (Exception e1) {
        Log.e(TAG, "建立蓝牙连接时有错误，返回", e1);
        Class<?> clazz = sock.getRemoteDevice().getClass();
        Class<?>[] paramTypes = new Class<?>[]{Integer.TYPE};
    try {
        Method m = clazz.getMethod("createRfcommSocket", paramTypes);
        Object[] params = new Object[]{Integer.valueOf(1)};
        sockFallback = (BluetoothSocket) m.invoke(sock.getRemoteDevice(), params);
        sockFallback.connect();
        sock = sockFallback;
    } catch (Exception e2) {
        Log.e(TAG, "建立蓝牙连接时不能返回", e2);
        throw new IOException(e2.getMessage());
    }
    }
    return sock;
    }
}
```

蓝牙数据传输

以上是关于蓝牙传输接收端的开发程序代码，实现了与 OBD 接口端蓝牙设备的连接，通过在 BluetoothManager 类中设置 UUID 创建 Socket 通信通道，与发送端进行连接，等待读取发送端发送的数据。

10.4　虚拟仪表开发

为了增加数据在车载终端或是其他移动端的可读性和可用性，本节专门进行了部分可视化开发。具体而言，针对目前车内人机交互(HMI)研究方向最前沿的液晶屏加虚拟仪表，开发了汽车仪表盘上最重要的转速仪表和车速仪表两个特色控件，如图 10-10 所示，也叫作 Android 自定义控件开发，并将从 OBD 接口获得的动态数据在仪表盘上实时显示出来，便于开发人员和用户阅读。

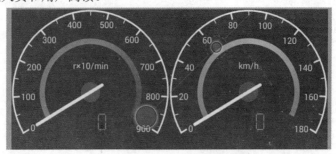

图 10-10　自定义仪表控件效果图

编写汽车车速仪表自定义控件，代码如下：

```java
/**
 * DashboardView 虚拟汽车速度仪表盘
 */
public class NewDashboardView extends View {

    private int mRadius; // 扇形半径
    private int mStartAngle = 150; // 起始角度
    private int mSweepAngle = 240; // 绘制角度
    private int mMin = 0; // 最小值
    private int mMax = 180; // 最大值
    private int mSection = 9; // 值域（mMax-mMin）等分份数
    private int mPortion = 2; // 一个 mSection 等分份数
    private String mHeaderText = "km/h"; // 表头
    private int mVelocity = mMin; // 实时速度
    private int mStrokeWidth; // 画笔宽度
    private int mLength1; // 长刻度的相对圆弧的长度
    private int mLength2; // 刻度读数顶部的相对圆弧的长度
    private int mPLRadius; // 指针长半径
    private int mPSRadius; // 指针短半径

    private int mPadding;
    private float mCenterX, mCenterY; // 圆心坐标
    private Paint mPaint;
    private RectF mRectFArc;
    private RectF mRectFInnerArc;
    private Rect mRectText;
    private String[] mTexts;
    private int[] mColors;

    public NewDashboardView(Context context) {
        this(context, null);
    }

    public NewDashboardView(Context context, AttributeSet attrs) {
        this(context, attrs, 0);
    }

    public NewDashboardView(Context context, AttributeSet attrs, int defStyleAttr) {
```

```
        super(context, attrs, defStyleAttr);

        init();
    }

    private void init() {
        mStrokeWidth = dp2px(3);
        mLength1 = dp2px(8) + mStrokeWidth;
        mLength2 = mLength1 + dp2px(4);

        mPaint = new Paint();
        mPaint.setAntiAlias(true);
        mPaint.setStrokeCap(Paint.Cap.ROUND);

        mRectFArc = new RectF();
        mRectFInnerArc = new RectF();
        mRectText = new Rect();

        mTexts = new String[mSection + 1]; // 需要显示 mSection + 1 个刻度读数
        for (int i = 0; i < mTexts.length; i++) {
            int n = (mMax - mMin) / mSection;
            mTexts[i] = String.valueOf(mMin + i * n);
        }

        mColors = new int[]{ContextCompat.getColor(getContext(), R.color.color_green),
            ContextCompat.getColor(getContext(), R.color.color_yellow),
            ContextCompat.getColor(getContext(), R.color.color_red)};
    }

    @Override
    protected void onMeasure(int widthMeasureSpec, int heightMeasureSpec) {
        super.onMeasure(widthMeasureSpec, heightMeasureSpec);

        mPadding = Math.max(
            Math.max(getPaddingLeft(), getPaddingTop()),
            Math.max(getPaddingRight(), getPaddingBottom())
        );
        setPadding(mPadding, mPadding, mPadding, mPadding);
```

```java
        int width = resolveSize(dp2px(260), widthMeasureSpec);
        mRadius = (width - mPadding * 2 - mStrokeWidth * 2) / 2;

        // 由起始角度确定的高度
        float[] point1 = getCoordinatePoint(mRadius, mStartAngle);
        // 由结束角度确定的高度
        float[] point2 = getCoordinatePoint(mRadius, mStartAngle + mSweepAngle);
        int height = (int) Math.max(point1[1] + mRadius + mStrokeWidth * 2,
        point2[1] + mRadius + mStrokeWidth * 2);
        setMeasuredDimension(width, height + getPaddingTop() + getPaddingBottom());

        mCenterX = mCenterY = getMeasuredWidth() / 2f;
        mRectFArc.set(
            getPaddingLeft() + mStrokeWidth,
            getPaddingTop() + mStrokeWidth,
            getMeasuredWidth() - getPaddingRight() - mStrokeWidth,
            getMeasuredWidth() - getPaddingBottom() - mStrokeWidth
        );

        mPaint.setTextSize(sp2px(16));
        mPaint.getTextBounds("0", 0, "0".length(), mRectText);
        mRectFInnerArc.set(
            getPaddingLeft() + mLength2 + mRectText.height() + dp2px(30),
            getPaddingTop() + mLength2 + mRectText.height() + dp2px(30),
            getMeasuredWidth() - getPaddingRight() - mLength2 - mRectText.height() - dp2px(30),
            getMeasuredWidth() - getPaddingBottom() - mLength2 - mRectText.height() - dp2px(30)
        );

        mPLRadius = mRadius - dp2px(30);
        mPSRadius = dp2px(25);
}

@Override
protected void onDraw(Canvas canvas) {
    super.onDraw(canvas);

    canvas.drawColor(ContextCompat.getColor(getContext(), R.color.color_dark));
    /**
     * 画圆弧
```

```
    */
    mPaint.setStyle(Paint.Style.STROKE);
    mPaint.setStrokeWidth(mStrokeWidth);
    mPaint.setColor(ContextCompat.getColor(getContext(), R.color.color_light));
    canvas.drawArc(mRectFArc, mStartAngle, mSweepAngle, false, mPaint);

    /**
     * 画长刻度
     * 画好起始角度的一条刻度后通过 canvas 绕着原点旋转来画剩下的长刻度
     */
    double cos = Math.cos(Math.toRadians(mStartAngle - 180));
    double sin = Math.sin(Math.toRadians(mStartAngle - 180));
    float x0 = (float) (mPadding + mStrokeWidth + mRadius * (1 - cos));
    float y0 = (float) (mPadding + mStrokeWidth + mRadius * (1 - sin));
    float x1 = (float) (mPadding + mStrokeWidth + mRadius - (mRadius - mLength1) * cos);
    float y1 = (float) (mPadding + mStrokeWidth + mRadius - (mRadius - mLength1) * sin);

    canvas.save();
    canvas.drawLine(x0, y0, x1, y1, mPaint);
    float angle = mSweepAngle * 1f / mSection;
    for (int i = 0; i < mSection; i++) {
        canvas.rotate(angle, mCenterX, mCenterY);
        canvas.drawLine(x0, y0, x1, y1, mPaint);
    }
    canvas.restore();

    /**
     * 画短刻度
     * 同样采用 canvas 的旋转原理
     */
    canvas.save();
    mPaint.setStrokeWidth(mStrokeWidth / 2f);
    float x2 = (float) (mPadding + mStrokeWidth + mRadius - (mRadius - 2 * mLength1 / 3f) * cos);
    float y2 = (float) (mPadding + mStrokeWidth + mRadius - (mRadius - 2 * mLength1 / 3f) * sin);
    canvas.drawLine(x0, y0, x2, y2, mPaint);
    angle = mSweepAngle * 1f / (mSection * mPortion);
    for (int i = 1; i < mSection * mPortion; i++) {
        canvas.rotate(angle, mCenterX, mCenterY);
        if (i % mPortion == 0) { // 避免与长刻度画重合
```

```
            continue;
        }
        canvas.drawLine(x0, y0, x2, y2, mPaint);
    }
    canvas.restore();

    /**
     * 画长刻度读数
     */
    mPaint.setTextSize(sp2px(16));
    mPaint.setStyle(Paint.Style.FILL);
    float α;
    float[] p;
    angle = mSweepAngle * 1f / mSection;
    for (int i = 0; i <= mSection; i++) {
        α = mStartAngle + angle * i;
        p = getCoordinatePoint(mRadius - mLength2, α);
        if (α % 360 > 135 && α % 360 < 225) {
            mPaint.setTextAlign(Paint.Align.LEFT);
        } else if ((α % 360 >= 0 && α % 360 < 45) || (α % 360 > 315 && α % 360 <= 360)) {
            mPaint.setTextAlign(Paint.Align.RIGHT);
        } else {
            mPaint.setTextAlign(Paint.Align.CENTER);
        }
        mPaint.getTextBounds(mHeaderText, 0, mTexts[i].length(), mRectText);
        int txtH = mRectText.height();
        if (i <= 1 || i >= mSection - 1) {
            canvas.drawText(mTexts[i], p[0], p[1] + txtH / 2, mPaint);
        } else if (i == 3) {
            canvas.drawText(mTexts[i], p[0] + txtH / 2, p[1] + txtH, mPaint);
        } else if (i == mSection - 3) {
            canvas.drawText(mTexts[i], p[0] - txtH / 2, p[1] + txtH, mPaint);
        } else {
            canvas.drawText(mTexts[i], p[0], p[1] + txtH, mPaint);
        }
    }

    mPaint.setStrokeCap(Paint.Cap.SQUARE);
    mPaint.setStyle(Paint.Style.STROKE);
```

```
mPaint.setStrokeWidth(dp2px(10));
mPaint.setShader(generateSweepGradient());
canvas.drawArc(mRectFInnerArc, mStartAngle + 1, mSweepAngle - 2, false, mPaint);


mPaint.setStrokeCap(Paint.Cap.ROUND);
mPaint.setStyle(Paint.Style.FILL);
mPaint.setShader(null);

/**
 * 画表头
 * 没有表头就不画
 */
if (!TextUtils.isEmpty(mHeaderText)) {
    mPaint.setTextSize(sp2px(16));
    mPaint.setTextAlign(Paint.Align.CENTER);
    mPaint.getTextBounds(mHeaderText, 0, mHeaderText.length(), mRectText);
    canvas.drawText(mHeaderText, mCenterX, mCenterY - mRectText.height() * 3, mPaint);
}

/**
 * 画指针
 */
float θ = mStartAngle + mSweepAngle * (mVelocity - mMin) / (mMax - mMin); // 指针与水平线夹角
mPaint.setColor(ContextCompat.getColor(getContext(), R.color.color_dark_light));
int r = mRadius / 8;
canvas.drawCircle(mCenterX, mCenterY, r, mPaint);
mPaint.setStrokeWidth(r / 3);
mPaint.setColor(ContextCompat.getColor(getContext(), R.color.color_light));
float[] p1 = getCoordinatePoint(mPLRadius, θ);
canvas.drawLine(p1[0], p1[1], mCenterX, mCenterY, mPaint);
float[] p2 = getCoordinatePoint(mPSRadius, θ + 180);
canvas.drawLine(mCenterX, mCenterY, p2[0], p2[1], mPaint);

/**
 * 画实时数字值
 */
mPaint.setColor(ContextCompat.getColor(getContext(), R.color.colorPrimary));
mPaint.setStrokeWidth(dp2px(2));
int xOffset = dp2px(22);
```

```
if (mVelocity >= 100) {
    drawDigitalTube(canvas, mVelocity / 100, -xOffset);
    drawDigitalTube(canvas, (mVelocity ) / 10 % 10, 0);
    drawDigitalTube(canvas, mVelocity % 100 % 10, xOffset);
} else if (mVelocity >= 10) {
    drawDigitalTube(canvas, -1, -xOffset);
    drawDigitalTube(canvas, mVelocity / 10, 0);
    drawDigitalTube(canvas, mVelocity % 10, xOffset);
} else {
    drawDigitalTube(canvas, -1, -xOffset);
    drawDigitalTube(canvas, -1, 0);
    drawDigitalTube(canvas, mVelocity, xOffset);
}
}

/**
 * 数码管样式
 */
private void drawDigitalTube(Canvas canvas, int num, int xOffset) {
    float x = mCenterX + xOffset;
    float y = mCenterY + dp2px(40);
    int lx = dp2px(5);
    int ly = dp2px(10);
    int gap = dp2px(2);

    // 1
    mPaint.setAlpha(num == -1 || num == 1 || num == 4 ? 25 : 255);
    canvas.drawLine(x - lx, y, x + lx, y, mPaint);
    // 2
    mPaint.setAlpha(num == -1 || num == 1 || num == 2 || num == 3 || num == 7 ? 25 : 255);
    canvas.drawLine(x - lx - gap, y + gap, x - lx - gap, y + gap + ly, mPaint);
    // 3
    mPaint.setAlpha(num == -1 || num == 5 || num == 6 ? 25 : 255);
    canvas.drawLine(x + lx + gap, y + gap, x + lx + gap, y + gap + ly, mPaint);
    // 4
    mPaint.setAlpha(num == -1 || num == 0 || num == 1 || num == 7 ? 25 : 255);
    canvas.drawLine(x - lx, y + gap * 2 + ly, x + lx, y + gap * 2 + ly, mPaint);
    // 5
    mPaint.setAlpha(num == -1 || num == 1 || num == 3 || num == 4 || num == 5 || num == 7
            || num == 9 ? 25 : 255);
```

```
            canvas.drawLine(x - lx - gap, y + gap * 3 + ly,
                    x - lx - gap, y + gap * 3 + ly * 2, mPaint);
            // 6
            mPaint.setAlpha(num == -1 || num == 2 ? 25 : 255);
            canvas.drawLine(x + lx + gap, y + gap * 3 + ly,
                    x + lx + gap, y + gap * 3 + ly * 2, mPaint);
            // 7
            mPaint.setAlpha(num == -1 || num == 1 || num == 4 || num == 7 ? 25 : 255);
            canvas.drawLine(x - lx, y + gap * 4 + ly * 2, x + lx, y + gap * 4 + ly * 2, mPaint);
        }

        private int dp2px(int dp) {
            return (int) TypedValue.applyDimension(TypedValue.COMPLEX_UNIT_DIP, dp,
                Resources.getSystem().getDisplayMetrics());
        }

        private int sp2px(int sp) {
            return (int) TypedValue.applyDimension(TypedValue.COMPLEX_UNIT_SP, sp,
                Resources.getSystem().getDisplayMetrics());
        }

        public float[] getCoordinatePoint(int radius, float angle) {
            float[] point = new float[2];

            double arcAngle = Math.toRadians(angle); //将角度转换为弧度
            if (angle < 90) {
                point[0] = (float) (mCenterX + Math.cos(arcAngle) * radius);
                point[1] = (float) (mCenterY + Math.sin(arcAngle) * radius);
            } else if (angle == 90) {
                point[0] = mCenterX;
                point[1] = mCenterY + radius;
            } else if (angle > 90 && angle < 180) {
                arcAngle = Math.PI * (180 - angle) / 180.0;
                point[0] = (float) (mCenterX - Math.cos(arcAngle) * radius);
                point[1] = (float) (mCenterY + Math.sin(arcAngle) * radius);
            } else if (angle == 180) {
                point[0] = mCenterX - radius;
                point[1] = mCenterY;
            } else if (angle > 180 && angle < 270) {
                arcAngle = Math.PI * (angle - 180) / 180.0;
```

```
                point[0] = (float) (mCenterX - Math.cos(arcAngle) * radius);
                point[1] = (float) (mCenterY - Math.sin(arcAngle) * radius);
            } else if (angle == 270) {
                point[0] = mCenterX;
                point[1] = mCenterY - radius;
            } else {
                arcAngle = Math.PI * (360 - angle) / 180.0;
                point[0] = (float) (mCenterX + Math.cos(arcAngle) * radius);
                point[1] = (float) (mCenterY - Math.sin(arcAngle) * radius);
            }

            return point;
    }
    //扫描渲染
    private SweepGradient generateSweepGradient() {
        SweepGradient sweepGradient = new SweepGradient(mCenterX, mCenterY,
            mColors,
            new float[]{0, 140 / 360f, mSweepAngle / 360f}
        );
        Matrix matrix = new Matrix();
        matrix.setRotate(mStartAngle - 3, mCenterX, mCenterY);
        sweepGradient.setLocalMatrix(matrix);
        return sweepGradient;
    }

    public int getVelocity() {
        return mVelocity;
    }

    public void setVelocity(int velocity) {
        if (mVelocity == velocity || velocity < mMin || velocity > mMax) {
            return;
        }
        mVelocity = velocity;
        postInvalidate();
    }
}
```

虚拟仪表开发

　　上述代码是 Android 自定义控件开发的例子。在自定义控件时，重写了 onMeasure()
和 onDraw()方法，用于测量控件宽高和绘制图形以及文字。经常需要使用 Canvas 和 Paint
两大类，在 Canvas 类中，绘画基本是靠 drawXXX()方法来完成的，Paint 画笔可以用来定义线条颜色、粗细等属性并以参数形式传入 drawXXX()方法中。

10.5 OBD 综合开发

由于 Android 是面向对象语言的，所以在开发应用时一个基本原则就是类化，并且要尽可能地降低类之间的耦合性。依赖注入(Dependency injection，DI)可以大大降低类之间的依赖性，通过注解(annotation)描述类之间的依赖性，避免直接调用类似的构造函数或是使用工厂模式(Factory)参与所需的类，从而降低类或模块之间的耦合性，以提高代码可重用性并增强代码的可维护性，通过本案例的训练，提高学生的代码优化及整合能力，学习以工程思维解决现实需求和问题，做到理论联系实际。

10.5.1 DI 框架应用

Google Guice 提供了 Java 平台上一个轻量级的 DI 框架，可以支持开发 Android 应用。本节将使用 Android 平台来说明 DI 框架中 RoboGuice 的用法。

DI 框架有三种：一种是类的注入，如 Dagger；一种是视图注入，常用的有 Butter Knife；还有一种是比较综合性的，有 RoboGuice、Android Annotation。本节用到的是 RoboGuice。

RoboGuice 是在 Android 平台上基于 Google Guice 开发的一个库，大大简化了 Android 应用开发的代码和一些繁琐重复的代码。比如代码中可能需要大量使用 findViewById 在 XML 中查找一个 View，并将其强制转换到所需类型，onCreate 中可能有大量的类似代码。RoboGuice 允许使用注解(Annotation)的方式来描述 id 与 View 之间的关系，其余的工作由 RoboGuice 库来完成。

RoboGuice 的主要功能有：

◇ 控件注入：用@InjectViews 方法初始化控件，如@InjectView(R.id.textview) TextView textView。

◇ 资源注入：用@InjectResources 方法初始化资源，如@InjectResource(R. string.app _name) String name。

◇ 系统服务注入：用@Inject 方法初始化并获取系统服务，如@Inject LayoutInflater inflater。

通过以下示例对比 RoboGuice 的作用：

(1) 当不使用 RoboGuice 时，代码如下：

```java
class MyActivity extends Activity {
    TextView name;
    ImageView campus;
    Drawable icon;
    String myTitle;
    SensorManager sensorManager;

    public void onCreate(Bundle savedInstanceState) {
```

```
        super.onCreate(savedInstanceState);
        setContentView(R.layout.main);

        name = (TextView) findViewById(R.id.name);
        campus = (ImageView) findViewById(R.id.name);
        myTitle = getString(R.string.app_name);
        icon = getResources().getDrawable(R.drawable.icon);
        sensorManager = (SensorManager) getSystemService(Activity.SENSOR_SERVICE);
    }
}
```

（2）当使用 RoboGuice 时，代码如下：

```
@ContentView(R.layout.main)
class MyRoboActivity extends RoboActivity {
        @InjectView(R.id.name)
        TextView name;
        @InjectView(R.id.campus)
        ImageView campus;
        @InjectResource(R.drawable.icon)
        Drawable icon;
        @InjectResource(R.string.app_name)
        String myTitle;
        @Inject
        SensorManager sensorManager;

        public void onCreate(Bundle savedInstanceState) {
            super.onCreate(savedInstanceState);
        }
}
```

通过对比上述两段实现同样功能的代码可以明显看出，使用了 RoboGuice 框架的程序更加简洁明了，开发效率更高。使用 RoboGuice 框架前，需要在 build.gradle 的 dependencies 片段中添加以下代码：

```
dependencies {
    compile 'org.roboguice:roboguice:3.+'
    provided 'org.roboguice:roboblender:3.+'
}
```

10.5.2　综合界面布局

有了前几节车内总线模拟数据获取、自定义控件内容搭建作铺垫，接下来就可以着手进行主功能界面的布局了，开机主界面效果如图 10-11 所示。先对基础控件和数据进行合理调用，再配置用户使用前的参数选项。

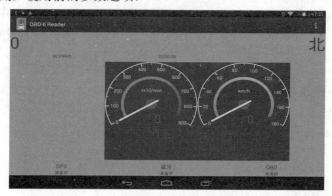

图 10-11　开机主界面效果

编写主界面布局，代码如下：

```xml
<?xml version="1.0" encoding="utf-8"?>
<LinearLayout
    xmlns:android="http://schemas.android.com/apk/res/android"
    xmlns:app="http://schemas.android.com/apk/res-auto"
    android:id="@+id/vehicle_view"
    android:layout_width="match_parent"
    android:layout_height="match_parent"
    android:background="#999999"
    android:orientation="vertical">

    <TableRow
        android:layout_width="fill_parent"
        android:layout_height="wrap_content">

        <TextView
            android:id="@+id/act_main_speed_tv"
            android:layout_width="0dp"
            android:layout_height="wrap_content"
            android:layout_weight="2"
            android:tag="SPEED"
            android:text="@string/text_zero"
            android:textSize="@dimen/abc_text_size_display_3_material"/>

        <TextView
            android:id="@+id/compass_text"
            android:layout_width="0dp"
            android:layout_height="wrap_content"
            android:layout_weight="1"
```

```
            android:gravity="end"
            android:text="@string/text_orientation_default"
            android:textSize="@dimen/abc_text_size_display_3_material"/>
    </TableRow>

    <TableRow
        android:layout_width="fill_parent"
        android:layout_height="wrap_content">

        <TextView
            android:layout_width="0dp"
            android:layout_height="wrap_content"
            android:layout_weight="1"
            android:gravity="center"
            android:tag="FUEL_CONSUMPTION"
            android:text="@string/text_consumption_default"/>

        <TextView
            android:layout_width="0dp"
            android:layout_height="wrap_content"
            android:layout_weight="1"
            android:gravity="center"
            android:tag="ENGINE_RUNTIME"
            android:text="@string/text_runtime_default"/>

        <TextView
            android:layout_width="0dp"
            android:layout_height="wrap_content"
            android:layout_weight="1"
            android:gravity="center"
            android:tag="ENGINE_RPM"
            android:text=""/>
    </TableRow>

    <LinearLayout
        android:layout_gravity="top"
        android:layout_weight="1"
        android:layout_width="match_parent"
        android:layout_height="match_parent"
        android:layout_margin="10dp">

        <ScrollView
```

```
            android:elevation="2dp"
            android:outlineProvider="bounds"
            android:id="@+id/data_scroll"
            android:layout_width="300dp"
            android:layout_height="350dp"
>

        <TableLayout
            android:id="@+id/data_table"
            android:layout_width="fill_parent"
            android:layout_height="wrap_content"
            android:stretchColumns="*"></TableLayout>
    </ScrollView>

    <com.github.pires.obd.reader.activity.NewDashboardView2
        android:id="@+id/newdashboardview2"
        android:layout_width="300dp"
        android:layout_height="wrap_content"/>

    <com.github.pires.obd.reader.activity.NewDashboardView
        android:id="@+id/newdashboardview"
        android:layout_width="300dp"
        android:layout_height="wrap_content"/>

</LinearLayout>

<TableRow
    android:layout_width="fill_parent"
    android:layout_height="wrap_content">

    <TextView
        android:layout_width="0dp"
        android:layout_height="wrap_content"
        android:layout_weight="1"
        android:gravity="center"
        android:text="@string/text_gps"
        android:textSize="@dimen/abc_text_size_medium_material"/>

    <TextView
        android:layout_width="0dp"
        android:layout_height="wrap_content"
        android:layout_weight="1"
        android:gravity="center"
```

```
            android:text="@string/text_bluetooth"
            android:textSize="@dimen/abc_text_size_medium_material"/>

        <TextView
            android:layout_width="0dp"
            android:layout_height="wrap_content"
            android:layout_weight="1"
            android:gravity="center"
            android:text="@string/text_obd"
            android:textSize="@dimen/abc_text_size_medium_material"/>
    </TableRow>

    <TableRow
        android:layout_width="fill_parent"
        android:layout_height="wrap_content">

        <TextView
            android:id="@+id/GPS_POS"
            android:layout_width="0dp"
            android:layout_height="wrap_content"
            android:layout_weight="1"
            android:gravity="center"
            android:text=""/>

        <TextView
            android:id="@+id/BT_STATUS"
            android:layout_width="0dp"
            android:layout_height="wrap_content"
            android:layout_weight="1"
            android:gravity="center"
            android:text=""/>

        <TextView
            android:id="@+id/OBD_STATUS"
            android:layout_width="0dp"
            android:layout_height="wrap_content"
            android:layout_weight="1"
            android:gravity="center"
            android:text=""/>
    </TableRow>

</LinearLayout>
```

综合界面布局

对于此界面的布局安排，需要注意 NewDashboardView 自定义控件的设置方法。

10.5.3 代码功能解析

创建主界面 MainActivity，代码按顺序分解如下：

（1）创建方向传感器的监听，代码如下：

```
//方向传感器的监听器
private final SensorEventListener orientListener = new SensorEventListener() {
    public void onSensorChanged(SensorEvent event) {
        float x = event.values[0];
        String dir = "";
        if (x >= 337.5 || x < 22.5) {
            dir = "N";//北
        } else if (x >= 22.5 && x < 67.5) {
            dir = "NE";
        } else if (x >= 67.5 && x < 112.5) {
            dir = "E";//东
        } else if (x >= 112.5 && x < 157.5) {
            dir = "SE";
        } else if (x >= 157.5 && x < 202.5) {
            dir = "S";//南
        } else if (x >= 202.5 && x < 247.5) {
            dir = "SW";
        } else if (x >= 247.5 && x < 292.5) {
            dir = "W";//西
        } else if (x >= 292.5 && x < 337.5) {
            dir = "NW";
        }
        //更新 UI 控件显示内容
        updateTextView(compass, dir);
    }
    public void onAccuracyChanged(Sensor sensor, int accuracy) {
    }
};
```

上述程序将方向传感器用作指南针，使用方向传感器时，可以从传感器监听事件的 onSensorChanged()回调方法中的 event.values[]数组中获取三个值，这三个值分别是 values[0]、values[1]、values[2]，表示方位角、倾斜角、滚动角。实际上，这三个量代表了传感器所在设备平面绕三个轴的旋转角度值。

上例中，我们只用到方位角，取值范围是[0，360]，当设备屏幕朝上时，0 表示正北方向，90 表示正东方向，180 表示正南方向，270 表示正西方向。当进行实际工程开发时，一定要注意传感器安装设备的屏幕与三个轴的角度，并选用合适的代表角度值。

(2) 创建蓝牙接收队列指令线程 mQueueCommands，代码如下：

```
//蓝牙接收队列指令
private final Runnable mQueueCommands = new Runnable() {
    public void run() {
        if (service != null && service.isRunning() && service.queueEmpty()) {
            queueCommands();

            double lat = 0;
            double lon = 0;
            double alt = 0;
            final int posLen = 7;
            if (mGpsIsStarted && mLastLocation != null) {
                lat = mLastLocation.getLatitude();
                lon = mLastLocation.getLongitude();
                alt = mLastLocation.getAltitude();

                StringBuilder sb = new StringBuilder();
                sb.append("纬度 Lat: ");
                sb.append(String.valueOf(mLastLocation.getLatitude()).substring(0, posLen));
                sb.append("经度 Lon: ");
                sb.append(String.valueOf(mLastLocation.getLongitude()).substring(0, posLen));
                sb.append("海拔 Alt: ");
                sb.append(String.valueOf(mLastLocation.getAltitude()));
                gpsStatusTextView.setText(sb.toString());
            }
            if (prefs.getBoolean(ConfigActivity.UPLOAD_DATA_KEY, false)) {
                //通过 HTTP 上传当前读取的数据
                final String vin = prefs.getString(ConfigActivity.VEHICLE_ID_KEY, "UNDEFINED_VIN");
                Map<String, String> temp = new HashMap<String, String>();
                temp.putAll(commandResult);
                ObdReading reading = new ObdReading(lat, lon, alt, System.currentTimeMillis(), vin, temp);
                new UploadAsyncTask().execute(reading);
            } else if (prefs.getBoolean(ConfigActivity.ENABLE_FULL_LOGGING_KEY, false)) {
                // 将当前读取数据写入 CSV
                final String vin = prefs.getString(ConfigActivity.VEHICLE_ID_KEY, "UNDEFINED_VIN");
                Map<String, String> temp = new HashMap<String, String>();
                temp.putAll(commandResult);
                ObdReading reading = new ObdReading(lat, lon, alt, System.currentTimeMillis(), vin, temp);
```

```
                    if (reading != null) myCSVWriter.writeLineCSV(reading);
                }

                commandResult.clear();
            }
            // 以 preferences 定义的周期运行
                new Handler().postDelayed(mQueueCommands,
ConfigActivity.getObdUpdatePeriod(prefs));
        }
    };
```

创建蓝牙接收队列
指令线程

在 Java 开发中,我们想要实现多线程有两种方式:一种是继承 Thread 类,另一种是实现 Runnable 接口。开发中常用 Runnable 接口,因为该接口相较于 Thread 类更灵活。

HashMap 双列集合也是使用非常多的 Collection 集合中的一个子类,它是基于哈希表 Map 接口的实现,以 key-value 的形式存在。在 HashMap 中,key-value 总被当作一个整体来处理,系统会根据 hash 算法来计算 key-value 的存储位置,所以 HashMap 是无序的且 key 值是唯一的,因此我们总可以通过 key 快速地存取 value。

(3) 创建服务连接,代码如下:

```
//创建服务连接
private ServiceConnection serviceConn = new ServiceConnection() {
    @Override
    public void onServiceConnected(ComponentName className, IBinder binder) {
        Log.d(TAG, className.toString() + "服务已绑定");
        //当服务被绑定时,做如下操作
        isServiceBound = true;
        service = ((AbstractGatewayService.AbstractGatewayServiceBinder) binder).getService();
        service.setContext(OBDActivity.this);
        Log.d(TAG, "开始实时数据");
        try {
            service.startService();
            if (preRequisites)
                btStatusTextView.setText(getString(R.string.status_bluetooth_connected));
        } catch (IOException ioe) {
            Log.e(TAG, "开始实时数据失败");
            btStatusTextView.setText(getString(R.string.status_bluetooth_error_connecting));
            doUnbindService();
        }
    }
    @Override
    protected Object clone() throws CloneNotSupportedException {
        return super.clone();
```

```
    }
    //此方法仅在连接到服务端意外丢失时才被调用
    // 当从服务端解绑时，isServiceBound 的属性应该设为 false
    @Override
    public void onServiceDisconnected(ComponentName className) {
        Log.d(TAG, className.toString() + "服务未绑定");
        isServiceBound = false;
    }
};
```

(4) 更新 UI 控件的显示信息，代码如下：

```
//更新 UI 控件的显示信息
public void updateTextView(final TextView view, final String txt) {
    new Handler().post(new Runnable() {
        public void run() {
            view.setText(txt);
        }
    });
}
```

(5) 时速和转速实时刷新，并显示到屏幕和仪表盘上，代码如下：

```
//车速和转速实时刷新，并显示到屏幕和仪表盘
public void stateUpdate(final ObdCommandJob job) {
    final String cmdName = job.getCommand().getName();
    String cmdResult = "";
    final String cmdID = LookUpCommand(cmdName);
    if (job.getState().equals(ObdCommandJob.ObdCommandJobState.EXECUTION_ERROR)) {
        cmdResult = job.getCommand().getResult();
        if (cmdResult != null && isServiceBound) {
            obdStatusTextView.setText(cmdResult.toLowerCase());
        }
    } else if (job.getState().equals(ObdCommandJob.ObdCommandJobState.BROKEN_PIPE)) {
        if (isServiceBound)
            stopLiveData();
    } else if (job.getState().equals(ObdCommandJob.ObdCommandJobState.NOT_SUPPORTED)) {
        cmdResult = getString(R.string.status_obd_no_support);
    } else {
        cmdResult = job.getCommand().getFormattedResult();
        if (isServiceBound)
            obdStatusTextView.setText(getString(R.string.status_obd_data));
    }
```

```java
if (vv.findViewWithTag(cmdID) != null) {
    TextView existingTV = (TextView) vv.findViewWithTag(cmdID);
    existingTV.setText(cmdResult);
    if (cmdResult == null) {
        return;
    }
    if (cmdResult.contains("km/h")) {
        mSubstring = cmdResult.substring(0, cmdResult.lastIndexOf("km/h"));
        if (isAnimFinished) {
            //仪表盘指针动画以及赋值
            ObjectAnimator animator = ObjectAnimator.ofInt(mNewDashboardView, "mRealTimeValue",
            mNewDashboardView.getVelocity(), Integer.parseInt(mSubstring));
            animator.setDuration(500).setInterpolator(new LinearInterpolator());
            animator.addListener(new AnimatorListenerAdapter() {
                @Override
                public void onAnimationStart(Animator animation) {
                    isAnimFinished = false;
                }

                @Override
                public void onAnimationEnd(Animator animation) {
                    isAnimFinished = true;
                }

                @Override
                public void onAnimationCancel(Animator animation) {
                    isAnimFinished = true;
                }
            });
            animator.addUpdateListener(new ValueAnimator.AnimatorUpdateListener() {
                @Override
                public void onAnimationUpdate(ValueAnimator animation) {
                    int value = (int) animation.getAnimatedValue();
                    //将 OBD 传来的数值设置到仪表盘控件上
                    mNewDashboardView.setVelocity(value);
                }
            });
            animator.start();
        }
    }
}
```

```
            //转数表
            if (cmdResult.contains("RPM")) {
                String rpm = cmdResult.substring(0, cmdResult.lastIndexOf("RPM"));
                int result = Integer.parseInt(rpm) / 10;
                if (isAnimFinished2) {
                    ObjectAnimator animator = ObjectAnimator.ofInt(mNewDashboardView2, "mRealTimeValue",
                        mNewDashboardView2.getVelocity(), result);
                    animator.setDuration(500).setInterpolator(new LinearInterpolator());
                    animator.addListener(new AnimatorListenerAdapter() {
                        @Override
                        public void onAnimationStart(Animator animation) {
                            isAnimFinished2 = false;
                        }

                        @Override
                        public void onAnimationEnd(Animator animation) {
                            isAnimFinished2 = true;
                        }

                        @Override
                        public void onAnimationCancel(Animator animation) {
                            isAnimFinished2 = true;
                        }
                    });
                    animator.addUpdateListener(new ValueAnimator.AnimatorUpdateListener() {
                        @Override
                        public void onAnimationUpdate(ValueAnimator animation) {
                            int value = (int) animation.getAnimatedValue();
                            mNewDashboardView2.setVelocity(value);
                        }
                    });
                    animator.start();
                }
            }
        } else addTableRow(cmdID, cmdName, cmdResult);
        commandResult.put(cmdID, cmdResult);
        //更新行程信息
        updateTripStatistic(job, cmdID);
    }
```

数据实时刷新与显示

上述 stateUpdate()方法是 ObdProgressListener 接口的一个抽象方法，通过调用该方法中的自定义类 ObdCommandJob 的方法和属性完成数据的刷新。

(6) 开启数据获取，代码如下：

```
private void startLiveData() {
    Log.d(TAG, "开启实时数据");
    tl.removeAllViews();
    doBindService();

    currentTrip = triplog.startTrip();
    if (currentTrip == null)
    showDialog(SAVE_TRIP_NOT_AVAILABLE);

    // 执行指令
    new Handler().post(mQueueCommands);

    if (prefs.getBoolean(ConfigActivity.ENABLE_GPS_KEY, false))
        gpsStart();
    else
    gpsStatusTextView.setText(getString(R.string.status_gps_not_used));

    //屏幕不会关闭直到 wakeLock.release()
    wakeLock.acquire();

    if (prefs.getBoolean(ConfigActivity.ENABLE_FULL_LOGGING_KEY, false)) {
        long mils = System.currentTimeMillis();
        SimpleDateFormat sdf = new SimpleDateFormat("_dd_MM_yyyy_HH_mm_ss");
        try {
            myCSVWriter = new LogCSVWriter("Log" + sdf.format(new Date(mils)).toString() + ".csv",
            prefs.getString(ConfigActivity.DIRECTORY_FULL_LOGGING_KEY,
            getString(R.string.default_dirname_full_logging))
            );
        } catch (FileNotFoundException | RuntimeException e) {
            Log.e(TAG, "Can't enable logging to file.", e);
        }
    }
}
```

(7) 停止数据的获取，代码如下：

```
private void stopLiveData() {
    Log.d(TAG, "停止实时数据");
```

```
        gpsStop();

        doUnbindService();
        endTrip();

        releaseWakeLockIfHeld();

        if (myCSVWriter != null) {
            myCSVWriter.closeLogCSVWriter();
        }

    }
```

(8) 将获取的数据显示到 TableLayout 控件上，代码如下：

```
private void addTableRow(String id, String key, String val) {

        TableRow tr = new TableRow(this);
        MarginLayoutParams params = new ViewGroup.MarginLayoutParams(
                LayoutParams.WRAP_CONTENT, LayoutParams.WRAP_CONTENT);
        params.setMargins(TABLE_ROW_MARGIN, TABLE_ROW_MARGIN, TABLE_ROW_MARGIN,
                TABLE_ROW_MARGIN);
        tr.setLayoutParams(params);

        TextView name = new TextView(this);
        name.setGravity(Gravity.RIGHT);
        name.setText(key + ": ");

        TextView value = new TextView(this);
        value.setGravity(Gravity.LEFT);
        value.setText(val);
        value.setTag(id);
        tr.addView(name);
        tr.addView(value);
        tl.addView(tr, params);

}
```

(9) 启用服务/停止服务，代码如下：

```
//绑定服务
    private void doBindService() {
        if (!isServiceBound) {
            Log.d(TAG, "Binding OBD service..");
            if (preRequisites) {
```

```
                btStatusTextView.setText(getString(R.string.status_bluetooth_connecting));
                Intent serviceIntent = new Intent(this, ObdGatewayService.class);
                bindService(serviceIntent, serviceConn, Context.BIND_AUTO_CREATE);
            } else {
                btStatusTextView.setText(getString(R.string.status_bluetooth_disabled));
                Intent serviceIntent = new Intent(this, MockObdGatewayService.class);
                bindService(serviceIntent, serviceConn, Context.BIND_AUTO_CREATE);
            }
        }
    }

    //解绑服务
    private void doUnbindService() {
        if (isServiceBound) {
            if (service.isRunning()) {
                service.stopService();
                if (preRequisites)
                    btStatusTextView.setText(getString(R.string.status_bluetooth_ok));
            }
            Log.d(TAG, "Unbinding OBD service..");
            unbindService(serviceConn);
            isServiceBound = false;
            obdStatusTextView.setText(getString(R.string.status_obd_disconnected));
        }
    }
```

(10) 使用 AsyncTask 异步上传任务，代码如下：

```
private class UploadAsyncTask extends AsyncTask<ObdReading, Void, Void> {

    @Override
    protected Void doInBackground(ObdReading... readings) {
        Log.d(TAG, "正在上传" + readings.length + " readings..");
        // 实例化 reading 服务客户端
        final String endpoint = prefs.getString(ConfigActivity.UPLOAD_URL_KEY, "");
        RestAdapter restAdapter = new RestAdapter.Builder()
                .setEndpoint(endpoint)
                .build();
        ObdService service = restAdapter.create(ObdService.class);
        // 上传 readings
        for (ObdReading reading : readings) {
            try {
```

```
        Response response = service.uploadReading(reading);
        assert response.getStatus() == 200;
    } catch (RetrofitError re) {
        Log.e(TAG, re.toString());
    }
}
Log.d(TAG, "Done");
return null;
    }
}
```

上传异步工作

上述代码中，界面初始化是通过 MainActivity 的 onCreate()方法中的程序实现的，之前已经有过不少相关描述，这里不再详细展开。

10.6　故障码

通过 OBD 接口可以获取车内的故障码，以往车主只有去 4S 店，经售后专业维护人员将车辆连上检测设备后才能知道自己的车辆是否存在故障码或者有哪些故障。目前市场上已经有很多车联网科技公司针对后市场开发的 OBD 设备，可以方便车主自行安装。OBD 设备将车内故障码直接发送至车载终端或者手机端，极大地提高了车主对所用车辆的监测能力，让车辆可以得到及时维护保养。本节主要学习车辆故障码的产生、数据互联及解读等相关内容。

10.6.1　故障码简介

OBD 系统从发动机的运行状况随时监控汽车尾气是否超标，一旦超标，会马上发出警示。当系统出现故障时，故障灯(MIL)或检查发动机(Check Engine)警告灯亮，同时动力总成控制模块(PCM)将故障信息存入存储器，通过一定的程序可以将故障码从 PCM 中读出。根据故障码的提示，维修人员能迅速准确地确定故障的性质和部位。车辆仪表板上常见的故障灯和指示灯标志如图 10-12 所示。

图 10-12　汽车仪表指示灯标志

OBD 实时监测发动机、催化转化器、颗粒捕集器、氧传感器、排放控制系统、燃油系统、EGR 等系统和部件，然后与其他信息一同连接到 ECU(电控单元——具有检测、分析、存储、控制等功能)。ECU 通过标准数据接口，保证对故障等信息的访问和处理。

OBD 最主要的功能就是提供故障码的诊断。当出现排放故障时，ECU 记录故障信息和相关代码，并通过故障灯发出警告。OBD 故障码通常由一位字母和四位数字组成，大部分 OBD 厂商只能获取"P0/P2/P3400～P3FFF"范围内的通用故障码信息，其余是汽车制造商自定义的故障码信息，这些故障码信息只有原厂才能诊断。例如，大众汽车品牌车型全车有 15 000 个故障码，而开放的通用故障码却不到 3000 个，占比只有五分之一，虽可以满足常规车辆故障诊断的要求，但疑难杂症还需到专业的维修店进行修理。

故障码首字母不同，其含义不同：P 开头代表动力总成系统，C 开头代表底盘悬挂系统，B 开头代表车身系统，U 开头代表网络通信系统。更详细的内容可以查看标准 SAE J2012 或者 ISO15031-6。

10.6.2　故障码获取

当我们按照汽车诊断 CAN 总线标准协议，通过 OBD 接口从车内获取大量的数据后，开发者可以根据不同的应用场景或用户个人喜好，按需从数据中选择想要的数据，设计出具有汽车交互特色的界面或控件。

本节我们尝试获取汽车诊断用的故障码列表，用来记录当前汽车产生了哪些故障信息，通过解读该列表信息，以便于用户或维修人员维修保养时参考。也可通过蓝牙将列表信息传至车机端或者用户手机端进行实时监控和提醒，同时提醒开发者考虑如何开发后台远程端。

下面针对故障码读取功能进行说明，首先编写显示的布局文件：

```xml
<?xml version="1.0" encoding="utf-8"?>
<LinearLayout xmlns:android="http://schemas.android.com/apk/res/android"
    android:layout_width="match_parent"
    android:layout_height="match_parent"
    android:orientation="vertical"
    android:weightSum="1">

    <ListView
      android:id="@+id/listView"
        android:layout_width="match_parent"
        android:layout_height="match_parent"
        android:layout_gravity="center_horizontal" />

</LinearLayout>
```

实际界面显示效果如图 10-13 所示。

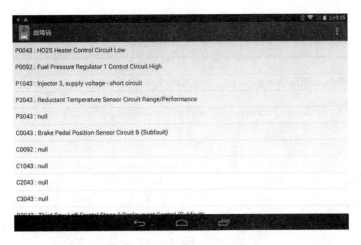

图 10-13　获取故障码列表信息

设计故障码列表 **TroubleCodesActivity** 的代码如下：

```java
public class TroubleCodesActivity extends Activity {

    private static final String TAG = TroubleCodesActivity.class.getName();
    private static final int NO_BLUETOOTH_DEVICE_SELECTED = 0;
    private static final int CANNOT_CONNECT_TO_DEVICE = 1;
    private static final int NO_DATA = 3;
    private static final int DATA_OK = 4;
    private static final int CLEAR_DTC = 5;
    private static final int OBD_COMMAND_FAILURE = 10;
    private static final int OBD_COMMAND_FAILURE_IO = 11;
    private static final int OBD_COMMAND_FAILURE_UTC = 12;
    private static final int OBD_COMMAND_FAILURE_IE = 13;
    private static final int OBD_COMMAND_FAILURE_MIS = 14;
    private static final int OBD_COMMAND_FAILURE_NODATA = 15;
    @Inject
    SharedPreferences prefs;
    private ProgressDialog progressDialog;
    private String remoteDevice;
    private GetTroubleCodesTask gtct;
    private BluetoothDevice dev = null;
    private BluetoothSocket sock = null;
//通过 Handler 实现线程交互，将子线程无法执行的弹 Toast 操作交给主线程处理
    private Handler mHandler = new Handler(new Handler.Callback() {

        public boolean handleMessage(Message msg) {
```

```
        Log.d(TAG, "handler 接收到的消息");
    switch (msg.what) {
        case NO_BLUETOOTH_DEVICE_SELECTED:
            makeToast(getString(R.string.text_bluetooth_nodevice));
            finish();
            break;
        case CANNOT_CONNECT_TO_DEVICE:
            makeToast(getString(R.string.text_bluetooth_error_connecting));
            finish();
            break;
        case OBD_COMMAND_FAILURE:
            makeToast(getString(R.string.text_obd_command_failure));
            finish();
            break;
        case OBD_COMMAND_FAILURE_IO:
            makeToast(getString(R.string.text_obd_command_failure) + " IO");
            finish();
            break;
        case OBD_COMMAND_FAILURE_IE:
            makeToast(getString(R.string.text_obd_command_failure) + " IE");
            finish();
            break;
        case OBD_COMMAND_FAILURE_MIS:
            makeToast(getString(R.string.text_obd_command_failure) + " MIS");
            finish();
            break;
        case OBD_COMMAND_FAILURE_UTC:
            makeToast(getString(R.string.text_obd_command_failure) + " UTC");
            finish();
            break;
        case OBD_COMMAND_FAILURE_NODATA:
            makeToastLong(getString(R.string.text_noerrors));
            break;
        case NO_DATA:
            makeToast(getString(R.string.text_dtc_no_data));
            break;
        case DATA_OK:
            dataOk((String) msg.obj);
            break;
```

```
            }
        return false;
    }
});


@Override
 protected void onCreate(Bundle savedInstanceState) {
     super.onCreate(savedInstanceState);
     prefs = PreferenceManager.getDefaultSharedPreferences(this);

     if (getResources().getConfiguration().orientation == Configuration.ORIENTATION_LANDSCAPE) {
         setRequestedOrientation(ActivityInfo.SCREEN_ORIENTATION_LANDSCAPE);
     } else {
         setRequestedOrientation(ActivityInfo.SCREEN_ORIENTATION_PORTRAIT);
     }


         remoteDevice = prefs.getString(ConfigActivity.BLUETOOTH_LIST_KEY, null);
         if (remoteDevice == null || "".equals(remoteDevice)) {
             Log.e(TAG, "没有选择蓝牙设备");
             mHandler.obtainMessage(NO_BLUETOOTH_DEVICE_SELECTED).sendToTarget();
     } else {
         gtct = new GetTroubleCodesTask();
         gtct.execute(remoteDevice);
     }
}


@Override
 public boolean onCreateOptionsMenu(Menu menu) {
    // 在动作栏中展开菜单项
    MenuInflater inflater = getMenuInflater();
     inflater.inflate(R.menu.trouble_codes, menu);
     return super.onCreateOptionsMenu(menu);
}


@Override
 public boolean onOptionsItemSelected(MenuItem item) {
    // 触按选择动作栏
     switch (item.getItemId()) {
         case R.id.action_clear_codes:
```

```
                    try {
                        sock = BluetoothManager.connect(dev);
                    } catch (Exception e) {
                        Log.e(
                            TAG,
                            "建立连接时有错误"
                                    + e.getMessage()
                        );
                        Log.d(TAG, "此处 handler 接收到的消息");
                mHandler.obtainMessage(CANNOT_CONNECT_TO_DEVICE).sendToTarget();
                        return true;
                    }
                    try {
                        Log.d("测试重置", "尝试重置");
                        ResetTroubleCodesCommand clear = new ResetTroubleCodesCommand();
                        clear.run(sock.getInputStream(), sock.getOutputStream());
                        String result = clear.getFormattedResult();
                        Log.d("测试重置", "尝试重置结果" + result);
                    } catch (Exception e) {
                        Log.e(
                            TAG,
                            "建立连接时有错误"
                                    + e.getMessage()
                        );
                    }
                gtct.closeSocket(sock);
                //在对话框关闭后刷新主界面
                Intent refresh = new Intent(this, TroubleCodesActivity.class);
                startActivity(refresh);
                this.finish();
                return true;
            default:
                return super.onOptionsItemSelected(item);
        }
    }


Map<String, String> getDict(int keyId, int valId) {
    String[] keys = getResources().getStringArray(keyId);
    String[] vals = getResources().getStringArray(valId);
```

```
        Map<String, String> dict = new HashMap<String, String>();
        for (int i = 0, l = keys.length; i < l; i++) {
            dict.put(keys[i], vals[i]);
        }
        return dict;
}

public void makeToast(String text) {
    Toast toast = Toast.makeText(getApplicationContext(), text, Toast.LENGTH_SHORT);
    toast.show();
}
public void makeToastLong(String text) {
    Toast toast = Toast.makeText(getApplicationContext(), text, Toast.LENGTH_LONG);
    toast.show();
}
private void dataOk(String res) {
    ListView lv = (ListView) findViewById(R.id.listView);
    Map<String, String> dtcVals = getDict(R.array.dtc_keys, R.array.dtc_values);

    ArrayList<String> dtcCodes = new ArrayList<String>();
    if (res != null) {
        for (String dtcCode : res.split("\n")) {
            dtcCodes.add(dtcCode + " : " + dtcVals.get(dtcCode));
            Log.d("测试", dtcCode + " : " + dtcVals.get(dtcCode));
        }
    } else {
        dtcCodes.add("没有错误");
    }
    ArrayAdapter<String> myarrayAdapter = new ArrayAdapter<String>(this, android.R.layout.simple_list_
item_1, dtcCodes);
    lv.setAdapter(myarrayAdapter);
    lv.setTextFilterEnabled(true);
}

public class ModifiedTroubleCodesObdCommand extends TroubleCodesCommand {
    @Override
    public String getResult() {
        // 从输出中移除不需要的响应，因为这些结果会导致错误代码
```

车载终端应用开发技术

```java
        return rawData.replace("SEARCHING...", "").replace("NODATA", "");
    }
}

public class ClearDTC extends ResetTroubleCodesCommand {
    @Override
    public String getResult() {
        return rawData;
    }
}

private class GetTroubleCodesTask extends AsyncTask<String, Integer, String> {
    @Override
    protected void onPreExecute() {
        //创建一个新的进度对话框
        progressDialog = new ProgressDialog(TroubleCodesActivity.this);
        // 设置进度对话框以显示水平进度条
        progressDialog.setProgressStyle(ProgressDialog.STYLE_HORIZONTAL);
        //设置对话框标题"载入中..."
        progressDialog.setTitle(getString(R.string.dialog_loading_title));
        // 设置对话框消息"载入应用视图，请等待..."
        progressDialog.setMessage(getString(R.string.dialog_loading_body));
        // 按返回键不能取消对话框
        progressDialog.setCancelable(false);
        //进度条采用明确模式
        progressDialog.setIndeterminate(false);
        // 最大条数为 100
        progressDialog.setMax(5);
        // 设置当前进度为 0
        progressDialog.setProgress(0);
        // 显示进度对话框
        progressDialog.show();
    }

    @Override
    protected String doInBackground(String... params) {
        String result = "";
        //获取当前线程的令牌
        synchronized (this) {
```

· 340 ·

```
        Log.d(TAG, "开始服务");
        //获取远端蓝牙设备
        final BluetoothAdapter btAdapter = BluetoothAdapter.getDefaultAdapter();
        dev = btAdapter.getRemoteDevice(params[0]);
        Log.d(TAG, "停止蓝牙发现");
        btAdapter.cancelDiscovery();
        Log.d(TAG, "开始 OBD 连接");
        //为远程设备实例化一个 BluetoothSocket 并连接它
        try {
            sock = BluetoothManager.connect(dev);
        } catch (Exception e) {
            Log.e(
                    TAG,
                    "建立连接时有一个错误"
                            + e.getMessage()
            );
            Log.d(TAG, "此处 handler 收到的消息");
            mHandler.obtainMessage(CANNOT_CONNECT_TO_DEVICE).sendToTarget();
            return null;
        }

        try {
            // 配置连接
            Log.d(TAG, "用来配置连接的排队作业");
            onProgressUpdate(1);
            new ObdResetCommand().run(sock.getInputStream(), sock.getOutputStream());
            onProgressUpdate(2);
            new EchoOffCommand().run(sock.getInputStream(), sock.getOutputStream());
            onProgressUpdate(3);
            new LineFeedOffCommand().run(sock.getInputStream(), sock.getOutputStream());
            onProgressUpdate(4);
            new SelectProtocolCommand(ObdProtocols.AUTO).run(sock.getInputStream(),
sock.getOutputStream());
            onProgressUpdate(5);
            ModifiedTroubleCodesObdCommand tcoc = new ModifiedTroubleCodesObdCommand();
            tcoc.run(sock.getInputStream(), sock.getOutputStream());
            result = tcoc.getFormattedResult();
            onProgressUpdate(6);
        } catch (IOException e) {
```

```
                    e.printStackTrace();
                    Log.e("DTCERR", e.getMessage());
                    mHandler.obtainMessage(OBD_COMMAND_FAILURE_IO).sendToTarget();
                    return null;
                } catch (InterruptedException e) {
                    e.printStackTrace();
                    Log.e("DTCERR", e.getMessage());
                    mHandler.obtainMessage(OBD_COMMAND_FAILURE_IE).sendToTarget();
                    return null;
                } catch (UnableToConnectException e) {
                    e.printStackTrace();
                    Log.e("DTCERR", e.getMessage());
                    mHandler.obtainMessage(OBD_COMMAND_FAILURE_UTC).sendToTarget();
                    return null;
                } catch (MisunderstoodCommandException e) {
                    e.printStackTrace();
                    Log.e("DTCERR", e.getMessage());
                    mHandler.obtainMessage(OBD_COMMAND_FAILURE_MIS).sendToTarget();
                    return null;
                } catch (NoDataException e) {
                    Log.e("DTCERR", e.getMessage());
                    mHandler.obtainMessage(OBD_COMMAND_FAILURE_NODATA).sendToTarget();
                    return null;
                } catch (Exception e) {
                    Log.e("DTCERR", e.getMessage());
                    mHandler.obtainMessage(OBD_COMMAND_FAILURE).sendToTarget();
                } finally {
                    // 关闭 socket
                    closeSocket(sock);
                }
            }
        return result;
    }

    public void closeSocket(BluetoothSocket sock) {
        if (sock != null)
            // 关闭 socket
            try {
                sock.close();
```

```
            } catch (IOException e) {
                Log.e(TAG, e.getMessage());
            }
        }
        @Override
        protected void onProgressUpdate(Integer... values) {
            super.onProgressUpdate(values);
            progressDialog.setProgress(values[0]);
        }
        @Override
        protected void onPostExecute(String result) {
            progressDialog.dismiss();
            mHandler.obtainMessage(DATA_OK, result).sendToTarget();
            setContentView(R.layout.trouble_codes);
        }
    }
}
```

故障码获取

在前面的队列指令 mQueueCommands 中实例化并执行了此 GetTroubleCodesTask，异步上传工作在 AsyncTask 的重写方法 doInBackground()中执行，这里的操作是在后台执行的且比较耗时，所以不能直接操作 UI；在任务执行之前调用 onPreExecute()方法，可以在这里显示进度对话框等操作；onProgressUpdate()方法多用于增强用户体验，动态刷新进度条，此方法在主线程执行；onPostExecute()方法相当于 Handler 处理 UI 的方法，可以在 doInBackground()得到结果之后处理并操作 UI，此方法也在主线程中执行。

在 Android 中实现异步任务机制有两种方式：AsyncTask 和 Handler。

(1) AsyncTask 是 Android 提供的轻量级的异步类，可以自定义一个子类直接继承 AsyncTask，在类中实现异步操作，并提供接口反馈当前异步执行的程度(可以通过接口实现 UI 进度更新)，最后把执行的结果反馈给 UI 主线程。其优点是简单、快捷、过程可控；缺点是在使用多个异步操作并需要进行 UI 变更时会变得复杂。

(2) 使用 Handler 实现异步时，涉及 Handler、Looper、Message、Thread 四个对象。实现异步的流程是：主线程启动 Thread(子线程)运行并生成 Message-Looper，获取 Message 并传递给 Handler，Handler 逐个获取 Looper 中的 Message，并进行 UI 变更。其优点是结构清晰，功能定义明确，执行多个后台任务时简单清晰；缺点是在处理单个后台异步时，代码过多，结构过于复杂。

synchronized 是 Java 中的关键字，是一种同步锁。当两个并发线程访问同一个对象 object 中的这个 synchronized(this)同步代码块时，同一时间内只能有一个线程得到执行。另一个线程必须等待当前线程执行完这个代码块以后才能执行该代码块。它修饰的对象有以下几种：

(1) 修饰一个代码块，被修饰的代码块称为同步语句块，其作用的范围是大括号{}括起来的代码，作用的对象是调用这个代码块的对象。

(2) 修饰一个方法，被修饰的方法称为同步方法，其作用的范围是整个方法，作用的对象是调用这个方法的对象。

本节例子中，关键词 synchronized 用来修饰 doInBackground()中的一个代码块，那么当一个线程访问一个对象中的 synchronized(this)同步代码块时，它就获得了这个 object 的对象锁，其他试图访问该对象的线程将被阻塞。

在完成上述程序设计后，接下来需要打开配套实验平台，将发动机 ECU 模拟器接通上电，打开蓝牙开关，将设备的模拟开关 7 拨下打开，等待 MIL 灯亮起，表示已经生成故障码，并通过蓝牙设备自动发送。通过点击 APP 界面的动作按钮选择"获取 DTC 信息"，即可打开故障码的列表信息。动作按钮栏如图 10-14 所示。

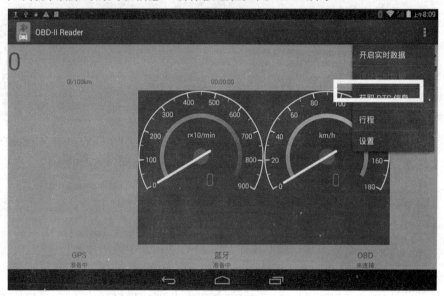

图 10-14　动作按钮栏

本 章 小 结

通过本章的学习，读者应该能够学会：

- ✧ 车联网前装和后装的主要区别是：是否直接接入 CAN 总线上，是否经由网关。其代表设备分别是 T-BOX 和 OBD 设备。
- ✧ 基于 OBD 模式的车联网系统主要由车内多个 ECU、OBD 采集端、后台系统、车机端或手机端应用等软、硬件模块组成。
- ✧ OBD 接口是基于 CAN 总线的诊断总线协议引出的，经由网关控制。
- ✧ 在自定义仪表控件开发时，需要用到 Canvas 和 Paint 两大类。
- ✧ 轻量级的 Dependency Injection (DI)框架可以简化界面上定义控件的程序代码。
- ✧ 故障码解读需要参考的国际标准有 SAE-J2012 或者 ISO15031-6。

本 章 练 习

1. 车联网 V2X 的应用场景可细分为＿＿＿＿、＿＿＿＿、＿＿＿＿和＿＿＿＿。

2. RoboGuice 的主要功能有：＿＿＿＿、＿＿＿＿和＿＿＿＿。

3. 车联网前装和后装的主要区别是什么？其代表设备分别有哪些？

4. 基于 OBD 模式的车联网系统主要由哪些部分组成？

5. OBD 接口是基于 CAN 总线的哪个总线协议引出的？是否经由网关？

6. T-BOX 和 OBD 的缺点分别有哪些？

7. 简述蓝牙接收端建立数据连接通道的步骤。

8. 简述自定义控件开发时，需要用到 Canvas 和 Paint 两大类的功能是什么？

9. 请给出 RoboGuice 作为 Google Guice 开发库的四项主要功能。

10. 请解读故障码 P0118 的具体含义。

参 考 文 献

[1]　青岛英谷教育. Android 程序设计及实践[M]. 西安：西安电子科技大学出版社，2016.

[2]　青岛英谷教育. Android 高级开发及实践[M]. 西安：西安电子科技大学出版社，2016.

[3]　施威铭. Android APP 开发入门：使用 Android Studio 环境[M]. 北京：机械工业出版社，2016.

[4]　尼古拉斯·纳威特，等. 汽车嵌入式系统手册[M]. 北京：机械工业出版社，2016.

[5]　毕小朋. 精通 Android Studio[M]. 北京：清华大学出版社，2016.

[6]　任玉刚. Android 开发艺术探索[M]. 北京：电子工业出版社，2015.

[7]　郭霖. 第一行代码 Android[M]. 2 版. 北京：人民邮电出版社，2016.

[8]　Borgeest K. 汽车电子技术：硬件、软件、系统集成和项目管理[M]. 北京：机械工业出版社，2014.

[9]　拉都·波佩斯库-泽雷廷，等. 车联网通信技术[M]. 北京：机械工业出版社，2016.

[10]　克里斯托夫·佐默，等. 车辆网联技术[M]. 北京：机械工业出版社，2017.

[11]　Delgrossi L，Zhang T. 车用安全通信：协议、安全及隐私[M]. 北京：北京理工大学出版社，2015.

[12]　阿奇姆·伊斯坎达里安. 智能车辆手册[M]. 北京：机械工业出版社，2017.

[13]　李力，王飞跃. 智能汽车：先进传感与控制[M]. 北京：机械工业出版社，2016.